Rückkühlwerke

Jetzt diesen Titel zusätzlich als E-Book downloaden und 70 % sparen!

Als Käufer dieses Buchtitels haben Sie Anspruch auf ein besonderes Kombi-Angebot: Sie können den Titel zusätzlich zum Ihnen vorliegenden gedruckten Exemplar für nur 30 % des Normalpreises als E-Book beziehen.

Der BESONDERE VORTEIL: Im E-Book recherchieren Sie in Sekundenschnelle die gewünschten Themen und Textpassagen. Denn die E-Book-Variante ist mit einer komfortablen Volltextsuche ausgestattet!

Deshalb: Zögern Sie nicht. Laden Sie sich am besten gleich Ihre persönliche E-Book-Ausgabe dieses Titels herunter.

In 3 einfachen Schritten zum E-Book:

❶ Rufen Sie die Website **www.beuth.de/e-book** auf.

❷ Geben Sie hier Ihren persönlichen, nur einmal verwendbaren E-Book-Code ein:

26745F6CAK9249C

❸ Klicken Sie das „Download-Feld" an und gehen dann weiter zum Warenkorb. Führen Sie den normalen Bestellprozess aus.

Hinweis: Der E-Book-Code wurde individuell für Sie als Erwerber dieses Buches erzeugt und darf nicht an Dritte weitergegeben werden. Mit Zurückziehung dieses Buches wird auch der damit verbundene E-Book-Code für den Download ungültig.

Rückkühlwerke – Kommentar zur Richtlinienreihe VDI 2047

Guido Hilden
Miriam Moritz
Dirk Tutas

Rückkühlwerke

Kommentar zur Richtlinienreihe VDI 2047

Hygienegerechter Betrieb von Verdunstungskühlanlagen

1. Auflage 2021

Herausgeber:
VDI Verein Deutscher Ingenieure e. V.

Beuth Verlag GmbH · Berlin · Wien · Zürich

Herausgeber: VDI Verein Deutscher Ingenieure e. V.

© 2021 Beuth Verlag GmbH
Berlin · Wien · Zürich
Am DIN-Platz
Burggrafenstraße 6
10787 Berlin

Telefon: +49 30 2601-0
Telefax: +49 30 2601-1260
Internet: www.beuth.de
E-Mail: kundenservice@beuth.de

Titelbild: BAC

Satz: Beuth Verlag GmbH, Berlin

Druck: Plump Druck & Medien, Rheinbreitbach

Gedruckt auf säurefreiem, alterungsbeständigem Papier nach DIN EN ISO 9706

ISBN 978-3-410-26745-4
ISBN (E-Book) 978-3-410-26746-1

Die Autoren

Dipl.-Ing. (FH) Guido Hilden VDI arbeitet nach seinem Studium der Verfahrenstechnik/Umwelttechnik bereits über 25 Jahre für verschiedene Unternehmen im Bereich der Wasseraufbereitung, Wasserbehandlung und Optimierung von wasserführenden Systemen, davon über 20 Jahre für die Schweitzer-Chemie GmbH. Er ist als Referent im Bereich Technik für die Hygienerichtlinien VDI 6022 und VDI 6023 tätig und bei der VDI 2047 sowohl für die Technik als auch für die Hygiene zugelassen. Seit 2017 arbeitet er beim VDI für verschiedene Arbeitskreise der VDI 3810 und der VDI 6023 ehrenamtlich in der Richtlinienarbeit mit. Seit Juli 2020 ist er als ö.b.u.v. Sachverständiger für die Überprüfung von Verdunstungskühlanlagen, Kühltürmen und Nassabscheidern nebenberuflich für sein Unternehmen Guido Hilden Wasserhygiene aktiv.

Dr. Miriam Moritz ist promovierte Mikrobiologin. Nach ihrem Studium der Wasserwissenschaften in Duisburg mit Forschungsaufenthalten am Public Health Institute in Kuopio, Finnland und am Institut für Hygiene und öffentliche Gesundheit in Bonn promovierte sie am Biofilm Centre der Universität Duisburg-Essen und war anschließend vier Jahre bei der Firma Ashland Water Technologies (später Solenis) als Anwendungstechnikerin im Bereich der industriellen Wasseraufbereitung tätig. Seit 2015 ist sie bei der Schweitzer-Chemie GmbH beschäftigt. Hier leistet sie anwendungstechnische Unterstützung in Fragen der Wasseraufbereitung, Wasserbehandlung und Hygiene in wasserführenden Systemen verschiedenster Industrieanwendungen. Sie arbeitet als Referentin für den Bereich Hygiene für die Richtlinien VDI 6022, VDI 6023 und VDI 2047 mit.

Dipl.-Ing. (FH) Dirk Tutas VDI studierte Bauingenieurwesen mit dem Schwerpunkt Umwelttechnik und Wasserwirtschaft an der Fachhochschule Kaiserslautern und bildete sich an der Universität Kassel zum Anlagenplaner Erneuerbare Energien sowie an der FernUniversität in Hagen zum Umweltmanager fort. Seit 2013 ist er in der Wasseraufbereitung und -behandlung sowie im Anlagenbau von wasserführenden Systemen in verschiedenen Industriezweigen tätig. Seit 2019 ist er mit seinem Ingenieurbüro Tutas Energie+Umwelt hauptberuflich selbstständig und als ö.b.u.v. Sachverständiger für die Überprüfung von Verdunstungskühlanlagen, Kühltürmen und Nassabscheidern aktiv. Er ist vom VDI zugelassener Technik-Referent für die Richtlinie VDI 2047.

Danksagung

Die Autoren bedanken sich für die vielen Diskussionen und Anregungen mit weiteren Sachverständigen und vielen Fachleuten aus der Branche, vor allem beim VDI, Herrn Thomas Wollstein, und beim Beuth Verlag, Frau Kathrin Bandow für die konstruktive Zusammenarbeit.

Mit der Zustimmung von zwei Betreibern werden reale Praxisbeispiele auszugsweise benannt und aus hygienischer Sicht bewertet. Für diese offene Bereitschaft bedanken wir uns herzlich bei der Debeka Krankenversicherungsverein a. G. und Debeka Lebensversicherungsverein a. G., Koblenz (im Text kurz als Debeka Versicherung a. G., Koblenz) und der EGF EnergieGesellschaft Frankenberg mbH, Frankenberg. Danke auch an Frau Luisa Gröls von Tutas Energie+Umwelt für die Aktualisierung der Hygiene-Gefährdungsbeurteilung bei der EGF, die als Anlage nahezu vollständig zur Verfügung gestellt wird.

Wir bedanken uns bei Frau Dr. Elisabeth Edom vom Niedersächsischen Ministerium für Umwelt, Energie, Bauen und Klimaschutz und bei Herrn Thomas Terstappen von der Bezirksregierung Köln für den guten Austausch und die behördliche Sichtweise auf die Verknüpfung der Richtlinienreihe VDI 2047 mit der 42. BImSchV sowie bei Herrn Dr. Roland Suchenwirth für die Anregungen zu den gesundheitlichen Aspekten.

Danke auch an Herrn Dr. Jan Frösler vom IWW Zentrum Wasser für den offenen Informationsaustausch und die Zurverfügungstellung der Statistiken zur Laboranalytik von Legionellen und an Herrn Prof. Dr.-Ing. Dieter Wurz und Herrn Stefan Hartig von der ESG für die Abstimmung zur Aerosolentstehung.

Ein großer Dank gilt Herrn Dr.-Ing. Markus Nickolay für seine Unterstützung und Zuarbeit im Bereich der Konstruktion und den Bauarten von Verdunstungskühlanlagen. Herrn Rechtsanwalt Hartmut Hardt für seine fundierte Unterstützung bei den rechtlichen Einstufungen und bei der Betreiberverantwortung, sowie Herrn Otto Theobald und Herrn Dr. Christoph Sinder für die Abstimmungen zu den Schwerpunkten der Hygiene-Gefährdungsbeurteilung.

Unser besonderer Dank gilt der Schweitzer-Chemie GmbH für die Unterstützung und die Zurverfügungstellung der zahlreichen Abbildungen und Schemata aus den Schulungsunterlagen zur VDI-2047-Schulungspartnerschaft der Schweitzer-Chemie GmbH. Dies verstärkt den praktischen Nutzen für den Leser erheblich.

Hinweise zum Lesen des Kommentares

Zur einfachen Lesbarkeit des Kommentars sind unterschiedliche Formatierungen definiert, sodass direkt ersichtlich wird, welche Quelle der Originaltext hat. Zitate sind mit einem farblichen Hintergrund dargestellt, umrahmt und mit Quellenangabe definiert.

Die Kommentare und Hinweise der Autoren sind in der normalen Schriftart des Buches dargestellt, nicht umrahmt und stehen jeweils nach den entsprechend hinterlegten und zitierten Originaltexten. Je nach Länge des Kapitels werden die Originaltexte in sinnvolle Abschnitte unterteilt und mit Kommentierungen versehen.

Originaltexte der Richtlinienreihe der VDI 2047, „Sicherer Betrieb von Verdunstungskühlanlagen“, sind in blau den jeweiligen Kommentierungen vorangestellt.

Beispiel eines blau hinterlegten Originaltextes aus der Richtlinie:

VDI 2047 Blatt 2:

1 Anwendungsbereich

Diese Richtlinie gilt für Verdunstungskühlanlagen und -apparate, bei denen Wasser verrieselt oder versprüht wird oder es anderweitig zu Aerosolbildung kommen kann.

Die Reihenfolge der Absätze der Kapitel dieses Kommentars stimmt mit der Reihenfolge der Kapitel der Richtlinie VDI 2047 Blatt 2 überein. Dadurch ergänzt und bewertet der Kommentar die Inhalte der VDI 2047 kapitelweise. In einigen Kapiteln wurden im Kommentar zum besseren Verständnis weitere Unterkapitel eingefügt, die in der Richtlinie VDI 2047 nicht vorhanden sind.

Soweit im Kommentartext Gesetze, Verordnungen und Empfehlungen des Umweltbundesamts zitiert werden, sind diese als rechtliche Anforderungen *in einem hellen Rot* hinterlegt.

Beispiel eines rot hinterlegten Zitates aus einem Gesetz oder einer Verordnung:

42. BImSchV:

§ 1 Anwendungsbereich

(1) Diese Verordnung gilt für die Errichtung, die Beschaffenheit und den Betrieb folgender Anlagen, in denen Wasser verrieselt oder versprüht wird oder anderweitig in Kontakt mit der Atmosphäre kommen kann:

1. Verdunstungskühlanlagen,
2. Kühltürme und
3. Nassabscheider.

Werden im Kommentartext Anforderungen anderer technischer Regelwerke zitiert, sind diese als normative Anforderungen grau hinterlegt.

Beispiel für ein Regelwerk-Zitat:

VDI 3810 Blatt 1:

5 Anforderungen an das Betreiben von TGA-Anlagen

5.1 Betreiberverantwortung

Der Kommentar ist anwendungs- und praxisorientiert verfasst und bewusst mit vielen Bildern und Darstellungen ausgeführt. Mit der Zustimmung von zwei Betreibern dürfen reale Betriebsweisen von Verdunstungskühlanlagen benannt und veröffentlicht werden. Im Kommentar wird an verschiedenen Stellen immer wieder auf diese Praxisbeispiele konkret eingegangen. Diese sind innerhalb des Kommentares gekennzeichnet und werden zur Wiedererkennung mit einem *grünen Hintergrund* dargestellt:

Praxisbeispiel A: EGF EnergieGesellschaft Frankenberg mbH, Frankenberg:

Zwei Einkreisrieselkühler werden im Verbund betrieben (ca. 1.300 kW Kühlleistung und ca. 15 m³ Systeminhalt) und kühlen je nach Außenbedingungen entweder über 2 Plattenwärmeübertrager oder über 2 Kältemaschinen einen Betriebskreis in einer Produktion. Als Zusatzwasser wird sowohl Trinkwasser als auch Brunnenwasser verwendet, in einem Vorratstank je nach Wasserqualität anteilig vermischt und zur Nachspeisung vorgehalten. Die Anlagenbetreuung und die Wasserbehandlung wurden in mehreren Schritten optimiert, und der Betreiber hat sich frühzeitig den Anforderungen durch die VDI 2047 gestellt. Schon 2015 wurden die betreuenden Mitarbeiter nach

VDI 2047 qualifiziert. 2017 wurden Optimierungen im Zuge einer wasserseitigen Hygienebegehung ausgesprochen, die 2018 teilweise umgesetzt wurden. Die im Dauerbetrieb laufende Anlage wurde im Februar 2019 mit den realisierten Optimierungen in einer ersten Hygiene-Gefährdungsbeurteilung bewertet, wie dies in der Aktualisierung der VDI 2047 Blatt 2 seit Januar 2019 gefordert wird. Hier wurden konkrete weitere Empfehlungen (z. B. Stagnationsminimierung) ausgesprochen, die auch zeitnah umgesetzt wurden. Die §-14-Überprüfung nach 42. BImSchV durch einen ö.b.u.v. Sachverständigen wurde Anfang 2020 durchgeführt, wobei eine anforderungskonforme Fahrweise mit nur geringen Mängeln (Laborbereich/Schulung) festgestellt wurde. Nach der Auffrischung der VDI-2047-Qualifikation (wobei auch der Geschäftsführer qualifiziert wurde) wurde eine Aktualisierung der Hygiene-Gefährdungsbeurteilung durchgeführt. Wegen weiteren Änderungen an der Anlage (bessere Inspektionszugänge zur regelmäßigen Überprüfung) wurde Anfang 2021 eine neue Revision der Hygiene-Gefährdungsbeurteilung erstellt und im Betriebstagebuch dokumentiert.

Diese aktuelle Revision der Hygiene-Gefährdungsbeurteilung ist in teilweise anonymisierter Form fast vollständig als Anhang beigefügt. Die Hygieneeinstufungen gemäß eines schulnotenähnlichen Systems sind darin enthalten. Die erste Hygiene-Gefährdungsbeurteilung bewertete die Anlage 2019 mit 2,0, die Bewertung der 1. + 2. Revision verbesserte nach Optimierungen die Einstufung auf 1,4 und bei der aktuellen 3. Revision konnte der Wert sogar auf 1,2 verbessert werden. Darüber wird dokumentiert, dass Risiken des Anlagenbetriebes immer weiter reduziert werden konnten; genau das ist das Ziel der Richtlinienreihe VDI 2047.

Praxisbeispiel B: Debeka Versicherung a.G., Koblenz

Im Zuge der Erneuerung der Gebäudekühlung der Hauptverwaltung der Debeka Versicherung a.G. in Koblenz wurde 2015 der Betrieb von 3 Verdunstungskühlern (2.800 kW Kühlleistung und 12 m^3 Systeminhalt) durch die Inbetriebnahme von 4 Cabero ‚Adiabatik-Kühlern' mit Sprühsystem abgelöst. Zeitgleich mit dem Erscheinen des ersten Weißdruckes der VDI 2047 Blatt 2 hat der Betreiber die Anlagen anforderungskonform realisiert. Schon im Februar 2015 wurden zwei Betreiberverantwortliche über das Schulungsangebot der VDI 2047 qualifiziert. Mit einer umfangreichen Wasseraufbereitung sind die Anlagen im Frühjahr 2015 mit aufbereitetem Wasser in Betrieb gegangen und werden seither wöchentlich kontrolliert. Aufgrund des Aufstellungsortes in der Nähe der Luftansaugung für eine Raumlufttechnische Anlage wird durch die Zugabe geringer Mengen an

Desinfektionsmittel auf Basis von Wasserstoffperoxid ins Zusatzwasser der hygienische Betrieb abgesichert. Die 4 Anlagen sind aufgrund der gemeinsamen Zusatzwasserqualität und der gleichmäßigen Betriebsweise der Anlagen mit regelmäßigen Spülzyklen bei der Behörde nur als eine Anlage gemeldet, jedoch werden hier die beiden äußeren Anlagen regelmäßig beprobt, sodass zwei Entnahmestellen in einem gemeinsamen Betriebstagebuch dokumentiert werden.

Bisher wurde im Betrieb keine einzige Prüfwertüberschreitung festgestellt und auch die betreiberseitig erfassten mikrobiologischen Überprüfungen weisen ein dauerhaft niedriges Belastungsniveau auf. Die Sachverständigenüberprüfung nach § 14 der 42. BImSchV wurde vor Kurzem fristgerecht erfolgreich abgeschlossen.

Aus dem Praxisbeispiel der EGF stammen die Anlagen der Hygiene-Gefährdungsbeurteilung sowie Maßnahmenplan, Instandhaltungsplan und Betriebstagebuch. Dadurch werden weitere Hintergrundinformationen zu den jeweiligen Einstufungen bei der Hygiene-Gefährdungsbeurteilung gegeben und ersichtlich. Diese Unterlagen können als Grundlage für andere Systeme genutzt werden.

Im Anhang selbst wird auf die Hintergrundfarbe und den Rahmen in der Darstellung verzichtet, da ohne die grüne Hintergrundfarbe die Farbeinstufungen in der Hygiene-Gefährdungsbeurteilung besser zu erkennen sind.

Inhaltsverzeichnis

0 Einführung

Die Corona-Pandemie unterstreicht noch einmal sehr deutlich, wie wichtig Hygiene ist und welch teilweise drastisch einschränkende Maßnahmen zum Gesundheitsschutz erforderlich werden können. In der Corona-Pandemie wurden Verordnungen und Gesetze im Eiltempo umgesetzt, und es gab erhebliche Einschränkungen für die gesamte Bevölkerung. Die Entwicklung der Regelungen zum Schutz vor Legionellen hat im Vergleich dazu deutlich länger gedauert.

In luftgetragenen Aerosolen können eine Vielzahl an Krankheitserregern, z. B. Corona-Viren und Legionellen, enthalten sein, die eine Gefahr für die menschliche Gesundheit darstellen. Das Corona-Virus SARS-CoV-2 ist im Vergleich zu *Legionella pneumophila* und anderen *Legionella* Spezies in eine höhere Risikogruppe eingestuft, unter anderem, weil durch die Übertragung von Mensch zu Mensch eine stärkere Verbreitung stattfinden kann.

Einschränkungen für die Bevölkerung aufgrund von Infektionsgeschehen gab es bereits vor den Maßnahmen durch die Corona-Pandemie. Bei dem Legionelloseausbruch in Warstein im August 2013 wurde die Montgolfiade in Warstein abgesagt, und die Stadt Warstein begründete dies wie folgt: „Zum Schutz der Gesundheit aller Bürger und Gäste von Warstein folgte die Stadt den Empfehlungen des Kreises Soest, die Großveranstaltung nicht zu genehmigen."

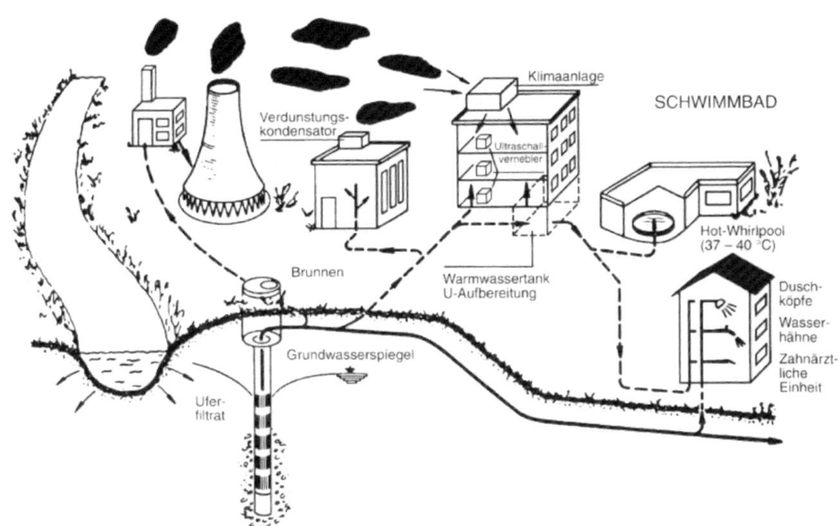

Bild 1: Legionellen in technischen und natürlichen Wassersystemen
(Quelle: M. Exner, R. Schulze-Röbbecke, Öff. Gesundh.-Wes. 1987; 49; 90–96)

Legionellen wurden erstmals 1976 bei einem Ausbruch in den USA entdeckt und als Gefahrenquelle erkannt. Danach gab es immer wieder durch Legionellen verursachte Erkrankungs- und Todesfälle, die verschiedene Quellen hatten. Aufgrund des Erkenntnisgewinns und vor allem durch verbesserte Analytik wurden Zusammenhänge erkannt und Gefahrenquellen identifiziert und lokalisiert.

Bild 1 von 1987 zeigt eine Übersicht der Anlagen, die ein potenzielles Risiko darstellen, wenn es bei legionellenhaltigem Wasser zur Bildung von Aerosolen kommt. Legionellenbelastungen in Rückkühlwerken können durch hohe Luftmengen und weiträumige Aerosolverbreitung für große Flächen und damit für sehr viele Menschen ein Risiko bedeuten. Über den Aerosolweg können sich selbst weit entfernte Anlagen gegenseitig Belastungen zutragen und beeinflussen.

Die Minimierung des grundsätzlichen Betriebsrisikos wird bei den in Bild 1 gezeigten Anwendungsbereichen (Trinkwasser, Schwimmbadwasser, Befeuchterwasser und Kühlwasser) über Gesetze, Verordnungen, Empfehlungen und technische Regelwerke angestrebt. Trotz vielfältiger Regelwerke (VDI 6022 und VDMA 24649) und gesetzlichen Vorgaben (BGB, ArbSchG, ArbStättV, BetrSichV, IfSG, BioStoffV) gab es für Verdunstungskühlanlagen bis zum Jahr 2014 kein einschlägiges und überall anzuwendendes Regelwerk und auch keine spezifische gesetzliche Regelung.

Die Legionelloseausbrüche in Ulm (2010) und in Warstein (2013) konnten konkret auf den Betrieb von Verdunstungskühlanlagen zurückgeführt werden, bei denen die hygienischen Aspekte nicht ausreichend berücksichtigt wurden. Um zu vermeiden, dass sich derartige Vorfälle wiederholen, wurde eine eigenständige VDI-Richtlinie und eine rechtliche Verordnung für die Hygiene auf den Weg gebracht.

Im Juli 2017 wurde die 42. Bundes-Immissionsschutzverordnung (42. BImSchV) verabschiedet, die einen Monat später, am 19. August 2017, in Kraft getreten ist. Diese rechtsverbindliche Verordnung auf Grundlage des Bundes-Immissionsschutzgesetzes (BImSchG) stellt erstmals Anforderungen zur Registrierung der betroffenen Anlagen und zur Meldung von kritischen Legionellenkonzentrationen. Für den Betrieb von Verdunstungskühlanlagen, Kühltürmen und Nassabscheidern macht sie sehr konkrete Vorgaben. Neben der Forderung nach einer Gefährdungsbeurteilung gibt es konkrete Anforderungen für die Beschaffenheit der Anlagen und auch für deren Betrieb. Es wurden konkrete Intervalle für Kontrollen und Laboruntersuchungen festgelegt und Informationspflichten definiert, für den Fall, dass labortechnisch Belastungen oberhalb eines Maßnahmenwertes nachgewiesen werden. Technische Details können in einer Verordnung nicht ausreichend geregelt werden. Dies muss über ein technisches Regelwerk konkretisiert werden, daher verweisen Verordnungen gezielt auf solche technischen Regelwerke.

Der VDI leistet als technischer Regelsetzer seinen Beitrag und hat frühzeitig mehrere technische Regeln für die Hygiene erarbeitet. Bereits 1998 wurden die VDI-Hygienerichtlinien VDI 6022 und VDI 6023 für die Hygiene bei dem Betrieb von Raumlufttechnischen Anlagen (RLT-Anlagen) und Trinkwasser-Installationen veröffentlicht. Der Betrieb von Rückkühlwerken war zu diesem Zeitpunkt zusammen mit RLT-Anlagen in der VDI 6022 geregelt. Der Anwendungsbereich für Rückkühlwerke in der VDI 6022 war jedoch auf Anlagen definiert, die einen Einfluss auf die Zuluftqualität von RLT-Anlagen haben können. Da hierzu keine konkreten Abstandsregeln definiert wurden, konnte ein Betreiber dies letztendlich selbst interpretieren. So konnten sich einige Betreiber von Rückkühlwerken den Auflagen der VDI 6022 entziehen. Es mangelte somit an einem eigenständigen Regelwerk für alle Rückkühlwerke zur Minimierung des Betriebsrisikos unabhängig vom Aufstellungsort.

Der Verband Deutscher Maschinen- und Anlagenbau e.V. (VDMA) hat als Industrieverband 2005 mit dem VDMA-Einheitsblatt 24649 gute hygienische Hinweise zum Betrieb von Rückkühlwerken zur Verfügung gestellt und darin die Betreiber zu Maßnahmen zur Minimierung der Problematik aufgefordert. Die Anforderungen aus den Veröffentlichungen des VDMA, als Interessenverband der Rückkühlhersteller, wurden nicht konsequent von allen Betreibern umgesetzt.

Ein ordnungsgemäßer und kontrollierter Betrieb von Rückkühlwerken minimiert die Ausbildung von mineralischen Ablagerungen, Korrosionen und Biofilmen und sichert dadurch auch eine ausreichende Wärmeabfuhr als eigentliche Hauptaufgabe von Rückkühlwerken. Es gab daher auch schon zur Jahrtausendwende viele verantwortungsbewusste Betreiber von Rückkühlwerken, die das Risiko der Vermehrung und Verbreitung von Legionellen effektiv minimiert und viel in die Hygiene investiert hatten.

Die Umsetzung eines konkreten technischen Regelwerkes verlief über den VDI deutlich schneller als die Umsetzung der Verordnung. Der mit 30 Personen aus allen interessierten Kreisen zusammengesetzte Richtlinienausschuss hat nach vielen Sitzungen und Diskussionen die VDI-Richtlinie VDI 2047 Blatt 2 im Januar 2014 im Gründruck verabschiedet. Da die zur VDI 6022 und VDI 6023 benachbarten Nummern schon vergeben waren, wurde für diese neue Hygiene-Richtlinie auf die Nummer der seit 1992 vorhandenen VDI 2047 Blatt 1 zurückgegriffen, in der Begriffsdefinitionen zu Rückkühlwerken enthalten waren. Der Gründruck dieser VDI-Richtlinie hatte damals die höchste Anzahl an Einsprüchen, die es seither bei der Erstellung von VDI-Richtlinien gegeben hatte. Diese Einsprüche wurden ausführlich diskutiert, und so dauerte es bis Januar 2015, bis der Weißdruck der VDI 2047 Blatt 2 verabschiedet wurde und damit ein neues technisches Regelwerk für den Betrieb von Verdunstungskühlanlagen vorhanden war. Mit der VDI 2047 Blatt 3 für (Naturzug-)Kühltürme wurde die Richtlinienreihe im April 2018 ergänzt.

Die Reichweite und Bedeutung von VDI-Hygienerichtlinien beruht neben den hygienisch-technischen Inhalten vor allem auf einem Schulungskonzept, welches über VDI-Schulungspartnerschaften die Vermittlung wichtiger Hygieneregeln für möglichst alle am Betrieb beteiligten Personen (Bauherr, Anlagenplaner, Hersteller, Errichter, Betreiber, Dienstleister, Behörde, Labor ...) anbietet. Die Schulungen informieren, sensibilisieren und qualifizieren die Teilnehmer. Sie bieten zudem eine Plattform zum Austausch und zur Diskussion. VDI-Hygienerichtlinien haben grundsätzlich nicht den Anspruch, vorhandenes technisches Regelwerk zu ersetzen, sondern sie ergänzen bestehende Gesetze, Verordnungen, Empfehlungen und Regeln um spezifische hygienische Aspekte und Erläuterungen.

VDI-Richtlinien werden regelmäßig auf Aktualität geprüft, um abzusichern, dass diese die allgemein anerkannten Regeln der Technik wiedergeben und diesen entsprechen. Dazu werden bei Änderungsbedarf neue Richtlinienausschüsse berufen und die Richtlinie inhaltlich überarbeitet und ergänzt. Seit 2018 werden VDI-Richtlinien, die Schulungen beschreiben, diversifiziert und in mehrere Blätter aufgeteilt. Die Details zu Schulungen wurden aus den technischen Blättern der Richtlinien herausgenommen und in jeweils neue Blätter der Richtlinie mit einer Kennzeichnung MT (Mensch und Technik) separiert. VDI-MT-Richtlinien entstehen nach demselben streng reglementierten Verfahren wie VDI-Richtlinien, behandeln jedoch Themen, die nicht rein technischer Natur sind, sondern in einem engen Bezug zur Technik stehen. Bei der VDI 2047 wurde dies Anfang 2019 umgesetzt und dabei das Blatt 2 auch an die 2017 erschienene 42. BImSchV angepasst. Die aktuelle Übersicht der Richtlinienreihe der VDI 2047 im Juli 2021:

- VDI 2047 Blatt 1 – Begriffe zu Verdunstungs- und Trockenkühlanlagen und Durchlaufkühlsystemen (Weißdruck 01-2021)
- VDI 2047 Blatt 2 – Sicherstellung des hygienegerechten Betriebs von Verdunstungskühlanlagen (VDI-Kühlturmregeln) (Weißdruck 01-2019)
- VDI 2047 Blatt 3 – Sicherstellung des hygienegerechten Betriebs von Verdunstungskühlanlagen – Kühltürme über 200 MW Kühlleistung (VDI-Kühlturmregeln) (Weißdruck 04-2018)
- VDI-MT 2047 Blatt 4 – Rückkühlwerke – Sicherstellung des hygienegerechten Betriebs von Verdunstungskühlanlagen (VDI-Kühlturmregeln) – Qualifikation von Personal zum Betreiben von Verdunstungskühlanlagen (Weißdruck 01-2019)

Über die verschiedenen Schulungsangebote zu den VDI-Hygienerichtlinien (VDI 6022 und VDI 6023 seit 1998 und VDI 2047 seit 2015) wurden bereits weit über 100.000 Personen qualifiziert, allein über 70.000 Personen zwischen 2008 und 2020. Über die VDI 2047 wurden seit 2015 bis Ende 2020 bereits über 20.000 Personen qualifiziert. Die hohe Anzahl der Qualifizierten zeigt, dass die VDI-Hygienerichtlinien als anerkannte Regel der Technik (aRdT) angenommen werden. Diese Qualifikationen werden in der TGA-Branche benötigt und auch immer häufiger von Auftraggebern gefordert. Die zu hygienisch fachkundigen Personen qualifizierten Teilnehmer können dadurch an den in ihrem Verantwortungsbereich liegenden Anlagen entsprechend sensibel agieren. Es muss jedoch klar sein, dass eine einmalige Teilnahme an einer Tagesschulung keine Fachausbildung ersetzen kann und qualifizierte Teilnehmer durch die Teilnahme keine Hygieneexperten werden können. Die Schulungen dienen der Sensibilisierung, sodass die Teilnehmer die Tragweite der Arbeiten verstehen und einen hygienischen Blickwinkel bekommen. Durch weiterführenden fachlichen Austausch und durch regelmäßiges Wiederholen der Qualifikation bleibt die Sensibilität erhalten. Damit tragen die Schulungen auch zur Betriebssicherheit bei. Dadurch können hygienische Probleme frühzeitig erkannt und gelöst werden. Zahlreiche mögliche Erkrankungsfälle sind so sicherlich schon vermieden worden. In allen Hygiene-Schulungsrichtlinien wird immer wieder auf die Betreiberverantwortung verwiesen, die in der Richtlinienreihe VDI 3810 zusammengefasst ist.

Die Einhaltung und Delegation der Betreiberverantwortung durch Schulungen und Qualifikationen sind in allen Hygienerichtlinien fest verankert. Auch wenn einige Begriffe in den Richtlinienreihen unterschiedlich angewendet werden, bleibt das gemeinsame Ziel nach dem sicheren Betrieb der jeweiligen Anlagen. Die Richtlinien stellen die Forderung auf, alle am Betrieb einer Anlage beteiligten Personen aus Sicht der Hygiene zu qualifizieren. Jede einzelne Anlage im Anwendungsbereich der Richtlinien ist objektspezifisch zu betrachten, die jeweiligen Gefährdungen sind aus hygienischer Sicht zu analysieren und zu beurteilen. Vor der Inbetriebnahme von Neuanlagen ist eine Überprüfung erforderlich (Hygiene-Erstinspektion, Hygiene-Gefährdungsbeurteilung). Anstelle einer reaktiven Instandsetzung bei Abweichungen wird eine vorbeugende Instandhaltung mit einem anlagenbezogenen und individuell zu erstellenden Konzept zur Wartung vorgegeben. Die detaillierte Dokumentation dieser Kontrollen und deren Ergebnisse in einem Betriebstagebuch sorgt für Betriebssicherheit und Transparenz.

Eine regelmäßige labortechnische Kontrolle auf Legionellenbelastungen verbunden mit zu ergreifenden Maßnahmen sowie regelmäßigen Anlagenüberprüfungen sind wichtige Bausteine für die Absicherung des hygienegerechten Betriebes. Ein hygienegerechter Betrieb zeichnet sich durch dauerhaft geringe mikrobiologische Belastungen im Wasser aus. In allen Richtlinienreihen werden Legionellen als wichtigster Parameter betrachtet. Bei Ergebnissen von Laboruntersuchungen oberhalb von 100 KBE/100 ml sind in allen Regelwerken entsprechende Maßnahmen zu ergreifen, weil derartige Belastungen technisch vermeidbar sein sollten. Je höher die festgestellte Belastung, um so risikobehafteter ist der Betrieb der Anlage einzustufen; bei Konzentrationen oberhalb von 10.000 KBE/100 ml sind sofortige Maßnahmen zur Gefahrenabwehr durchzuführen. Die Laboruntersuchungen dürfen ausschließlich durch entsprechende akkreditierte Labore durchgeführt werden, wobei auch die Probenentnahme in die Akkreditierung eingeschlossen sind. Somit kann der Betreiber durch diese regelmäßigen Laborkontrollen den hygienegerechten Betrieb letztendlich nachweisen.

Das Vertrauen in die anforderungskonforme Fahrweise des Betreibers ist gut – eine Kontrolle ist besser. Die 42. BImSchV fordert daher die regelmäßige Überprüfung der Anlagen auf den ordnungsgemäßen Betrieb (alle 5 Jahre) durch Sachverständige, die über die IHK zum ö.b.u.v. Sachverständigen (inzwischen über 65 Personen) bestellt wurden, oder über eine akkreditierte Inspektionsstelle Typ A (inzwischen über 80 Personen) zugelassen sind. Das konsequente Überprüfen von Betreiberverhalten hat eine erhebliche Auswirkung auf die Betriebssicherheit. Dies wurde schon in anderen Bereichen mittels Kontrollen erreicht. Die Anzahl von LKW-Unfällen ist erst durch die Einführung von Tachoscheiben und die darüber möglichen Kontrollen auf Einhaltung von Geschwindigkeit und Ruhezeiten deutlich zurückgegangen. Hier besteht eine gewisse Analogie zu den Sachverständigenprüfungen und den regelmäßigen Laborkontrollen. So dienen auch hier die Ergebnisse der Anlagenüberprüfung durch Sachverständige oder akkreditierte Inspektionsstellen Typ A den zuständigen Überwachungsbehörden – neben deren eigenen Ermittlungen – als wichtige Grundlage für ihr Verwaltungshandeln.

Die 42. BImSchV hat den Stellenwert der Richtlinienreihe VDI 2047 angehoben und fordert die Einhaltung der Betreiberverantwortung ein. Dies wird durch erforderliche Sachverständigenüberprüfungen kontrolliert und abgesichert. Behörden haben die Möglichkeit, erhebliche Abweichungen als Ordnungswidrigkeit mit einem Bußgeld zu sanktionieren oder sogar ein Verwaltungsverfahren einzuleiten. Neben nachträglichen Anordnungen zur Herstellung des hygienegerechten Betriebs kann die Behörde bei erheblichen Abweichungen und erheblichen Gefahren auch eine Außerbetriebnahme anordnen.

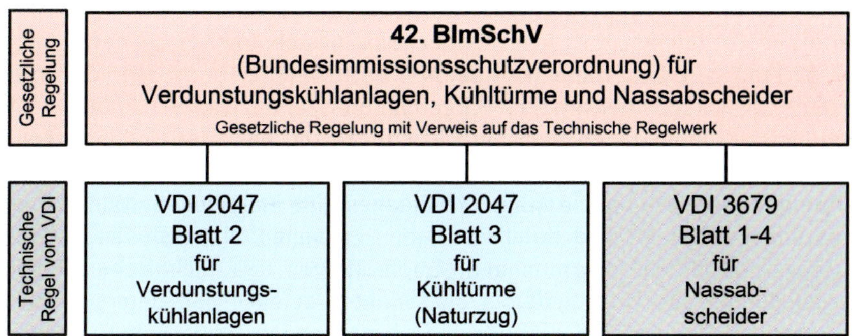

Bild 2: 42. BImSchV und die dazugehörigen VDI-Richtlinien

Dabei kann die 42. BImSchV als ‚Pflicht' der Vorgaben angesehen werden und die VDI 2047 als eine Art ‚Kür'. An den Pflichtteil haben sich Betreiber betroffener Anlagen vollumfänglich zu halten, und dies wird sehr detailliert durch Sachverständige überprüft. Die Bewertung des Sachverständigen erfasst nicht ausschließlich den Pflichtteil, sondern auch die Kür wird bewertet. In der Kür kann der Betreiber auf die individuellen Aspekte seiner Anlage einwirken und den Betrieb technisch entsprechend absichern. So wird z. B. ausschließlich in der VDI 2047 auf die Umsetzung einer möglichst feinen Bypassfiltration und auch auf das Minimierungsgebot zum Biozideinsatz, sowie Vorgaben zu einem Wirksamkeitsnachweis für Biozide gegen Legionellen nach DIN EN 13623 eingegangen.

Die Umsetzung der Anforderungen der VDI 2047 und der 42. BImSchV haben dazu geführt, dass sich Betreiber intensiver mit dem Betrieb ihrer Anlagen auseinandergesetzt haben und diese auch viel häufiger labortechnisch überprüft wurden. Dadurch kommt der Betreiber dem Ziel der Richtlinie, die Betriebssicherheit von Verdunstungskühlanlagen sicherzustellen, kontinuierlich näher, auch wenn die betriebsbedingten Risiken nie vollständig ausgeschlossen werden können.

Nach inzwischen über 6 Jahren Anwendungszeit der VDI 2047 Blatt 2 und 4 Jahren 42. BImSchV kann festgestellt werden, dass eine höhere Betriebssicherheit sowohl bestehender als auch neuer Anlagen erreicht wurde. In den letzten Jahren wurde in Deutschland keine weitere Häufung in der Größenordnung Warstein oder Ulm von Legionelloseerkrankungen durch Verdunstungskühlanlagen erkannt oder in Zusammenhang gebracht. Die Betreiber übernehmen die Verantwortung, und auch die Hersteller und Anlagenbauer setzen die Vorgaben um.

Die Umsetzung der Anforderungen verursacht für Betreiber einen höheren Aufwand und vor allem zusätzliche Kosten. Dies hat gerade bei kleineren Rückkühlanlagen zu einem Umdenken bei den Betreibern geführt, und so wurden bestehende Anlagen teilweise zurückgebaut oder für neue Anwendungen keine Verdunstungskühlanlagen mehr berücksichtigt. Trockenkühler sind jedoch aus energetischer Sicht und damit vor dem Hintergrund der CO_2-Einsparung deutlich ungünstiger als Verdunstungskühlanlagen. Die Begriffsdefinition für Verdunstungskühlanlage und Kühlturm haben zu vielen Diskussionen geführt. Texte von Gesetzen, Verordnungen, Empfehlungen und Technischen Regeln werden immer aus verschiedenen Blickwinkeln gelesen und unterschiedlich interpretiert. Um die in der Anwendung bestehenden Unklarheiten im Kommentar zu erfassen, haben die Autoren auch den auf der VDI-Homepage zur VDI 2047 veröffentlichten Fragen- und Antwortkatalog sowie den Auslegungsfragenkatalog der Bund/Länder-Arbeitsgemeinschaft Immissionsschutz (LAI) berücksichtigt. Hier werden Antworten zu konkreten Fragen gegeben, die nach der Veröffentlichung der 42. BImSchV in der Praxis und bei den Behörden aufgetreten sind. Diese Fragen und Antworten sollen die Auslegung der 42. BImSchV nachvollziehbarer machen und den Behördenvertretern eine Entscheidungshilfe geben. Der Katalog selbst stellt keine Änderung oder Ergänzung der Verordnung dar, er sorgt jedoch für mehr Klarstellungen.

Die Autoren dieses Kommentars zur Richtlinienreihe VDI 2047 haben bei der Erstellung ihre langjährige Expertise und ihre Erfahrungen aus durchgeführten Sachverständigenüberprüfungen einfließen lassen. Die Sichtweisen anderer Fachleute wurden nach vielen intensiven und kontroversen Diskussionen berücksichtigt.

Auf dem Markt werden inzwischen immer mehr Anlagen angeboten, die nach Einstufungen der Hersteller nicht im Anwendungsbereich der Verordnung liegen sollen. Darüber hinaus werden immer mehr Ausnahmeanträge bei Behörden gestellt, um den Betreuungsaufwand für den Betreiber zu minimieren. Dabei sollte berücksichtigt werden, dass derartige Unbedenklichkeitsanfragen im Widerspruch zur Aussage der VDI 2047 stehen.

VDI 2047 Blatt 2 – Einleitung

Bei unter Hygienegesichtspunkten einwandfreiem Betrieb sind die Risiken minimiert, können jedoch nicht vollständig ausgeschlossen werden.

Hygienische Risiken können selbst bei einem einwandfreien Anlagenbetrieb nur minimiert, aber nie ausgeschlossen werden. Auf diese Entwicklungen und die unterschiedlichen Sichtweisen wird im Kapitel „Anwendungsbereich“ konkret eingegangen.

Wenn ein Betreiber mit dem Betrieb einer Verdunstungskühlanlage eine Gefahrenquelle schafft, um die technisch günstigen Eigenschaften von Wasser zur kostengünstigen Verdunstungskühlung (auch mit geringer CO_2-Belastung) zu nutzen, muss er die notwendige Risikoanalyse und Risikobewertung umsetzen. Aufgrund des vorhandenen Risikos im Betrieb sollten alle Rückkühlanlagen mit Verdunstung über die Verordnung erfasst bleiben oder werden.

Aus Sicht der Autoren kann es nicht zielführend sein, dass Gefahrenquellen unerkannt vorhanden bleiben. Anlagen, die bisher außerhalb der Verordnung umgesetzt sind, wurden nicht bei der Behörde gemeldet und sind nicht von dem Online-Kataster KaVKA erfasst. Diese Anlagen werden nicht über die Verordnung mit labortechnischer Kontrolle und Sachverstand regelmäßig überprüft. Alle Verdunstungskühlanlagen sollten grundsätzlich im Kataster gemeldet, erfasst und mit einer ausführlichen Hygiene-Gefährdungsbeurteilung objektbezogen betrachtet werden. Der Umfang der Hygiene-Gefährdungsbeurteilung ist ein wichtiger Schwerpunkt in diesem Kommentar, der erläutert und mit Beispielen ergänzt wird. Auch die Möglichkeit von Ausnahmen wird im Kommentar behandelt. Dieser Kommentar soll als Praxishilfe genutzt werden können und beinhaltet Beispiele eines Betriebstagebuchs, eines Instandhaltungsplans und eines Maßnahmenplans. Aufgrund der engen Verknüpfung der VDI 2047 und der 42. BImSchV enthält dieser Kommentar zur Richtlinienreihe der VDI 2047 folgerichtig auch umfangreiche Kommentare und Gegenüberstellungen zur 42. BImSchV.

Die Autoren freuen sich über Anregungen und stehen ausdrücklich auch für Diskussionen zur Verfügung. Die drei Autoren haben die Erstellung des Kommentars im Juni 2021 abgeschlossen und den zu diesem Zeitpunkt bekannten Stand berücksichtigt.

Das Bestreben nach einem hygienisch sicheren und technisch einwandfreien Anlagenbetrieb sollte die Basis für den Betreiber sein, der für sehr viele Menschen eine entsprechende Verantwortung trägt.

Die Richtlinienreihe der VDI 2047 gibt ausreichend Hinweise und Empfehlungen für den sicheren Betrieb. Dieser Kommentar ergänzt dies mit Erklärungen und benennt konkrete Beispiele und weitere Arbeitshilfen. Durch das Einhalten des technischen Regelwerkes sind Risiken durch Legionellenbelastungen auf ein Minimum zu reduzieren. Nur wer seine Betreiberverantwortung wahrnimmt, sichert den Betrieb ab.

Die Autoren schließen die Einleitung mit der Ergänzung einer alten handlungsempfehlenden japanischen Weisheit. Dieser ist eine neue und eigene abschließende Textzeile hinzugefügt:

Wenn es nicht deins ist, nimm es nicht.

Wenn es nicht richtig ist, tue es nicht.

Wenn es nicht wahr ist, sag es nicht.

Wenn Du es nicht weißt, sei still.

Wenn Du für etwas verantwortlich bist, kümmere Dich gut darum!

1 Anwendungsbereich

In diesem Kapitel werden übergreifend über Blatt 2 und Blatt 3 der VDI 2047 deren Anwendungsbereich beschrieben, sowie eventuelle Ausnahmen betrachtet. Es wird auf Anlagenarten eingegangen, bei denen häufig noch Unklarheit besteht, ob diese unter die VDI-Richtlinie und die 42. BImSchV fallen oder nicht. Praktische Beispiele ergänzen den Anwendungsbereich im Kapitel 7. Der Richtlinienreihe VDI 2047 werden dabei auch die entsprechenden Kapitel der 42. BImSchV gegenübergestellt. Nassabscheider (vgl. VDI 3679) werden in diesem Kommentar nicht behandelt.

Zunächst zur Einführung in den Anwendungsbereich der VDI 2047 Blatt 2:

VDI 2047 Blatt 2:

1 Anwendungsbereich

Diese Richtlinie gilt für Verdunstungskühlanlagen und -apparate, bei denen Wasser verrieselt oder versprüht wird oder es anderweitig zu Aerosolbildung kommen kann.

Während in der aktuellen Version der VDI 2047 Blatt 2 von 01/2019 im Anwendungsbereich die Aerosolbildung genannt wird, heißt es in der 42. BImSchV (verkündet am 12.07.2017) und in der ursprünglichen Version der VDI 2047 Blatt 2 (Ausgabe 01/2015):

42. BImSchV – Abschnitt 1:

§ 1 Anwendungsbereich

Diese Verordnung gilt für die Errichtung, die Beschaffenheit und den Betrieb folgender Anlagen, in denen Wasser verrieselt oder versprüht wird oder anderweitig in Kontakt mit der Atmosphäre kommen kann:

1. Verdunstungskühlanlagen,
2. Kühltürme und
3. Nassabscheider.

Im Blatt 3 werden „Kühltürme über 200 MW Kühlleistung" behandelt. Dort heißt es im gleichen Kapitel:

VDI 2047 Blatt 3:

1 Anwendungsbereich

Diese Richtlinie gilt für Verdunstungskühlanlagen mit offenen Kühlwasserkreisläufen und einer **Kühlleistung > 200 MW je Luftaustritt.** Für Hybridkühltürme und Kühltürme mit zusätzlichen drückenden Ventilatoren > 200 MW je Luftaustritt gilt sie nur dann, wenn nachgewiesen wird, dass deren Emissionsverhalten dem einer Anlage nach dieser Richtlinie entspricht. Sie gilt **nicht für saugende Ventilatorkühlsysteme.**

Die Begriffe „Kühlturm", „Rückkühlwerk", „Verdunstungskühlanlage" werden sowohl in der Fachliteratur als auch im allgemeinen Sprachgebrauch nebeneinander verwendet. Die 42. BImSchV definiert Kühltürme und Verdunstungskühlanlagen nun erstmals wie folgt:

42. BImSchV – Abschnitt 1:

§ 2 Begriffsbestimmungen

5. „Kühlturm": eine Anlage, bei der durch Verdunstung von Wasser Wärme an die Umgebungsluft abgeführt wird, insbesondere bestehend aus einer Verrieselungs- oder Verregnungseinrichtung für Kühlwasser und einem Wärmeübertrager, in der die Luft im Wesentlichen durch den natürlichen Zug, der im Kaminbauwerk des Kühlturms erzeugt wird, durch den Kühlturm gefördert wird und einer Kühlleistung von mehr als 200 Megawatt je Luftaustritt [...] über den Kühlturm abgeleitet werden; der Einsatz drückend angeordneter Ventilatoren zur Unterstützung der Luftzufuhr ist unschädlich, soweit diese das Charakteristikum des Kühlturms nur unwesentlich beeinflussen;

11. „Verdunstungskühlanlagen": eine Anlage, bei der durch Verdunstung von Wasser Wärme an die Umgebungsluft abgeführt wird, insbesondere bestehend aus einer Verrieselungs- oder Verregnungseinrichtung für Kühlwasser und einem Wärmeübertrager, ausgenommen Kühltürme;

Unter „Kühltürmen" werden demnach i.d.R. sog. „Naturzugkühltürme" verstanden, wie sie häufig in der Energiewirtschaft bei Kraftwerken zum Einsatz kommen. Diese Kühltürme sind etwa 100 bis 200 Meter hoch, aus Beton und haben meist keine Ventilatoren. Wichtige Kriterien sind, dass sie eine Mindestkühlleistung von 200 Megawatt (also 200.000 Kilowatt) je Luftaustritt haben und die Luft in der Regel durch den natürlichen Zug durch den Kühlturm gefördert wird. Es gibt ähnlich aussehende, aber weniger hohe Rundkühltürme mit seitlich drückenden Ventilatoren. Diese können auch in die Anwendung der VDI 2047 Blatt 3 fallen, sofern die drückenden Ventilatoren die eigentliche Charakteristik des Emissionsverhaltens des Naturzugkühlturms nicht wesentlich verändern.

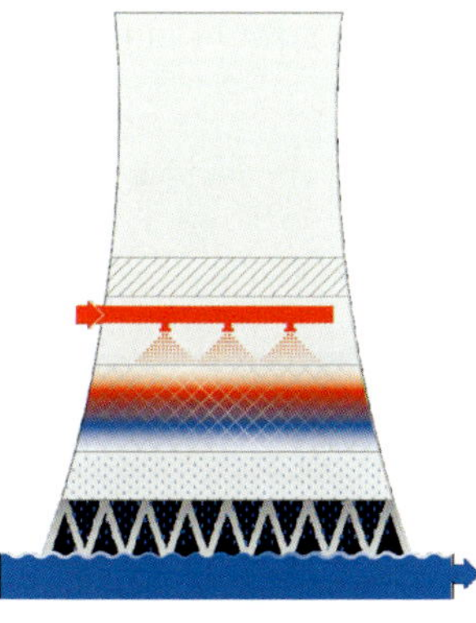

Bild 3: Schematische Darstellung eines Naturzugkühlturms

Bei den Verdunstungskühlanlagen erfolgt eine weitere Unterscheidung verschiedener Bauarten. Wenn das Nutzwasser als Kühlmedium im Prozess direkt eingesetzt wird, spricht man von sog. Einkreisrieselkühlern. Darunter werden offene Kühlsysteme verstanden, in denen das Nutzwasser über Einbauten (Wabenpakete, Füllkörper, Gitterroste) im Verdunstungskühler verrieselt, sich dabei im direkten Kontakt mit der entgegenströmenden Luft abkühlt und dann wieder dem Prozess der Wärmeabfuhr zur Verfügung steht.

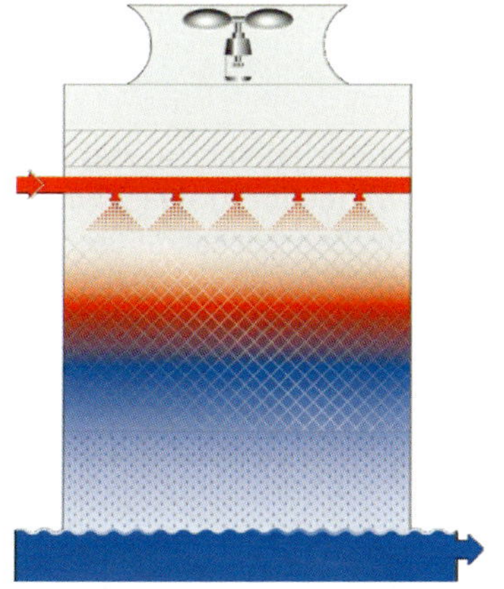

Bild 4: Schematische Darstellung eines Einkreisrieselkühlers

Bei einem Zweikreisrieselkühler strömt das Fluid (z. B. Wasser/Glykol-Gemisch oder Ammoniak) in einem geschlossenen Primärkreislauf über Rohrbündel durch den Verdunstungskühler zu dem eigentlichen Prozess. Dabei gibt das in den Rohrbündeln strömende Fluid seine Wärme mittels Luftkühlung über Ventilatoren und bei Bedarf zusätzlich über einen Nutzwasserkühlkreislauf an die Umgebung ab. Bei Zweikreisrieselkühlern ist also sowohl ein Nass- als auch ein Trockenbetrieb möglich.

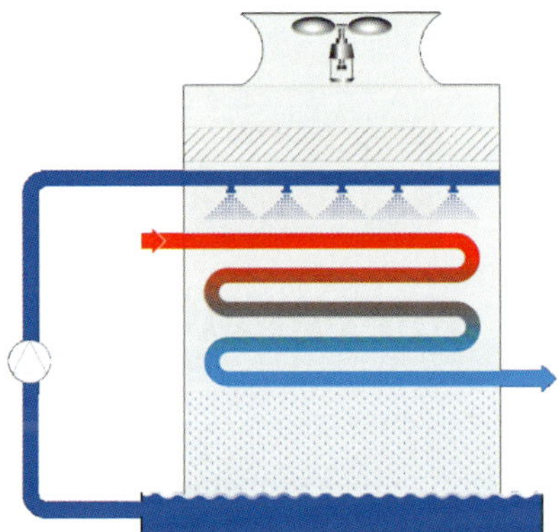

Bild 5: Schematische Darstellung eines Zweikreisrieselkühlers

VDI 2047 Blatt 2:

1 Anwendungsbereich

Dabei ist es unerheblich, ob das Nutzwasser als Kühlmedium im Prozess direkt eingesetzt wird [...] oder die Prozesswärme über Wärmeübertrager aus einem Primärkühlkreislauf auf einen Wasserkühlkreislauf übertragen wird.

Diese Beschreibung trifft sowohl auf Einkreisrieselkühler zu, bei denen der Nutzwasserkreislauf z. B. über einen Plattenwärmeübertrager von dem Verbraucherkreislauf getrennt ist, als auch für Zweikreisrieselkühler, bei denen das Nutzwasser im Verdunstungskühler über Rohrbündel verrieselt. Das darin enthaltene Fluid kühlt durch die Verdunstungskälte ab und steht ohne direkten Kontakt zu dem Nutzwasser dem Prozess zur Wärmeabfuhr zur Verfügung.

Beide Beschreibungen sagen nichts über die Größe des Kühlsystems aus. Sie gelten sowohl für kleine kompakte Verdunstungskühlanlagen mit wenigen 100 Kilowatt Kühlleistung und einem Nutzwasservolumen von wenigen 100 Litern als auch für mehrere 100 Megawatt große Rückkühlwerke aus mehreren Zellen mit einem Nutzwasservolumen von mehreren 1.000 m³.

Beiden Verdunstungskühlerarten (Einkreis- und Zweikreisrieselkühler) ist gemeinsam, dass das Nutzwasser im Kreislauf geführt wird.

Eine Kreislaufführung des Nutzwassers ist jedoch nicht erforderlich, damit die Verdunstungskühlanlage in den Anwendungsbereich der VDI 2047 bzw. der 42. BImSchV fällt:

VDI 2047 Blatt 2:

1 Anwendungsbereich

Diese Richtlinie gilt auch für Systeme ohne Kreislaufführung (Ablaufkühlung), da sich auch hier auf den benetzten Oberflächen Legionellen vermehren können.

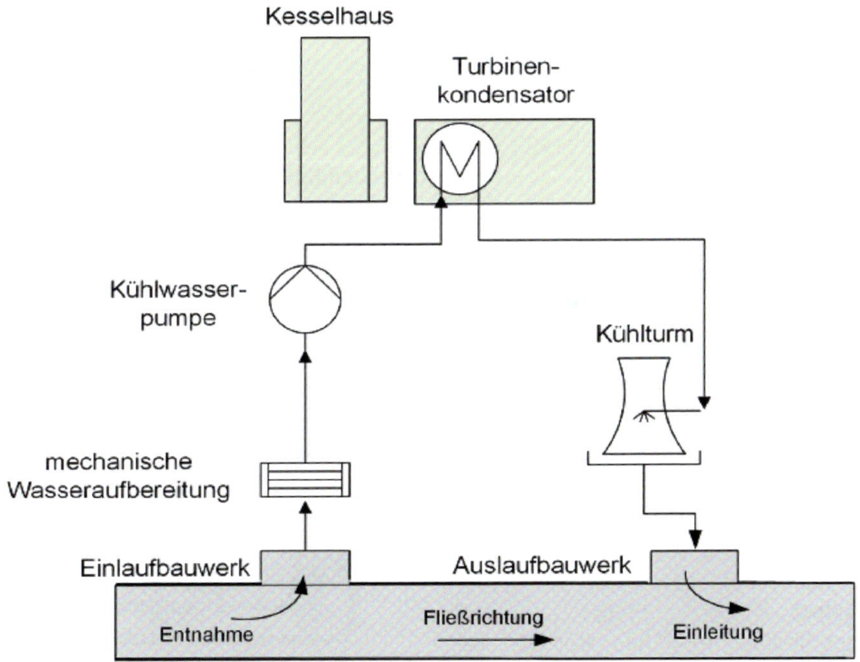

Bild 6: Ablaufkühlung (VDI 2047 Blatt 3)

Anlagen mit Ablaufkühlung können sowohl in den Anwendungsbereich der VDI 2047 Blatt 2 als auch Blatt 3 fallen, je nach Bauart und Kühlleistung.

Unter Ablaufkühlung versteht man:

VDI 2047 Blatt 1:

2 Begriffe

Frischwasserkühlung, bei der das Kühlwasser nach Kühlung im Kühlturm direkt und vollständig einem Vorfluter zufließt.

Bei Verdunstungskühlanlagen mit adiabatischer Vorkühlung findet man ebenfalls Anlagen ohne Kreislaufführung des Nutzwassers.

Auch wenn die Anlagen mit adiabatischer Vorkühlung anfangs von einigen Fachleuten und Betreibern nicht als „Verdunstungskühlanlagen" im Sinne der VDI 2047 Blatt 2 (und später der 42. BImSchV) gesehen wurden, ist es inzwischen unstrittig, dass sie sowohl in den Anwendungsbereich der VDI 2047 Blatt 2 als auch in den der 42. BImSchV fallen.

VDI 2047 Blatt 2:

1 Anwendungsbereich

Sie gilt auch für Trockenanlagen mit zeitweisem Nassbetrieb [...]

Im Auslegungskatalog der LAI (Bund/Länder-Arbeitsgemeinschaft Immissionsschutz) vom 08.09.2020 wird dies bezogen auf die 42. BImSchV ebenfalls klargestellt:

LAI, 08.09.2020, Nummer 3.1.4:

Adiabate Rückkühlanlagen fallen grundsätzlich unter den Anwendungsbereich der 42. BImSchV.

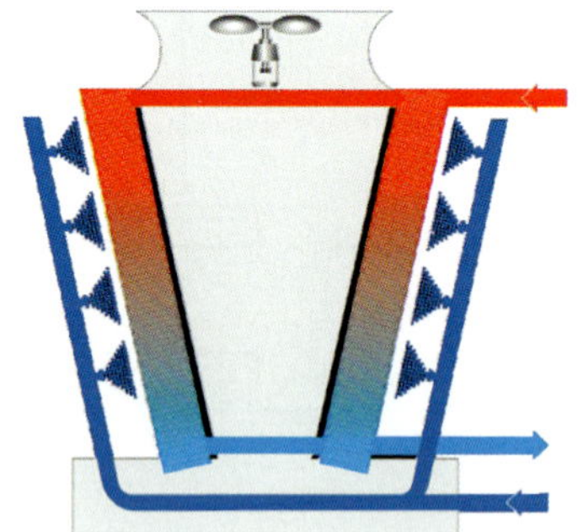

Bild 7: Schematische Darstellung einer Verdunstungskühlanlage mit adiabatischer Vorkühlung ohne Kreislaufführung

Neben den Anlagen, deren bestimmungsgemäßer Betrieb seitens des Herstellers im Originalzustand bereits die lastabhängige adiabatische Vorkühlung mittels einer Besprühungseinrichtung ist, fallen auch Trockenkühler, egal ob als Tischkühler horizontal oder platzsparender in V-Form ausgeführt, in den Anwendungsbereich der VDI 2047 Blatt 2 und der 42. BImSchV, wenn im Nachhinein eine Besprühung oder Verrieselung zur adiabatischen Vorkühlung nachgerüstet wurde. Dabei ist es unabhängig, ob es sich um eine Umrüstung durch den Hersteller oder um eine bauseitige Eigenkonstruktion des Betreibers handelt. Beiden Varianten ist gemeinsam, dass Wasser versprüht oder verrieselt wird und es dabei zu Aerosolbildung kommen kann. Es sei an dieser Stelle auf das Kapitel 8.7 „Wasserbeschaffenheit" verwiesen, da die Erfahrung gezeigt hat, dass gerade bei vielen Eigenbaulösungen durch den Betreiber selbst die Qualität des Zusatzwassers, welches zur Besprühung eingesetzt wird, nicht beachtet wird und es gerade dabei häufig zu mineralischen Ablagerungen und auch mikrobiologischen Problemen kommen kann.

VDI 2047 Blatt 2:

1 Anwendungsbereich

Sie gilt auch [...] für Anlagen mit adiabatischer Vorkühlung, mit Ausnahme von Befeuchtungseinrichtungen, die ein integrierter Bestandteil der luftführenden Bereiche einer RLT-Anlage innerhalb des Anwendungsbereichs von VDI 6022 sind.

42. BImSchV – Allgemeine Vorschriften:

§ 1 Anwendungsbereich

(2) Diese Verordnung gilt nicht für [...]

3. Befeuchtungseinrichtungen in Raumlufttechnischen Anlagen, die integrierter Bestandteil der luftführenden Bereiche dieser Anlagen sind und die bei Bedarf auch zur adiabaten Kühlung eingesetzt werden

Bei RLT-Anlagen mit Befeuchtungseinrichtungen ist es hinsichtlich des Anwendungsbereichs entscheidend, ob die Befeuchtung in der Zuluft oder in der Fortluft stattfindet.

VDI 6022 Blatt 1:

1 Anwendungsbereich

Diese Richtlinie gilt für alle RLT-Anlagen und -Geräte und deren zentrale und dezentrale Komponenten, die die Zuluftqualität beeinflussen.

Wird die Zuluft zur Regulierung der Raumfeuchte befeuchtet, so gilt dies als „integrierter Bestandteil der RLT-Anlage“, und die Anlagen fallen in den Anwendungsbereich der VDI 6022. Wird hingegen die Fortluft befeuchtet, um durch die Adiabatik eine Abkühlung der angesaugten Außenluft zu erzielen, hat dies zwar Auswirkungen auf die Temperatur der Zuluft, hinsichtlich der Emissionen durch evtl. mikrobiologisch belastete Aerosole wird bei diesen adiabatischen Fortluftkühlern jedoch die Außenluft beeinflusst. Daher fallen diese Anlagen in den Anwendungsbereich der VDI 2047 Blatt 2 und der 42. BImSchV.

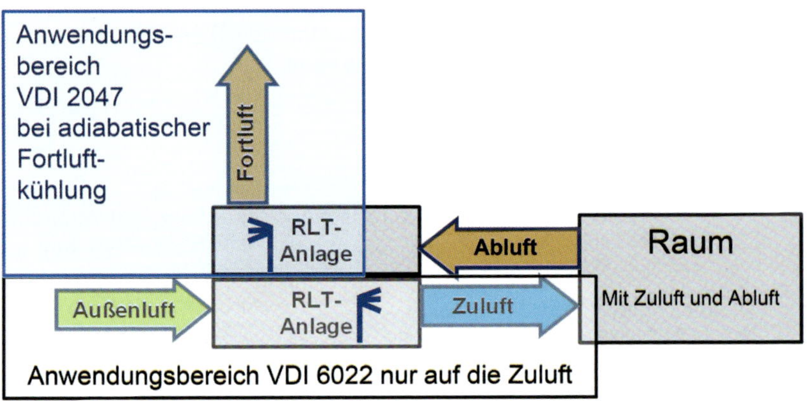

Bild 8: Anwendungsbereich RLT-Anlagen/adiabatische Fortluftbefeuchter

Dies wird ebenfalls im Auslegungsfragenkatalog der LAI klargestellt:

LAI, 08.09.2020, Nummer 3.1.6:

In einer raumlufttechnischen Anlage wird im Abluftstrom (Regen-)Wasser versprüht, wodurch sich der Abluftstrom abkühlt. Die so abgekühlte Abluft wird dann zu einem Wärmeübertrager geleitet, um die warme Zuluft mit der kalten Abluft zu kühlen. Dabei kommt es nur zu einem Wärmeübertrag, jedoch zu keinem materiellen Austausch zwischen den beiden Luftströmen. [...].

Im vorliegenden Fall ist die Sprühanlage nicht als integrierter Bestandteil der raumlufttechnischen Anlage zu sehen, da die besprühte Luft nicht die Zuluft beeinflusst. Dies wird in Nr. 1 des Entwurfs der VDI RL 2047 Bl. 2 (November 2017) klargestellt: „Sie gilt ferner für Befeuchtungseinrichtungen, die kein integrierter Bestandteil der luftführenden Bereiche einer raumlufttechnischen Anlage nach VDI 6022 sind; solche Befeuchtungseinrichtungen sind z. B. adiabate Fortluftbefeuchter.“ Somit ist für die geschilderte Anlage der Ausnahmetatbestand nach § 1 Abs. 2 Nr. 3 nicht einschlägig. Die Anlage fällt in den Anwendungsbereich der 42. BImSchV.

Ein „zeitweiser Nassbetrieb“ findet auch bei sog. „Hybridkühlern“ statt.

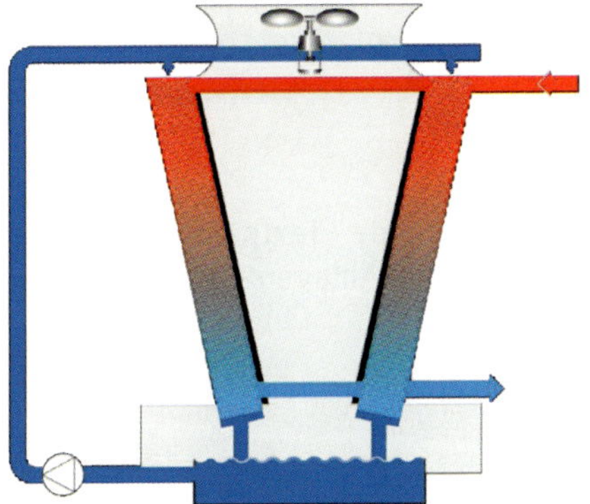

Bild 9: Schematische Darstellung eines Hybridkühlers mit Kreislaufführung

Ein Hybridbetrieb ist auch bei den oben aufgeführten Zweikreisrieselkühlern möglich. Dieser kann mit und ohne Berieselung betrieben werden. Daher ist die Bezeichnung „Hybridkühler“ auch für diese Arten an Verdunstungskühlanlagen geläufig.

Dieser „zeitweise Nassbetrieb“ hat seit dem Erscheinen der 42. BImSchV eine neue Entwicklung von Verdunstungskühlanlagen forciert, die umgangssprachlich auch als sogenannte „Padsysteme“ oder „Mattensysteme“ bezeichnet werden. Es handelt sich dabei um Verdunstungskühlanlagen mit adiabatischer Vorkühlung über (vorgelagerte) Matten mit oder ohne Kreislaufführung des Nutzwassers.

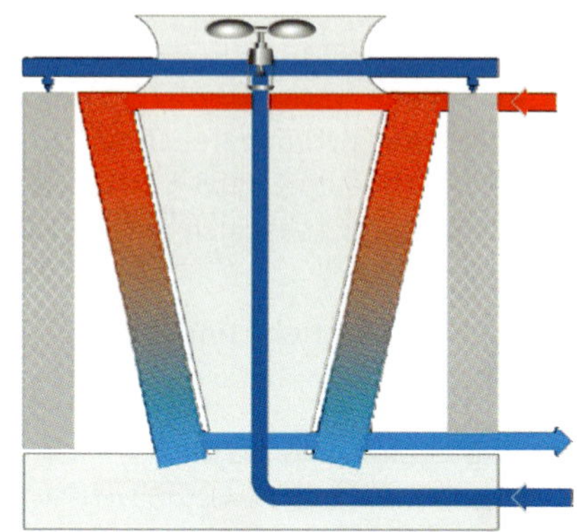

Bild 10: Schematische Darstellung einer Verdunstungskühlanlage mit adiabatischer Vorkühlung über Matten ohne Kreislaufführung

Die Hersteller beziehen sich dabei auf folgende Textpassage in der 42. BImSchV, mit der sie begründen, dass dieser Anlagentyp nicht in den Anwendungsbereich der 42. BImSchV fällt:

42. BImSchV – Abschnitt 1:

§ 1 Anwendungsbereich

(2) Diese Verordnung gilt nicht für [...]

2. Wärmeübertrager, in denen

a) das die Prozesswärme aufnehmende Fluid ausschließlich in einem geschlossenen Kreislauf geführt wird und

b) die Prozesswärme ausschließlich an die zur Kühlung herangezogene Luft übertragen wird

Über die theoretische anlagentechnische Trennung der Prozesse Verdunstung und Kühlung/Wärmeabfuhr wird interpretiert, dass derartige Anlagen nicht von der 42. BImSchV erfasst werden sollen. Betreiber stoßen auf der Suche nach günstigen und einfachen Lösungen für Rückkühlanlagen auf die Einstufungen der Hersteller mit der Kennzeichnung, dass die Anlagen nicht in den Anwendungsbereich der Verordnung fallen. Dabei werden teilweise bestehende Verdunstungskühlanlagen zurückgebaut, und Betreiber gehen davon aus, dass der Betrieb dieser Verdunstungskühlanlagen zukünftig nicht mehr den Anforderungen der 42. BImSchV unterliegt. Hierbei ist aber Vorsicht geboten!

Im Auslegungskatalog der LAI wird hierzu klargestellt:

> **LAI, 08.09.2020, Nummer 3.1.4:**
>
> Der Betreiber kann die vollständige Trennung der Prozesse im konkreten Einzelfall nachweisen und darlegen, dass die Anlage nicht in den Anwendungsbereich der 42. BImSchV fällt.

Aussagen wie, „dieser Anlagentyp falle nicht in den Anwendungsbereich der 42. BImSchV“ kann somit seitens der Hersteller nicht rechtssicher pauschal behauptet werden. Seitens der Behörden sollte grundsätzlich eine Überprüfung durch einen Sachverständigen stattfinden, um im konkreten Einzelfall zu klären, ob eben genau diese Anlage bei dem Betreiber mit allen örtlichen Rahmenbedingungen wie Aufstellort, Wasserqualität, Ausführung etc. in den Anwendungsbereich der 42. BImSchV fällt.

Auch wenn unter Laborbedingungen nachgewiesen wurde, dass keine Aerosole entstehen, kann unter Praxisbedingungen, gerade bei ungeschützter Außenaufstellung und stärkerem Wind, eine klare Trennung zwischen den Prozessen Verdunstung und Kühlung/Wärmeabfuhr nicht garantiert werden. Da diese Art von Verdunstungskühlanlagen häufig mit unbehandeltem Trinkwasser betrieben wird, kann es, in Abhängigkeit von der örtlichen Trinkwasserhärte, auch zu mineralischen Ablagerungen kommen, wodurch sich die Querschnitte in den Matten und zwischen den Lamellen verkleinern und somit das tatsächliche Strömungsverhalten von der Theorie abweicht.

Durch die Trennung der Prozesse Verdunstung und Kühlung wird das Risiko der Legionellenvermehrung und -verbreitung anlagentechnisch minimiert, aber nicht grundsätzlich ausgeschlossen. Wenn derartige Anlagen mit legionellenhaltigem Wasser betrieben werden, stellen diese Anlagen ein Risiko für die Umgebung dar. Der Nassbetrieb dieser Anlagen mit Berieselung und Verdunstung findet meist bei Umgebungstemperaturen oberhalb von 25 °C statt. So kann es auch ohne Kontakt zu einem Wärmeübertrager zu einer Vermehrung von Legionellen kommen. Auf den eingesetzten „Pads“ kommt es durch die Verdunstung zur Eindickung von Wasserinhaltsstoffen, und so können sich mineralische Ablagerungen und Biofilme ausbilden. Die Zusatzwasserqualität der Anlagen wird meist mit Trinkwasser definiert, jedoch ist Trinkwasser nicht steril, es kann geringe mikrobiologische Belastungen enthalten. Die wechselnden Betriebsmodi der Anlagen (Trocken- und Nassbetrieb) führen zu Stagnationen in der Nachspeiseleitung. In dieser kann es zu günstigen Vermehrungsbedingungen für Legionellen kommen. Dies ist abhängig von der vorhandenen Rohwasserqualität, eventuell eingesetzter Wasseraufbereitungstechnik, der gewählten Leitungsführung sowie durch Sonneneinstrahlung verursachte hohe Temperaturen. Bei dieser Art von Nachspeisesystemen wurden schon mehrfach Belastungen mit Legionellen im Zusatzwasser und auch im Nutzwasser festgestellt.

Das Vorgehen der Betreiber und der Behörden für diese Art von Anlagen ist sehr unterschiedlich. Die Praxis aus mehreren Sachverständigenüberprüfungen und Hygiene-Gefährdungsbeurteilungen hat gezeigt, dass es bei vielen solcher Anlagen angemessen ist, diese sehr wohl entsprechend den Vorgaben der 42. BImSchV zu betreiben und zu überwachen. Nach einer gewissen Zeit des Betriebes dieser Anlage können jedoch verschiedene „Erleichterungen" hinsichtlich der Anforderungen der 42. BImSchV in Form von Ausnahmen gem. § 15 erreicht werden:

42. BImSchV – Abschnitt 7:

§ 15 Zulassung von Ausnahmen

(3) Die zuständige Behörde kann auf Antrag des Betreibers weitere Ausnahmen von den Anforderungen dieser Verordnung zulassen, wenn dies nicht den Grundsätzen der Vorsorge und Gefahrenabwehr entgegensteht. Dies gilt insbesondere für Anlagen, durch deren Betriebsführung nachweislich ein signifikantes Legionellenwachstum über die Zeit ausgeschlossen werden kann.

Grundsätzlich muss ein Antrag auf Zulassung von Ausnahmen entsprechend begründet werden. Ein weiteres Beispiel, bei dem ein solcher Antrag durchaus befürwortet werden kann, ist der Betrieb mehrerer Adiabatiksprühkühler, welche dasselbe Zusatzwasser verwenden. Hier wäre für jeden Adiabatiksprühkühler eine eigene Anmeldung mit allen daraus resultierenden Pflichten erforderlich.

Praxisbeispiel B: Debeka Versicherung a. G., Koblenz:

Bei diesem Praxisbeispiel werden 4 Adiabatiksprühkühler mit demselben Zusatzwasser betrieben. Es wurde nur eine Verdunstungskühlanlage bei KaVKA angezeigt. Die 4 Adiabatiksprühkühler befinden sich unmittelbar hintereinander. Es gibt jeweils eine Probenahmestelle an den beiden äußeren Kühlern. Die Leitungen werden bei Nichtbesprühung automatisch entleert und es erfolgt eine Peroxiddosierung mengenproportional mit dem Zusatzwasser. Das Leitungsvolumen ab der Aufteilung auf die einzelnen Adiabatiksprühkühler beträgt insgesamt nur ca. 12 Liter. Hier konnte aufgrund der geringen mikrobiologischen Belastungen der vergangenen Jahre der Nachweis erbracht werden, dass „ein signifikantes Legionellenwachstum über die Zeit ausgeschlossen werden kann".

Aus Sicht des Sachverständigen hätten hier 4 Verdunstungskühlanlagen angemeldet werden müssen und für alle 4 Anlagen die Anforderungen der 42. BImSchV erfüllt werden müssen.

Das Vorgehen des Betreibers (die Entscheidung über die beiden Probenahmestellen wurde bereits 2015 getroffen) ist aber ebenfalls nachvollziehbar. Um konform im Sinne der 42. BImSchV zu sein, bietet diese hier die Möglichkeit der Beantragung einer Ausnahme nach § 15 Absatz 3.

Beantragt werden könnte in einem solchen Fall, dass die 4 Adiabatiksprühkühler über eine gemeinsame Anlagen-ID im KaVKA-Portal betrieben werden, routinemäßig nur die beiden äußeren Adiabatiksprühkühler mikrobiologisch untersucht werden und die betriebsinternen chemischen und physikalisch-chemischen Untersuchungen auf das Zusatzwasser beschränkt werden.

Der Antrag gemäß § 15 Absatz 3 der 42. BImSchV kann formlos bei der zuständigen Behörde, z. B. per Mail, gestellt werden. Das Gutachten des Sachverständigen beinhaltete bereits nachfolgendes Schema sowie sämtliche mikrobiologische Laboruntersuchungen. Ein Sachverständigengutachten ist sicherlich hilfreich, aber nicht unbedingt immer erforderlich, wenn mit den eingereichten Unterlagen, wie Anlagenschema, Hygiene-Gefährdungsbeurteilung, Betriebstagebuch und Laborprüfberichten der Antrag bereits ausreichend begründet werden kann. Ggf. fordert die zuständige Behörde zusätzliche Unterlagen nach.

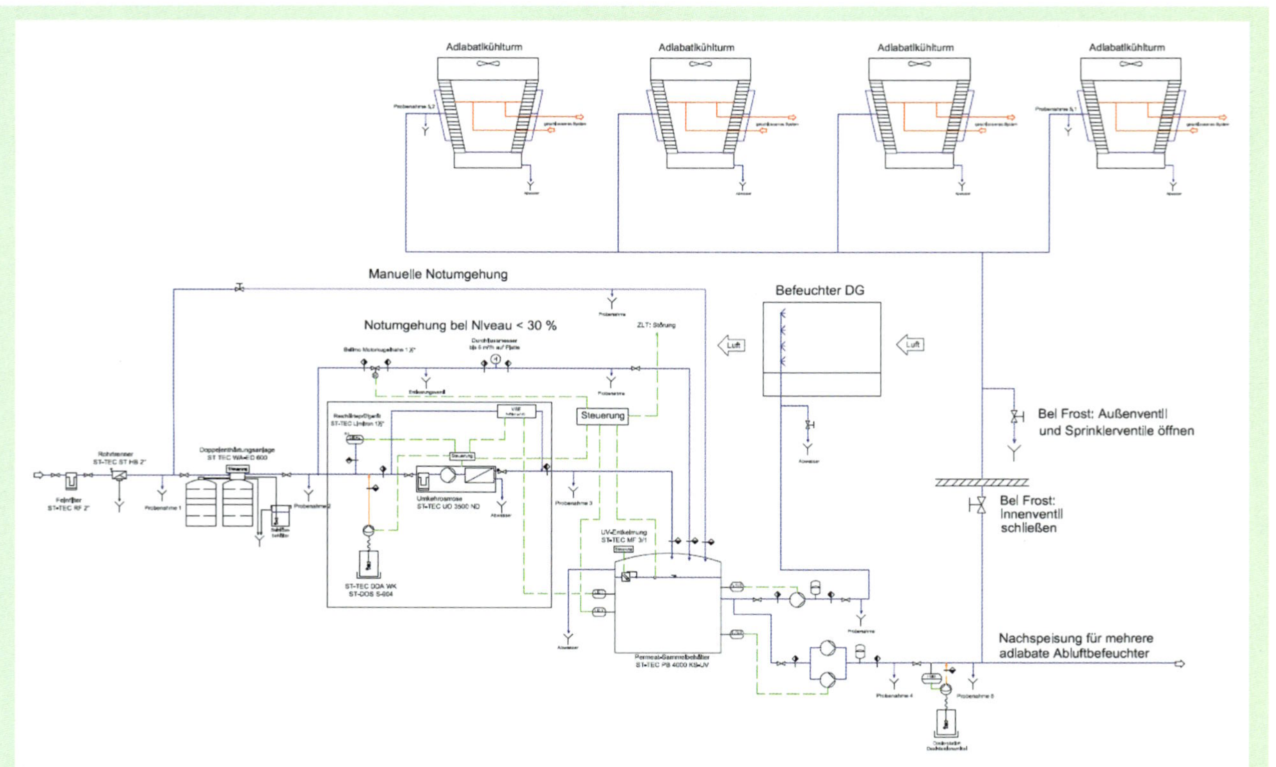

Bild 11: Anlagenschema zum Antrag auf Zulassung einer Ausnahme gem. § 15 Absatz 3

Auch wenn in der Praxis wohl die meisten Verdunstungskühlanlagen in die Außenluft emittieren, soll hier auf einen Unterschied im Anwendungsbereich der VDI 2047 Blatt 2 zur 42. BImSchV hingewiesen werden:

42. BImSchV – Abschnitt 1:

§ 1 Anwendungsbereich

(2) Diese Verordnung gilt nicht für [...]

9. Anlagen, die in einer Halle stehen und in diese emittieren.

Diese Einschränkung sieht die VDI 2047 Blatt 2 nicht vor. Es wird auch nicht empfohlen, dass Betreiber eine solche Situation schaffen, um nicht in den Anwendungsbereich der 42. BImSchV zu fallen. Hier würde für die eigenen Mitarbeiter in der Regel ein höheres Risiko bestehen, sodass der Arbeitgeber deshalb aufgrund der Fürsorgepflicht für seine Mitarbeiter (ArbSchG, BetrSichV, ...) sich für eine Fortluftführung nach außen entscheiden sollte. Eine Innenaufstellung der Anlage mit Fortluftführung nach außen ist hiervon nicht betroffen.

Bestehen Zweifel, ob eine konkrete Verdunstungskühlanlage in den Anwendungsbereich der VDI 2047 bzw. der 42. BImSchV fällt, sollte dies mit Sachverstand überprüft werden und ein Austausch mit der zuständigen Behörde erfolgen. Ein Betreiber, der sich auf pauschale Aussagen verlässt und Anforderungen nicht ausreichend umsetzt, steht letztendlich selbst in der Verantwortung.

2 Normative Verweise

Im Schrifttum werden alle relevanten Normen, Gesetze und technische Regeln aufgeführt, die in Bezug zur VDI-Richtlinie relevant sind. Im Kapitel „Normative Verweise" werden die konkreten Normen definiert, die für die Anwendung der Richtlinie erforderlich sind. Zur Anwendung der Richtlinienreihe sind über die genannten Normen noch die 42. BImSchV, der LAI-Auslegungsfragenkatalog zur 42. BImSchV sowie die Empfehlung des Umweltbundesamtes zur Probenahme und zum Nachweis von Legionellen in Verdunstungskühlanlagen, Kühltürmen und Nassabscheidern vom 06.03.2020 zu ergänzen.

3 Begriffe

Die Begriffsdefinition sorgt für eine übersichtliche Klarstellung der verwendeten Fachwörter. In der aktuellen VDI 2047 Blatt 2 aus 2019 wird auch auf die VDI 2047 Blatt 1 verwiesen, die im Januar 2021 überarbeitet veröffentlich wurde und in der die Definition der Begriffe aus 1992 erheblich erweitert wurde. Bei der Begriffsbestimmung ist zu beachten, dass die Definitionen nicht im Widerspruch zu bestehenden anderen Regelwerken stehen. Im vorliegenden Kommentar werden weitere Begriffe ergänzt und definierte Begriffe mit konkreten Beschreibungen erläutert, um diese noch besser abzugrenzen und Unklarheiten möglichst zu beseitigen.

Änderung einer Anlage:

42. BImSchV:

§ 2 Begriffsbestimmungen

Im Sinne dieser Verordnung ist

1. „Änderung einer Anlage“:

die Änderung der Lage, der Beschaffenheit oder des Betriebs einer Anlage, die sich auf die Vermehrung oder die Ausbreitung von Legionellen auswirken kann;

Im LAI-Auslegungsfragenkatalog werden unter den Nummern 4.1.5, 4.1.13, 5.1.4 und 8.1.1 bis 8.1.5 konkrete Fragen gestellt und beantwortet. Eine Änderung einer Anlage wurde in der Praxis bereits aus den folgenden Gründen gemeldet und hat auch eine Anpassung der Hygiene-Gefährdungsbeurteilung zur Folge:

- Optimierung der Wasserbehandlung durch Nachrüstung einer feinen Bypassfiltration oder durch Optimierung der Bioziddosierung.
- Eine Änderung der Betriebstemperatur im Kühlsystem mit einer neuen Sollwertvorgabe von vorher 24 °C auf 28 °C.
- Verschlechterung des Zustandes der Anlage durch defekte Tropfenabscheider, die nicht zeitnah ersetzt werden konnten.
- Wiederinbetriebnahme eines zuvor nicht betriebenen Teilbereiches einer Anlage.
- Installation eines belasteten Fortluftauslasses in der Nähe der Verdunstungskühlanlage.

Das saisonbedingte Abschalten einer Anlage und das Wiederanfahren dieser Anlage stellt keine Änderung der Anlage dar und ist dementsprechend nicht gegenüber der Behörde meldepflichtig. Dennoch hat der Betreiber dies im Betriebstagebuch samt der erforderlichen Checkliste zu dokumentieren.

Betreiber:

In der VDI 3810 wird der Begriff wie folgt definiert:

VDI 3810 Blatt 1:

3 Begriffe: Betreiber

Natürliche oder juristische Person, die für den sicheren Betrieb einer Anlage oder Einrichtung verantwortlich ist.

Anmerkung 1: Die sachlich-funktionale Zuordnung orientiert sich u. a. an

- Eigentumsverhältnissen,
- Besitzverhältnissen,
- rechtlichem und tatsächlichem Handeln,
- Weisungsrechten.

Anmerkung 2: Der Betreiber haftet für den bestimmungsgemäßen Betrieb und die ordnungsgemäße Instandhaltung.

Anmerkung 3: Es ist zu unterscheiden zwischen Betreibern mit Bezug zum Arbeitsrecht und Betreibern ohne Bezug zum Arbeitsrecht.

Trotz der Definition ist im Anwendungsfall oft unklar, wer der verantwortliche Betreiber ist. Im Kapitel 5.1 wird auf diese Fragen mit der Benennung eines Gerichtsurteiles konkret eingegangen. Aus diesem ergibt sich eine Definition des Begriffes aus einer anderen Perspektive:

Der Betreiber ist, wer unter Berücksichtigung sämtlicher konkreter, rechtlicher, wirtschaftlicher und tatsächlicher Gegebenheiten einen bestimmenden Einfluss auf die Einrichtung, Beschaffenheit und den Betrieb der Anlage ausübt.

Desinfektion:

Verfahren zur gezielten Reduzierung infektiöser Mikroorganismen, sodass von den desinfizierten Gegenständen oder Materialien keine Infektionsgefahr mehr ausgehen kann. Die Desinfektion ist von der Sterilisation (vollständige Abtötung vermehrungsfähiger Bakterien) abzugrenzen, da nicht alle Bakterien abgetötet werden.

Wiederanfahren:

Im Gegensatz zur Inbetriebnahme oder Wiederinbetriebnahme beschreibt das Wiederanfahren einer Anlage das erneute Einschalten mit gleichen Betriebsbedingungen wie beim Abschalten der Anlage, ohne dass es zu einer Änderung an der Anlage oder einer Änderung der Betriebsweise gekommen ist. Vergehen zwischen Abschalten und Wiedereinschalten mehr als 7 Tage, sind die Vorgaben der Checkliste Anlage 2 der 42. BImSchV auch hier zu befolgen.

4 Abkürzungen

KaVKA-42BV – Portal (Kataster zur Erfassung von Verdunstungskühlanlagen gemäß 42. BImSchV)

LAI: Bund/Länder-Arbeitsgemeinschaft Immissionsschutz. Die Bund/Länder-Arbeitsgemeinschaft für Immissionsschutz (LAI) ist ein Arbeitsgremium der Umweltministerkonferenz (UMK). Das Gremium wurde von der Arbeitsministerkonferenz 1964 gegründet.

5 Rechtliche Rahmenbedingungen

5.1 Allgemeines

5.1.1 Stellenwert der VDI-Richtlinie

Mit der Veröffentlichung der VDI 2047 Blatt 2 als Weißdruck im Januar 2015 haben viele Betreiber die Umsetzung der darin enthaltenen Anforderungen mehr oder weniger umfangreich realisiert. Es gab immer wieder Stimmen, die sagten „die VDI [2047] ist kein Gesetz, an das wir uns halten müssen". Grundsätzlich stimmt die Aussage, dass eine VDI-Richtlinie kein Gesetz ist, da Gesetze vom Gesetzgeber, der sog. „Legislative", erlassen werden und der VDI (Verein Deutscher Ingenieure) ein „privatrechtlicher Verein" ist. Bei einer VDI-Richtlinie kann davon ausgegangen werden, dass es sich um eine sogenannte „anerkannte Regel der Technik" (aRdT) handelt, da hierbei die Grundsätze „Unabhängigkeit und Ausgewogenheit", „Berücksichtigung der Öffentlichkeit" und „Aktualität" gegeben sind. Es kann davon ausgegangen werden, dass, wenn die betreffende VDI-Richtlinie bekannt ist und befolgt wird, ein gewisser Sicherheitsstandard erreicht wird.[1] Handelt man jedoch bewusst (und hofft dabei, dass kein Schaden eintritt) oder aus Unkenntnis nicht entsprechend den aRdT, kann dies im Falle eines Schadens, im schlimmsten Fall der Tod eines Menschen, zumindest als „Fahrlässigkeit" vor Gericht gedeutet werden.

VDI 2047 Blatt 2:

5 Rechtliche Rahmenbedingungen

5.1 Allgemeines

Die strafrechtliche Verantwortung orientiert sich stets am konkreten Einzelfall. Täter ist, wer entweder den rechtlichen Vorgaben zuwiderhandelt oder bei verantwortlicher Stellung (Garantenstellung, siehe auch VDI 3810 Blatt 1) rechtliche Vorgaben nicht berücksichtigt.

Diese Formulierung (Täter!) lässt schon vermuten, dass bei einem Nichtbeachten einer aRdT, wie der VDI 2047, im Schadensfall auch strafrechtliche Konsequenzen folgen können.

1 Vgl. Hardt, VDI (Hrsg.): Schulungsunterlagen Verdunstungskühlanlagen, Kap. 2

Durch Inkrafttreten der 42. BImSchV wird die Richtlinienreihe VDI 2047 weiter gestärkt:

42. BImSchV – Abschnitt 2:

§ 3 Allgemeine Anforderungen

(1) Anlagen im Anwendungsbereich dieser Verordnung sind so auszulegen, zu errichten und zu betreiben, dass Verunreinigungen des Nutzwassers durch Mikroorganismen, insbesondere Legionellen, nach dem Stand der Technik vermieden werden.

Als „Stand der Technik“ oder „anerkannte Regel der Technik“ für Verdunstungskühlanlagen kann aktuell vor allem die Richtlinienreihe VDI 2047 herangezogen werden.

5.1.2 Begriff des Anlagenbetreibers

VDI 2047 Blatt 2:

5.1 Rechtliche Rahmenbedingungen, Allgemeines

Der Unternehmer und sonstige Inhaber einer Anlage ist verpflichtet, Dritte vor Gefahren zu schützen, die über das übliche Betriebsrisiko hinausgehen, nicht ohne Weiteres erkennbar und von Dritten nicht vorhersehbar sind.

Neben dem Begriff „Unternehmer und sonstige Inhaber“, kurz auch „UsI“, ist der Begriff des „Betreibers“ von besonderer Bedeutung. Sowohl in der VDI 2047 als auch der 42. BImSchV findet man zahlreiche Textstellen, die die sogenannten „Betreiberpflichten“ beschreiben. Die Praxis zeigt, dass nicht immer ganz klar ist, wer „Betreiber“ einer Verdunstungskühlanlage ist. Da eine eindeutige Begriffsdefinition weder in der 42. BImSchV noch im übergeordneten Bundesimmissionsschutzgesetz (BImSchG) noch in der VDI 2047 gegeben ist, wird hier exemplarisch auf ein Urteil des Bundesverwaltungsgerichts verwiesen:

BVerwG, Urteil vom 22. 10. 1998 – 7 C 38.97 – BVerwGE 107, 299 <301 f.>[2]:

Anlagenbetreiber ist, wer die Anlage in eigenem Namen, auf eigene Rechnung und in eigener Verantwortung führt. Die Eigentümerstellung ist nicht

2 zitiert in BayVGH, Urteil vom 04. 05. 2005 – 22 B 99.2208

entscheidend; auch der Pächter einer Anlage kann Betreiber sein. Maßgeblich kommt es darauf an, wer unter Berücksichtigung sämtlicher konkreter, rechtlicher, wirtschaftlicher und tatsächlicher Gegebenheiten bestimmenden Einfluss auf die Einrichtung, Beschaffenheit und den Betrieb der Anlage ausübt.

Häufig „betreiben" Facility-Management (FM)-Unternehmen neben anderen technischen Einrichtungen in einem Objekt auch eine oder mehrere Verdunstungskühlanlagen. Ob auf diese nun der Begriff des „Anlagenbetreibers" zutrifft oder nicht, hängt entscheidend vom Vertrag mit dem Objekteigentümer und den daraus resultierenden Rechten und Pflichten ab. Wenn beispielsweise das FM-Unternehmen sämtliche Wartungs- und Analysetätigkeiten rund um die Verdunstungskühlanlage ausführt, die Entscheidungen über Investitionen und den Betrieb der Anlage aber beim Objekteigentümer liegen, ist der Objekteigentümer der verantwortliche Anlagenbetreiber, der einen Teil seiner Betreiberpflichten an den FM-Dienstleister delegieren kann. Beinhaltet der Vertrag zwischen Objekteigentümer und FM-Dienstleister aber die vollständige Betriebsführung der Verdunstungskühlanlage mit allen dazugehörigen Vollmachten, oder betreibt ein Dienstleister eigenverantwortlich, z. B. im Rahmen eines Contracting-Vertrages, eine Verdunstungskühlanlage bei einem Objekt, so können FM-Dienstleister oder Contractor auch Anlagenbetreiber sein, auch wenn diese nicht Eigentümer der Verdunstungskühlanlage sind.

Gleiches gilt bei Mietanlagen. Wird eine Verdunstungskühlanlage übergangsweise gemietet und vom Mieter eigenverantwortlich betrieben, so ist der Mieter für den Zeitraum der Mietdauer Betreiber. Die 42. BImSchV fordert im § 13 u. a. auch die Anzeigepflicht bei Betreiberwechsel, welcher gerade bei Mietanlagen durchaus häufiger vorkommen kann. Hier wird empfohlen, dass der Eigentümer (und Vermieter) der Verdunstungskühlanlage diese erstmalig gem. 42. BImSchV, § 13 anzeigt und bei jedem Betreiberwechsel eine entsprechende Anzeige über KaVKA erfolgt. Alle Pflichten, wie Erstellen einer Gefährdungsbeurteilung vor Wiederinbetriebnahme, Durchführung und Dokumentation der Prüfschritte gemäß Checkliste Anlage 2 der Verordnung, Führen eines Betriebstagebuches, mikrobiologische Laboranalytik, betriebsinterne Untersuchungen und die § 14 Überprüfung durch einen öffentlich bestellten und vereidigten Sachverständigen oder eine akkreditierte Inspektionsstelle Typ A, müssen auch vom Mieter einer Verdunstungskühlanlage beachtet werden. Da das Betriebstagebuch inkl. Anhänge 5 Jahre lang aufbewahrt werden muss, gehört dieses zur Verdunstungskühlanlage (wie der Fahrzeugschein bei einer Autovermietung).

Um beispielsweise bei einer der zahlreichen Ordnungswidrigkeiten, die in der 42. BImSchV, § 19 aufgeführt sind, im Ernstfall den richtigen Verantwortlichen zu finden, ist es daher dringend zu empfehlen, den Betreiber (kann auch eine juristische Person sein) und den verantwortlichen Ansprechpartner z.B. im Rahmen der Anzeige nach 42. BImSchV, § 13 mit Bedacht auszuwählen und schriftlich zu benennen. Dabei können gewisse Betreiberpflichten auch an Mitarbeiter oder externe Dienstleister (z.B. FM-Unternehmen) delegiert werden. Auch diese Aufgaben sollten mit den dazugehörigen Rechten und Pflichten schriftlich festgehalten und von beiden Parteien vertraglich dokumentiert werden.

5.1.3 Verkehrssicherungspflicht

Die „allgemeine Verkehrssicherungspflicht“ jeglicher Art von Anlagen, von denen Gefährdungen ausgehen können, galt bereits lange, bevor es die 42. BImSchV oder die VDI 2047 Blatt 2 gab. Sie kann aus dem Bürgerlichen Gesetzbuch BGB, § 823 abgeleitet werden:

BGB, § 823 Schadensersatzpflicht:

Wer vorsätzlich oder fahrlässig das Leben, den Körper, die Gesundheit, die Freiheit, das Eigentum oder ein sonstiges Recht eines anderen widerrechtlich verletzt, ist dem anderen zum Ersatz des daraus entstehenden Schadens verpflichtet.

VDI 2047 Blatt 2:

5.1 Rechtliche Rahmenbedingungen, Allgemeines

Die mit der Verkehrssicherungspflicht verbundenen Instandhaltungsaufgaben des Betreibers beginnen mit dem Gefahrenübergang (Abnahme). [...] Die Hygieneanforderungen für Planung, Errichtung und Betrieb von Verdunstungskühlanlagen setzen umfangreiche Kenntnisse und Erfahrungen des Personals voraus. Daher sind besondere Schulungen erforderlich, um die erforderlichen hygienischen und korrosionschemischen Kenntnisse zu vermitteln. Eine wichtige Voraussetzung für eine rechtswirksame Delegation von Betreiberpflichten (siehe auch VDI 3810 Blatt 1 und VDI 3810 Blatt 1.1) ist ein geeigneter Kenntnisstand beim zuständigen Personal. Die Richtlinie VDI-MT 2047 Blatt 4 bietet daher ein Schulungskonzept für das mit dem Betrieb von Verdunstungskühlanlagen betraute Personal an.

Im Kapitel 10 der VDI 2047 Blatt 2 wird dies konkretisiert:

VDI 2047 Blatt 2:

10 Qualifikation und Schulung von Personal

Der Betreiber der Anlage hat sicherzustellen, dass alle mit Arbeiten an dem betroffenen Kühlsystem beauftragten Personen (eigenes und Fremdpersonal) über geeignete Qualifikation für ihre Tätigkeit verfügen. [...] müssen alle an der Anlage tätigen und für die Anlage verantwortlichen Mitarbeiter zusätzlich die nötigen Kenntnisse in Kühlturmhygiene nachweisen können, z.B. durch eine Urkunde einer Schulung auf Grundlage von VDI-MT 2047 Blatt 4.

5.1.4 Mitgeltende Gesetze und Verordnungen

Die Gefahren, die sich durch den Betrieb einer Verdunstungskühlanlage ergeben können, sind sehr vielseitig. Hierbei geht es z.B. um gesundheitliche Gefahren für die an der Anlage tätigen Mitarbeiter, aber auch anderer Personen, die sich im Bereich des Betriebs oder außerhalb aufhalten. Die Gefahr von Verunreinigungen von Luft, Wasser oder Boden sind ebenfalls zu berücksichtigen. Auch wenn „die Einleitung von Abwasser aus Verdunstungskühlanlagen nicht Thema dieser Richtlinie ist“[3], so sind natürlich grundsätzlich die Vorschriften des Wasserhaushaltsgesetzes und der Abwasserverordnung (insbesondere Anhang 31) zu befolgen.

VDI 2047 Blatt 2:

5.1 Rechtliche Rahmenbedingungen, Allgemeines

Verdunstungskühlanlagen und -apparate, die betriebsbedingt Aerosole in die Umgebungsluft abgeben, unterliegen insbesondere folgenden rechtlichen Anforderungen [...]:

- Arbeitsschutzgesetz (ArbSchG)
- Bundes-Immissionsschutzgesetz (BImSchG) und 42. BImSchV
- Chemikaliengesetz (ChemG)
- Wasserhaushaltsgesetz (WHG)
- Abwasserverordnung (AbwV)

3 VDI 2047 Blatt 2, Kap. 1 Anwendungsbereich

- Infektionsschutzgesetz (IfSG)
- Betriebssicherheitsverordnung (BetrSichV)

5.2 Arbeitsschutz

VDI 2047 Blatt 2:

5.2 Rechtliche Rahmenbedingungen, Arbeitsschutz

Der Betreiber einer Verdunstungskühlanlage hat den Stand der Technik, Arbeitsmedizin und Hygiene gemäß § 4 ArbSchG wahrzunehmen und zu erfüllen. Der Arbeitgeber ist nach § 5 ArbSchG und § 3 BetrSichV verpflichtet, eine Gefährdungsbeurteilung durchzuführen.

Eine Gefährdungsbeurteilung gemäß ArbSchG und BetrSichV ist grundsätzlich für alle Gefährdungen bei der Arbeit vor Aufnahme der Tätigkeit zu erstellen, und zwar bezogen auf den Arbeitsplatz und für die auszuführenden Tätigkeiten. Anhand der Gefährdungsbeurteilung sind Maßnahmenpläne zu entwickeln, wie die möglichen Gefahren minimiert werden können.

ArbSchG § 5:

(1) Der Arbeitgeber hat durch eine Beurteilung der für die Beschäftigten mit ihrer Arbeit verbundenen Gefährdung zu ermitteln, welche Maßnahmen des Arbeitsschutzes erforderlich sind. [...]

(3) Eine Gefährdung kann sich insbesondere ergeben durch

1. die Gestaltung und die Einrichtung der Arbeitsstätte und des Arbeitsplatzes,
2. physikalische, chemische und biologische Einwirkungen,
3. die Gestaltung, die Auswahl und den Einsatz von Arbeitsmitteln, insbesondere von Arbeitsstoffen, Maschinen, Geräten und Anlagen sowie den Umgang damit,
4. die Gestaltung von Arbeits- und Fertigungsverfahren, Arbeitsabläufen und Arbeitszeit und deren Zusammenwirken,
5. unzureichende Qualifikation und Unterweisung der Beschäftigten,
6. psychische Belastungen bei der Arbeit.

Bei Verdunstungskühlanlagen besteht grundsätzlich die Möglichkeit des Kontakts mit mikrobiologisch belastetem Wasser. Somit ist über die Gefährdungsbeurteilung nach ArbSchG und BetrSichV hinaus auch eine Gefährdungsbeurteilung nach BioStoffV vorgeschrieben, in der u.a. die erforderlichen Schutzmaßnahmen und Unterweisungen des Personals geregelt werden. In der BioStoffV wird u. a. gefordert, dass

- die Gefährdungsbeurteilung unverzüglich zu aktualisieren ist, wenn maßgebliche Veränderungen der Arbeitsbedingungen [...] dies erfordern,
- die Gefährdungsbeurteilung mindestens jedes zweite Jahr zu überprüfen und bei Bedarf zu aktualisieren ist,
- eine Betriebsanweisung zu erstellen und den Beschäftigten zur Verfügung zu stellen ist und
- eine Unterweisung der Mitarbeiter mindestens einmal jährlich zu erfolgen hat.

Hier wird explizit eine Betriebsanweisung gefordert. Diese ist am grünen Rahmen zu erkennen.

BioStoffV § 14:

(1) Betriebsanweisung und Unterweisung der Beschäftigten

Der Arbeitgeber hat auf der Grundlage der Gefährdungsbeurteilung nach § 4 vor Aufnahme der Tätigkeit eine schriftliche Betriebsanweisung arbeitsbereichs- und biostoffbezogen zu erstellen.

BioStoffV § 2:

Begriffsbestimmungen

Biostoffe sind Mikroorganismen [...], die den Menschen durch Infektionen, übertragbare Krankheiten, Toxinbildung, sensibilisierende oder sonstige, die Gesundheit schädigende Wirkungen, gefährden können.

Als Biostoff im Sinne der BioStoffV sind neben Schimmelpilzen für die 42. BImSchV die Legionellen und für die VDI 2047 Blatt 2 zusätzlich der Parameter *Pseudomonas aeruginosa* von Relevanz. Die konkreten gesundheitlichen Risiken werden in Kapitel 6 behandelt.

Betriebsanweisung
gem. BioStoffV, §12

Datum: 13.05.2021

1. ANWENDUNGSBEREICH

Biostoffe in Verdunstungskühlanlagen inkl. Bioaerosole bei Wartungs- und Instandhaltungsarbeiten

2. GEFAHREN FÜR DEN MENSCHEN

- Kontakt mit Kühlwasser und Bioaerosolen
  - Wegen der hohen Luftströmung können insbesondere im Fortluftbereich des Verdunstungskühlers feinste Wassertröpfchen (Aerosole) auftreten, welche auch krankheitserregende Keime enthalten können. Über die Atemluft könnten diese in die Lunge geraten.
  - Ebenfalls ist die Aufnahme von krankheitserregenden Keimen über den Mund oder durch die Haut (z.B. bei Schnitt- oder Schürfverletzungen an den Händen) möglich.
  - Die größte Gefährdung geht dabei von Legionellen aus. Dabei wird zwischen der leichteren Verlaufsform, Pontiac Fieber, und der schweren Verlaufsform, Legionellose mit einer atypischen Lungenentzündung, unterschieden. Eine Legionelleninfektion erfolgt ausschließlich durch Einatmen des Erregers über Bioaerosole. Ein Hautkontakt mit legionellenhaltigem Wasser führt nicht zu einer Infektion.
  - Ein weiteres hohes Risiko stellen Bakterien der Gattung Pseudomonas aeruginosa dar. Pseudomonas aeruginosa führt unter Umständen zu schwer behandelbaren Wund- oder Augeninfektionen (hohe Antibiotikaresistenz des Erregers).
  - Mikroorganismen, vor allem Schimmelpilze können auch allergische und/oder toxische Reaktionen auslösen.

3. SCHUTZMASSNAHMEN UND VERHALTENSREGELN

- Zugangsbeschränkungen beachten – nur unterwiesenes Personal
- Während der Tätigkeiten nicht essen, trinken oder rauchen
- Hautkontakt mit Kühlwasser ausschließen oder auf ein Minimum beschränken. Nach jeder Tätigkeit Hände waschen und gemäß Desinfektionsplan desinfizieren.
- Augenschutz (dichtschließende Schutzbrille – da ggf. hoher Wasserdampfgehalt im Verdunstungskühler, gegen Anlaufen vorbehandeln)
- Atemschutz FFP3-Maske bei Arbeiten im direkten Fortluftbereich und bei Inspektions- und Reinigungsarbeiten, insbesondere bei Einsatz von Hochdruckreinigern
- Persönliche Schutzkleidung tragen (wasserabweisende Arbeitsbekleidung inkl. Sicherheitsschuhe nach EN ISO 20345-S2 und Schutzhandschuhe EN 374 2003 für den Schutz gegen Chemikalien und Mikroorganismen (G80 Nitril-Stulpenhandschuhe Stufe 3)

4. VERHALTEN IM GEFAHRFALL – ERSTE HILFE

- Nach Hautkontakt: Kühlwasser mit viel Wasser abwaschen.
- Nach Augenkontakt mit Kühlwasser: 5 min bei gespreizten Lidern unter fließendem Wasser mit Augendusche ausspülen. Augenarzt konsultieren.
- Nach Kleidungskontakt: Getränkte oder durch Biofilm stark verschmutzte Arbeitsbekleidung sofort wechseln und erst nach gründlicher Reinigung wieder benutzen.
- Verletzungen sind dem Verantwortlichen im Betrieb zu melden, in das Verbandbuch einzutragen. Bei Kühlwasserkontakt mit verletzter Haut ist ein Arzt aufzusuchen.
- Bei intensivem Kontakt (Verschlucken von Kühlwasser oder längerfristigem Einatmen von Fortluft, z.B. bei Arbeiten im direkten Fortluftbereich ohne FFP-3-Maske) bei vorhandener Kühlwasserbelastung mit Legionellen Arzt hinzuziehen (insbesondere bei Vorliegen des Subtyps *Legionella pneumophila Serogruppe 1)*.

Wichtige Rufnummern:
Notruf / Feuerwehr: 112 **Arzt: 116-117**

ENTSORGUNG

A

Persönliche Schutzausrüstung zum einmaligen Gebrauch (Atemschutz FFP2/FFP3, Einweg-Overall Einweg-Schutzhandschuhe, etc.) in dicht schließenden Behältern entsorgen.

Bei Reinigungsarbeiten verwendete Gerätschaften nach Beendigung der Tätigkeit mit reichlich Wasser abspülen, ggf. desinfizieren.

Druckdatum: 29.06.2021 Unterschrift

Bild 12: Betriebsanweisung nach BioStoffV (s. Anhang)

Schweitzer-Chemie GmbH
Benzstraße 12
71691 Freiberg / N.

Betriebsanweisung
gemäß TRGS 555

Datum
07.03.2019

Arbeitsbereich wechselnd
Arbeitsplatz wechselnd
Tätigkeit wechselnd

Gefahrstoffbezeichnung

ST-DOS B-589

Produkt enthält: Chlor-I-oxid, Natriumsalz, Natriumhydroxid, Chlor-III-oxid, Natriumsalz

Gefahren für Mensch und Umwelt

Kann gegenüber Metallen korrosiv sein.
Verursacht schwere Verätzungen der Haut und schwere Augenschäden.
Sehr giftig für Wasserorganismen mit langfristiger Wirkung.
Entwickelt bei Berührung mit Säure giftige Gase.

Schutzmaßnahmen und Verhaltensregeln

Auf sehr gute Be- und Entlüftung des Arbeitsplatzes achten.
Nicht rauchen, essen und trinken in Arbeits- und Lagerräumen. Auch keine Lebensmittel, Getränke oder Tabak aufbewahren.
Vorgeschriebene Schutzausrüstung: - Schutzkleidung oder Schürze - Schutzbrille oder Gesichtsschutz - dichte Schutzhandschuhe aus Gummi oder Kunststoff - Schutzstiefel beim Umgang mit größeren Mengen.
Jede Störung sofort dem Vorgesetzten melden. Reparaturen sachgerecht und mit Vorsicht durchführen. Rohrleitungen müssen vollständig entleert werden.
Keine größeren Vorräte am Arbeitsplatz lagern.
Beim Umfüllen Verdunsten und Verspritzen vermeiden.
Nur in saubere Gebinde umfüllen.
Zerbrechliche Gefäße mit der Substanz nur unter Verwendung eines Überbehälters (z.B. Plastikeimer mit Griff) transportieren.

Verhalten im Gefahrfall

Im Falle einer Brandbekämpfung betriebliche Anweisungen genau einhalten.
Kleine Brände mit CO2- oder Pulverlöscher bzw. mit Wassersprühstrahl löschen.
Wenn möglich mit viel Wasser verdünnen.
Einatmen von Staub, Dämpfen oder Brandgasen vermeiden - Atemschutzgerät verwenden.
Bei Auftreten von Leckagen bzw. Auslaufen von Flüssigkeit sofort Vorgesetzten oder Betriebsleitung informieren.
Notruf: 112

Erste Hilfe

Betroffene Haut gründlich mit Wasser und Seife waschen. Bei großflächigen Hautbenetzungen sofort mit Notbrause spülen und benetzte Kleidung vorsichtig entfernen.
Nach Augenkontakt sofort mehrere Minuten mit Wasser spülen und Vorgesetzten verständigen. Nach betrieblicher Versorgung Augenarzt aufsuchen.
Nach Einatmen für Frischluft, Ruhe und Wärme sorgen. Gegebenenfalls Arzt verständigen.

Sachgerechte Entsorgung

Verschüttete Flüssigkeit mit Universalbinder aufsaugen und ebenso wie Abfälle in verschlossenen Gefäßen der zuständigen Stelle zur Entsorgung übergeben. Auch kleine Mengen nicht in den Ausguß leeren.

Bild 13: Betriebsanweisung gem. GefStoffV/TRGS 555 (s. Anhang)

Im Rahmen der Behandlung des Nutzwassers von Verdunstungskühlanlagen kommen häufig Wasserbehandlungschemikalien, wie Härtestabilisator, Korrosionsinhibitor und Biozid, zum Einsatz. Häufig geht von diesen eine Gefahr für die menschliche Gesundheit oder für das Grund- bzw. Oberflächenwasser aus. Somit fallen diese Stoffe unter die Gefahrstoffverordnung (GefStoffV). § 6 der GefStoffV fordert die Erstellung einer Gefährdungsbeurteilung für diese Stoffe, § 14 die Erstellung einer Betriebsanweisung für Gefahrstoffe. Die Erstellung der Betriebsanweisung(en) gem. GefStoffV erfolgt auf Basis der vom Chemikalienlieferanten kostenlos zur Verfügung gestellten Sicherheitsdatenblätter.

GefStoffV § 14:

Unterrichtung und Unterweisung der Beschäftigten

(1) Der Arbeitgeber hat sicherzustellen, dass den Beschäftigten eine schriftliche Betriebsanweisung, die der Gefährdungsbeurteilung nach § 6 Rechnung trägt, in einer für die Beschäftigten verständlichen Form und Sprache zugänglich gemacht wird.

Die VDI 2047 Blatt 2 geht im Kapitel 9.2 auf eine Gefährdungsbeurteilung unter Beteiligung einer hygienisch fachkundigen Person ein und nennt diese mit der Fassung von 01/2019 erstmalig „Hygiene-Gefährdungsbeurteilung“. Dabei handelt es sich, wenn man die beiden Wortlaute miteinander vergleicht, um die gleiche Art von Gefährdungsbeurteilung, wie sie die 42. BImSchV fordert. Auf die Inhalte wird auch in diesem Kommentar im Kapitel 9.2 im Detail eingegangen.

42. BImSchV – Abschnitt 2:

§ 3 Allgemeine Anforderungen

(4) Der Betreiber hat sicherzustellen, dass vor der Inbetriebnahme oder der Wiederinbetriebnahme für die Anlage eine Gefährdungsbeurteilung unter Beteiligung einer hygienisch fachkundigen Person erstellt wird; [...]

Von Betreibern wird immer wieder angeführt, dass „eine Gefährdungsbeurteilung gemäß 42. BImSchV nur vor der Inbetriebnahme (einer Neuanlage) oder der Wiederinbetriebnahme (einer Bestandsanlage nach einer maßgeblichen Änderung) erforderlich sei“.

Aus Sicht der Autoren ist eine Gefährdungsbeurteilung auch unter hygienischen Aspekten grundsätzlich für jede Verdunstungskühlanlage erforderlich. Das

Nicht-Vorhandensein oder verspätete Erstellen einer Gefährdungsbeurteilung im Sinne der 42. BImSchV stellt bei Bestandsanlagen (Errichtung vor dem 19.08.2017 und Inbetriebnahme vor dem 19.02.2018) keine Ordnungswidrigkeit im Sinne des § 19 der 42. BImSchV dar, lässt aber nicht den Umkehrschluss zu, dass eine Gefährdungsbeurteilung bei Bestandsanlagen nicht trotzdem sinnvoll sei. Die Erfahrung zeigt, dass einige Behörden grundsätzlich eine solche Hygiene-Gefährdungsbeurteilung fordern. Eine Rechtsgrundlage hierzu besteht jedoch nur im Rahmen einer Wiederinbetriebnahme.

All die oben aufgeführten Gesetze und Verordnungen fordern jeweils die Erstellung und Aktualisierung einer Gefährdungsbeurteilung durch oder unter Beteiligung einer fachkundigen Person. Insbesondere die BioStoffV geht auf die Thematik Legionellen und *Pseudomonas aeruginosa* ein und schreibt vor, dass die Gefährdungsbeurteilung unverzüglich aktualisiert werden muss, wenn es maßgebliche Änderungen gab und mindestens jedes zweite Jahr überprüft und bei Bedarf aktualisiert werden muss.

Da im Rahmen der Gefährdungsbeurteilung Problembereiche oder Risiken beim Betrieb der Anlage aufgezeigt werden, müssen im Nachgang an die Erstellung der Gefährdungsbeurteilung diese Bereiche optimiert bzw. die Risiken minimiert werden. Somit kommt es gegebenenfalls zu Änderungen an der Anlage, die eine Wiederinbetriebnahme im Sinne der 42. BImSchV nach sich ziehen und von daher eine Gefährdungsbeurteilung (bzw. eine Aktualisierung der vorhandenen Gefährdungsbeurteilung) erfordern. Somit ist die in der BioStoffV geforderte zweijährliche Überprüfung durchaus auch für die anderen „Arten von Gefährdungsbeurteilungen“ zu empfehlen.

5.3 Verwendung von Bioziden

VDI 2047 Blatt 2:

5.3 Anwendung von Bioziden:

Auf die Verwendung von Bioziden ist, wann immer möglich, zu verzichten.

Die Praxis zeigt, dass zur Minimierung der mikrobiologischen Vermehrung und zur schnellen Wiederherstellung des ordnungsgemäßen Anlagenbetriebs, gerade bei Überschreitungen der mikrobiologischen Prüf- und Maßnahmenwerte, der Einsatz von Bioziden häufig unerlässlich ist.

Das zeigt auch die Anforderung der 42. BImSchV.

42. BImSchV:

§ 3 Allgemeine Anforderungen

(2) Der Betreiber hat dafür zu sorgen, dass Anlagen so ausgelegt und errichtet werden, dass insbesondere [...]

5. Biozide dem Nutzwasser dosiert zugesetzt werden können

Entsprechend geeignete Dosiertechnik für Biozide ist immer der manuellen Dosierung vorzuziehen, um die Gefährdung durch den Umgang mit Bioziden zu minimieren und eine möglichst genaue Einhaltung der Dosierempfehlungen des Biozidherstellers zu gewährleisten:

Die Häufigkeit und Menge an nötigem Biozid kann durch verschiedene Faktoren in Grenzen gehalten werden, um dem Minimierungsgebot gerecht zu werden und den Umgang mit Gefahrstoffen zu reduzieren:

- optimale Betriebsweise mit wenig bis keiner Stagnationszeit
- Minimierung von Wasserinhaltsstoffen, die als Nährstoff für mikrobiologisches Wachstum dienen oder mit Bioziden wechselwirken: Filtration, Netze, Gitter
- Minimierung baulich bedingter Stagnationsbereiche
- regelmäßige Kontrolle und ggf. Anpassung der Bioziddosierung
- regelmäßige (vorbeugende) manuelle und/oder chemische Reinigung der Verdunstungskühlanlage
- Verhinderung Eintrag von Schmutz/Staub/Pollen usw.

Auf den praktischen Einsatz von Bioziden wird in Kapitel 8.7.1.2.1 näher eingegangen.

Die fachgerechte Verwendung von Bioziden setzt eine Unterweisung und Schulung der Mitarbeiter und ggf. Fremdfirmen voraus. Dafür sind die Verordnungen über Biozidprodukte (BPR), die Gefahrstoffverordnung (GefStoffV) und die Abwasserverordnung (AbwV) in Verbindung mit den technischen Vorgaben des Herstellers bzw. der Fachfirma zu beachten.

6 Gesundheitsrisiken

VDI 2047 Blatt 2:

6 Gesundheitsrisiken

Gesundheitsrisiken durch Mikroorganismen im Zusammenhang mit Verdunstungskühlanlagen sind bekannt (VDI 4250 Blatt 2). Bei der Vermehrung und der Verbreitung von Mikroorganismen, insbesondere von Legionellen und Pseudomonaden spielen Biofilme in Verdunstungskühlanlagen eine zentrale Rolle.

Legionellen und *Pseudomonas aeruginosa* werden als hygienerelevante mikrobiologische Belastungen aufgeführt, wobei viele andere Belastungen in Verdunstungskühlanlagen auftreten können.

Durch Aerosolbildung von legionellenhaltigem Wasser entsteht ein potenzielles gesundheitliches Risiko.

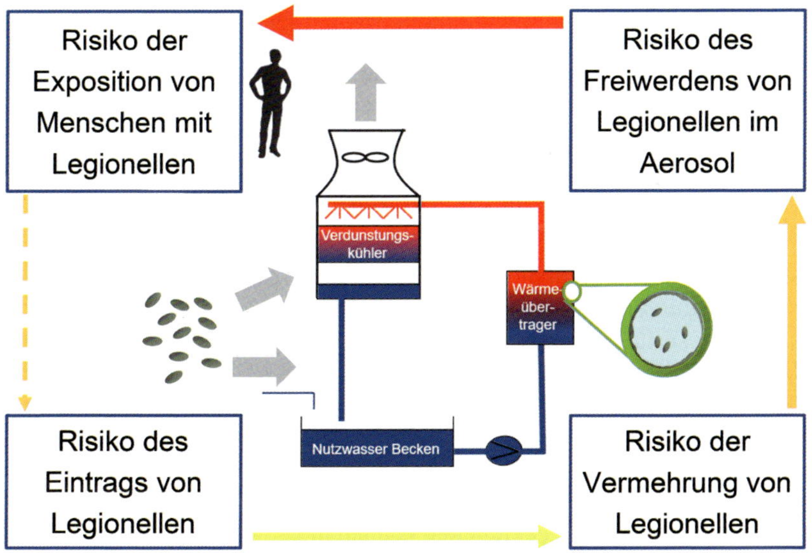

Bild 14: Gesundheitsrisiko einer Verdunstungskühlanlage

Im Kapitel 6 der VDI 2047 werden die wichtigsten Zusammenhänge analog dem dargestellten Schema erklärt. Es sind keine Unterkapitel aufgeführt, jedoch ist es zielführend, die Bereiche einzeln zu betrachten, um die Zusammenhänge besser zu verstehen.

Am Beispiel eines mit Biofilm belasteten Rohrstückes wird dies deutlich:

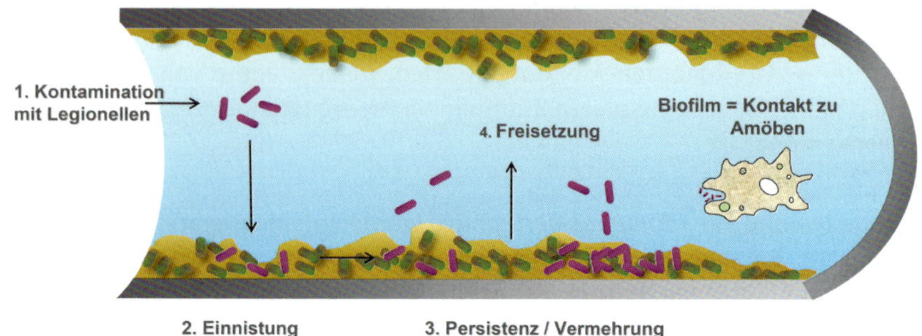

Bild 15: Biofilm als Lebensraum von Legionellen

6.1 Biofilme

Im Nutzwasser und in Biofilmen einer Verdunstungskühlanlage können sich neben harmlosen Mikroorganismen auch verschiedene Krankheitserreger kurzfristig oder langfristig aufhalten. Je nach Art/Spezies, Konzentration und Übertragungsweg besteht eine mehr oder weniger große Gesundheitsgefährdung für Mitarbeiter und Dritte. In der VDI 2047 wird Biofilmen und deren Vermeidung eine zentrale Rolle zugeschrieben.

Legionellen können sich in Biofilmen einnisten, dort verweilen, sich (geschützt) vermehren und von dort auch wieder freigesetzt werden. Der Anteil der Biomasse in wasserführenden Systemen befindet sich zu weit über 90 % in diesen Biofilmen, die wiederum selbst zu einem hohen Anteil aus Wasser bestehen. Je nach Strömungsdynamik kommt es zu einem fortlaufenden Austausch zwischen Biofilm und dem Nutzwasser, teilweise zu Ablösungen von Biofilmen ins Wasser. Der Biofilm ermöglicht den Kontakt zwischen Legionellen und anderen Mikroorganismen (z.B. Amöben) und begünstigt das Überleben und die Vermehrung von Legionellen. Legionellen können in der Wasserphase über Tropfen und Aerosole an dem Verdunstungskühler freigesetzt und verteilt werden und stellen ein Gesundheitsrisiko für die Umgebung dar. Je besser sich ein Biofilm an der vorhandenen Oberfläche (mineralische Ablagerungen sind hier als sehr griffig einzustufen) halten kann und je günstiger die Bedingungen (Temperatur,

Strömungsgeschwindigkeit, Nährstoffeintrag und Nährstoffzusammensetzung, Wasserqualität und Abwesenheit von limitierenden Komponenten) sind, umso stärker kann sich der Biofilm ausbilden. In diesem können sich Legionellen sogar der Wirkung von Bioziden entziehen und darin geschützt überdauern.

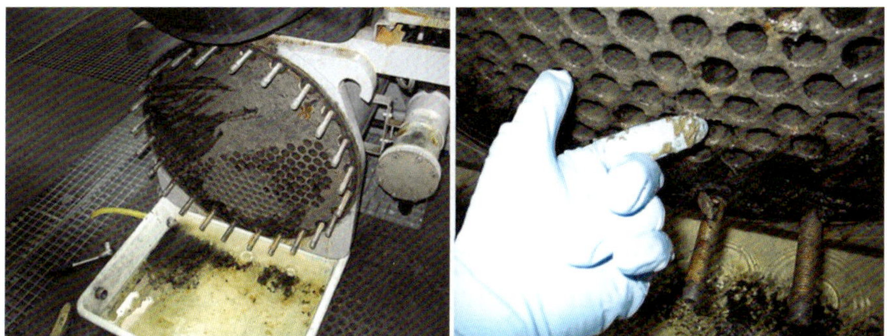

Bild 16: Biofilmausbildung an Rohrbündelwärmeübertrager mit Detailaufnahme

Die Minimierung des Biofilms ist daher entscheidend für den hygienisch sicheren Betrieb, wobei immer ein gewisser Biofilm auf Wandungen vorhanden ist. Selbst in bestimmungsgemäß betriebenen Trinkwasser-Installationen ist eine Ausbildung von Biofilmen nicht vollständig zu vermeiden.

6.2 Legionellen

Legionellen sind seit 1976 als Krankheitserreger bekannt. Ihre Bedeutung in technischen Wassersystemen wurde in den darauffolgenden Jahren immer klarer, was sich auch in der Erarbeitung verschiedener nationaler Richtlinien und Verordnungen widerspiegelt. Aufgrund der weiträumigen Ausbreitungsmöglichkeit von Legionellen über Verdunstungskühlanlagen kann ein großer Personenkreis durch Legionellen gefährdet werden. Die Informationen zu Legionellen in der Richtlinienreihe VDI 2047 und in der VDI 4250 sind bereits sehr umfangreich. Seit Ende 2019 steht ein sehr gutes Fachbuch „Legionellenrisiken in Verdunstungskühlanlagen und Kühltürmen“[4] zur Verfügung, in dem auf über 280 Seiten viele Erläuterungen ausgeführt werden.

4 Sinder, Gringel, Hardt, Langerbein: Legionellenrisiken in Verdunstungskühlanlagen und Kühltürmen – Ursachen und Vermeidung. VDE Verlag/Beuth Verlag. Berlin. 2020

Wenn keine limitierenden Maßnahmen eingesetzt werden, finden Legionellen in Verdunstungskühlanlagen oft optimale Bedingungen, um sich zu vermehren. Ebenso ist der Temperaturbereich zwischen 20 °C und 40 °C, wie auch die großen Oberflächen, welche für die Verdunstung essenziell sind, ideal. Der zusätzliche Nährstoffeintrag über die Luft und die Ausbildung von Biofilmen runden die günstigen Bedingungen ab, die bei vorhandenen Stagnationen zu schneller Vermehrung führen können.

Legionellen werden hin und wieder verharmlosend und skeptisch als „Wappentier des Sanitärfaches“ bezeichnet, jedoch stellen diese ein ernsthaftes Risiko dar und sind daher als wichtiger Parameter regelmäßig zu analysieren.

Die regelmäßige labortechnische Kontrolle auf Legionellenbelastungen erfolgt im akkreditierten Labor mit einem kultivierungsbasierten Verfahren auf *Legionella* spp. (DIN EN ISO 11731 und UBA-Empfehlung, siehe hierzu auch Kapitel 9.3). Die genauen Anforderungen an die Laboranalytik sind in der UBA-Empfehlung (Empfehlung des Umweltbundesamtes zur Probenahme und zum Nachweis von Legionellen in Verdunstungskühlanlagen, Kühltürmen und Nassabscheidern vom 06. 03. 2020) geregelt. In der Empfehlung werden die Probenahme und die Untersuchung auf Legionellen nach einheitlichen Vorgaben definiert. Die Vorgaben dieser Empfehlung dienen dem Ziel einer einheitlichen Probenahme, Analytik, Auswertung und Ergebnisangabe.

Legionella spp. (species pluralis) stellt die Summe aller Spezies der Gattung *Legionella* dar, die jedoch im unterschiedlichen Maße humanpathogen sind. Durch die Bundesanstalt für Arbeitsschutz und Arbeitsmedizin (BAuA) sind neben *L. pneumophila* mit mehreren Subspezies 16 weitere *Legionella* Spezies in Risikogruppe 2 eingestuft. Erst wenn höhere Belastungen (oberhalb des Maßnahmenwertes von 10.000 KBE/100 ml) festgestellt werden, erfolgt eine Serotypisierung, die die vorhandene Belastung in drei unterschiedliche Ergebnisbereiche zuordnet, um das konkrete Risiko besser einstufen zu können. Das höchste gesundheitlich relevante Risiko geht von *L. pneumophila*, Serogruppe 1 aus, wobei die weiteren Serogruppen (2–14) und auch bereits *Legionella non-pneumophila* zu Erkrankungen geführt haben. Mit einer Farbeinteilung kann die gesundheitliche Relevanz von Legionellen-Nachweisen sinnbildlich dargestellt werden:

***Legionella pneumophila*, Serogruppe 1**
***Legionella pneumophila*, Serogruppe 2–14**
Legionella non-pneumophila

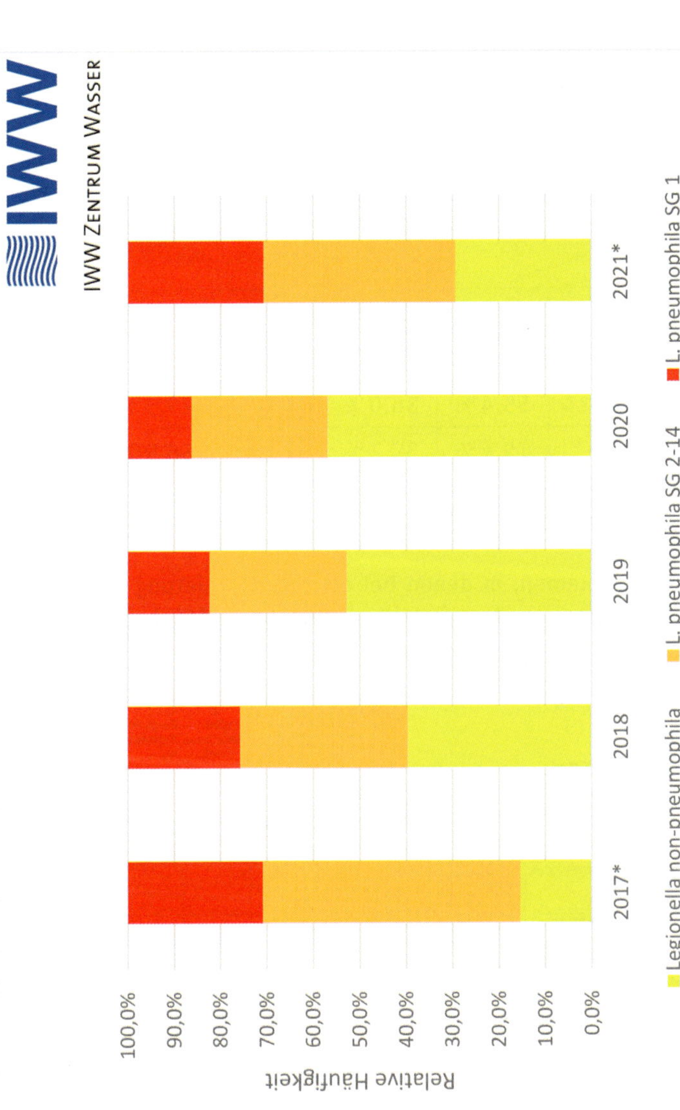

Bild 17: Relative Häufigkeit der Legionellen-Cluster „*Legionella pneumophila* SG 1“, „L. p. SG 2–14“ sowie L. non-pneumophila, die durch Serotypisierungen infolge von Maßnahmenwertüberschreitungen seit Inkrafttreten der 42. BImSchV bestätigt werden konnten. Zeitraum 09/2017 bis 05/2021,
* die Zahlen von 2017 und 2021 beziehen sich nicht auf ein gesamtes Kalenderjahr, Quelle: IWW Zentrum Wasser

Auch wenn nicht alle festgestellten Erkrankungen durch Legionellen immer abschließend einem Erreger (Spezies, Serogruppe) zugeordnet werden können, ist aus verschiedenen Quellen (z.B. Jahrbuch vom RKI 2019) zu entnehmen, dass *L. pneumophila*, Serogruppe 1 mit ca. 90 % der Hauptverursacher der Erkrankungen ist.

Aus Statistiken verschiedener Labore geht hervor, dass der Anteil der drei Ergebnisbereiche in Anlagen des Anwendungsbereichs der 42. BImSchV unterschiedlich ausgeprägt ist. Eine Darstellung des IWW Zentrum Wasser aus Mühlheim stellt dies beispielhaft anschaulich für die Jahre 2017 bis 2021 prozentual zusammen:

Ergebnisbereich	**2017***	**2018**	**2019**	**2020**	**2021***
L. pneumophila SG 1	29,2 %	24,3 %	17,6 %	13,8 %	29,4 %
L. pneumophila SG 2–14	55,4 %	36,0 %	29,6 %	29,3 %	41,2 %
Legionella non-pneumophila	15,4 %	39,7 %	52,8 %	56,9 %	29,4 %

Es gibt Proben von Systemen, in denen bei der Serotypisierung Belastungen über mehrere Ergebnisbereiche festgestellt wurden, sogar Ergebnisse über alle drei Bereiche:

	Einheit	Ergebnis	42. BImSchV - Prüfwert 1 und VDI 2047 Blatt 2	42. BImSchV - Prüfwert 2	42. BImSchV - Maßnahmewert	42. BImSchV - Referenzwert	Methode
Ps. aeruginosa	KbE/100ml	<10	100				DIN EN ISO 16266 : 2008-05
Legionella spp.	KBE/100ml	63000	100	1000	10000		ISO 11731 : 2017-05 & UBA-Empfehlung 02.06.2017
Leg. pneumophila, Sero 1	KBE/100ml	nachgewiesen					Legionella-Latex-Test (Oxoid), Artikel DR 0800 M : 2016-05
Leg. pneumophila, Sero 2-14	KBE/100ml	nachgewiesen					Legionella-Latex-Test (Oxoid), Artikel DR 0800 M : 2016-05
Leg. non-pneumophila	KBE/100ml	nachgewiesen					Legionella-Latex-Test (Oxoid), Artikel DR 0800 M : 2016-05

Bild 18: Auszug aus einem Laborbericht mit Maßnahmenwertüberschreitung und Serotypisierung

Es können also durchaus mehrere *Legionella* Spezies nebeneinander in einem System auftreten und auch detektiert werden.

Es sind auch Verdunstungskühlanlagen bekannt, in denen zunächst ausschließlich *L. non-pneumophila* festgestellt wurden und bei der unverzüglichen zusätzlichen Laborkontrolle auch *L. pneumophila*, Serogruppe 1 auftraten. Das zeigt auf, dass sich die Population (eventuell auch durch umgesetzte Maßnahmen) verschieben oder eine Mehrfach-Besiedelung vorliegen kann. Auch wenn vor allem *Legionella pneumophila*, Seroguppe 1, das höchste Risiko darstellt, ist es zielführend, auf *Legionella* spp. zu analysieren, da über alle Ergebnisbereiche hinweg Erkrankungen nicht ausgeschlossen werden können. Das Vorhandensein von Legionellen (unabhängig welche Spezies oder Serogruppe) zeigt zudem auf, dass offensichtlich ausreichend günstige Möglichkeiten zur Vermehrung für Legionellen vorhanden sind. Das unterschiedliche Risiko der Serogruppen sollte bei der Erarbeitung eines Maßnahmenplanes je nach Anlagenaufstellung berücksichtigt werden und die Maßnahmen sollten bei dem Nachweis der Serogruppe 1 auch am dringlichsten ausfallen. Die Serotypisierung ist weiterhin bei auftretenden Krankheitsfällen für die Identifizierung der Infektionsquelle bzw. der Zuordnung zu (oder dem Ausschluss von) Anlagen hilfreich. Über neuere molekularbiologische Verfahren sind auch Nachweise mit der „Beweiskraft eines Fingerabdruckes“ möglich, aber aufwendiger.

Das Analyseverfahren über kultivierbare Legionellen im Labor bringt jedoch auch Nachteile mit sich. Die Probe einer geringen Nutzwassermenge stellt immer nur eine Stichprobe dar, weil sich die mikrobiologische Belastung nicht annähernd homogen im Wasser verteilt. Selbst bei Parallelansätzen aus geteilten großen Probenvolumina wurden schon unterschiedliche Belastungen festgestellt, sodass ein Ergebnis immer mit einer gewissen Ungenauigkeit behaftet ist.

Das Ergebnis einer Laboranalyse nach dem Normverfahren liegt immer deutlich zeitversetzt zur Entnahme der Probe vor. Mit den klassischen Kulturverfahren sind Ergebnisse vor dem 7. Tag der Bebrütung im Labor nicht ausreichend sicher, und es vergehen oft sogar 10 bis 14 Tage, bis das Ergebnis vorliegt. Dadurch erfahren Betreiber (und ggf. auch Behörden) erst von einer Belastung, wenn diese bereits schon vor zwei Wochen oder länger bestanden hat.

Des Weiteren muss angemerkt werden, dass die Bestimmung im Labor mittels kulturbasierter Verfahren ausschließlich die kultivierbaren Legionellen erfasst. Der Anteil der VBNC wird nicht erfasst. VBNC steht für „viable but nonculturable“ – lebend, aber nicht kultivierbar. Je nach Biozideinsatz und sonstigen Bedingungen liegen Legionellen im Nutzwasser vorübergehend in diesem Status vor, vor allem bei höheren Biozidzugabemengen steigt der VBNC-Anteil, und so kann es häufiger vorkommen, dass bei den unverzüglichen zusätzlichen

Laboruntersuchungen keine Belastungen mehr gefunden werden, obwohl sie vorhanden waren. In der darauffolgenden Probe können dadurch wieder Belastungen festgestellt werden. Dieser Zusammenhang wird umso wichtiger, wenn der Einsatz von Bioziden sehr zeitnah vor einer Laborkontrolle stattfindet.

Als Konsequenz dieser Effekte werden zur Bestimmung von Legionellen ggf. auch alternative Verfahren eingesetzt, die jedoch dann anders zu beurteilen sind. Ergebnisse auf Basis anderer Methoden können dann aber auch nicht mit den Beurteilungswerten der Normen oder Verordnungen beurteilt werden. In der Ursachenforschung bei Ausbruchsgeschehen und im medizinischen Bereich werden auch molekularbiologische Methoden eingesetzt. Vor Ort kann eine Belastung u. U. auch mit Legionellen-Schnelltests festgestellt werden, was die Wartezeit deutlich verkürzt. Diese Verfahren sind nicht geeignet, um die regelmäßige Laboranalytik nach der UBA-Empfehlung zu ersetzen, können jedoch als betreiberseitige Kontrolle zusätzlich umgesetzt werden.

6.3 *Pseudomonas aeruginosa*

Über *Pseudomonas aeruginosa* (kurz *P. aeruginosa*) wurde und wird sehr viel diskutiert. Es gibt viele Gründe für die Analytik im Nutzwasser und auch im Zusatzwasser, aber keine grundsätzliche Vorgabe zur Bestimmung von *P. aeruginosa*. Dies ist ein Keim mit geringen Wachstumsansprüchen, was Temperatur und Nährstoffe angeht. Er besitzt die Fähigkeit, große Mengen des Exopolysaccharids Alginat zu bilden. Diese schleimige Substanz prädestiniert *P. aeruginosa* als Erstbesiedler von Oberflächen und Pionier in der Biofilmbildung. Beim Vergleich zahlreicher Systeme mit Werten für Legionellen und *P. aeruginosa* konnten keine direkten Zusammenhänge erkannt werden, die direkte Hinweise auf die Anwesenheit von Legionellen geben, wenn *P. aeruginosa* festgestellt wurde. Gleiches gilt für hohe Belastungen mit allgemeiner Koloniezahl und auch für vermehrte Biofilmbelastungen. Grundsätzlich muss aber bei Systemen mit starker Biofilmbildung sowie bei Systemen mit hohen Konzentrationen an *P. aeruginosa* und/oder allgemeiner Koloniezahl immer davon ausgegangen werden, dass solche Systeme nicht hygienisch einwandfrei laufen und somit auch immer das Risiko einer Einnistung und Vermehrung von Legionellen besteht. Damit ist *P. aeruginosa* auch eine weitere mikrobiologische Orientierungshilfe, jedoch nicht entscheidend für Legionellen. Ein Vorteil der Bestimmung ist, dass das Ergebnis wie bei der allgemeinen Koloniezahl schon deutlich früher vorliegt und von manchen Laboren auch als Vorabbericht mitgeteilt wird. Dann können ggf. schon Maßnahmen durchgeführt werden, wenn dies so im Maßnahmenplan festgelegt wurde. Ein weiterer wichtiger Aspekt ist, dass das Vorhandensein von *P. aeruginosa* den kulturellen Nachweis von Legionellen erheblich stören kann. Dadurch kann es zu Minderbefunden oder zu nicht auswertbaren Proben kommen.

P. aeruginosa ist ein opportunistischer Krankheitserreger und kann bei immungeschwächten Personen ernsthafte Erkrankungen hervorrufen. Das hygienische Risiko von *P. aeruginosa* für die weiträumige Umgebung, das von Verdunstungskühlanlagen und Kühltürmen ausgeht, ist nicht annähernd so hoch wie bei Legionellen, da eine Übertragung nicht über das Einatmen von Aerosolen stattfindet, sondern über Kontakt mit Haut, Schleimhäuten und offenen Wunden. Das Risiko liegt damit vor allem im unmittelbaren Umfeld der Verdunstungskühlanlage (z.B. bei Probenahmen, Inspektionsgängen, Wartungsarbeiten, Reinigungen). Leider gibt es schon einige Beispiele, bei denen Betreiberpersonal gesundheitliche Beeinträchtigungen erfahren hat. Hierzu zählen Augenerkrankungen, aber auch erhebliche Hauterkrankungen. Demnach dient die Bestimmung auch der Arbeitssicherheit für das Betreiberpersonal. Auf das Tragen geeigneter persönlicher Schutzausrüstung (Schutzhandschuhe, Schutzbrille, ggf. Schutzanzug) ist auch in Bezug auf *P. aeruginosa* unbedingt zu achten.

Die VDI 2047 empfiehlt die Analyse auf *P. aeruginosa* weiterhin als Option. Letztendlich muss jeder Betreiber den Umfang der Analytik im Zuge der Erstellung der Hygiene-Gefährdungsbeurteilung festlegen.

6.4 Sonstige Mikroorganismen

Die Bestimmung von mikrobiologischen Belastungen mittels kulturbasierter Laborverfahren zeigt ausschließlich die Belastung in der Wasserphase auf; der Biofilm wird darüber nicht erfasst.

Bild 19 stellt die Zusammenhänge verschiedener mikrobiologischer Parameter in einer Wasserprobe dar. Die Gesamtzellzahl dient hier zur Verdeutlichung als Bezugspunkt und repräsentiert alle toten, lebendigen, kultivierbaren und nicht kultivierbaren Mikroorganismen. Dieser Bezugspunkt lässt sich durch eine mikroskopische Zählung der Zellen nach Anfärbung der DNA ermitteln. Dies ist jedoch für die Praxis nicht relevant und wird in Routineuntersuchungen nicht durchgeführt. Die Größenverhältnisse der einzelnen Kreise sind nur schematisch-orientierend und können in unterschiedlichen Wassersystemen, aber auch zwischen unterschiedlichen Probezeitpunkten variieren.

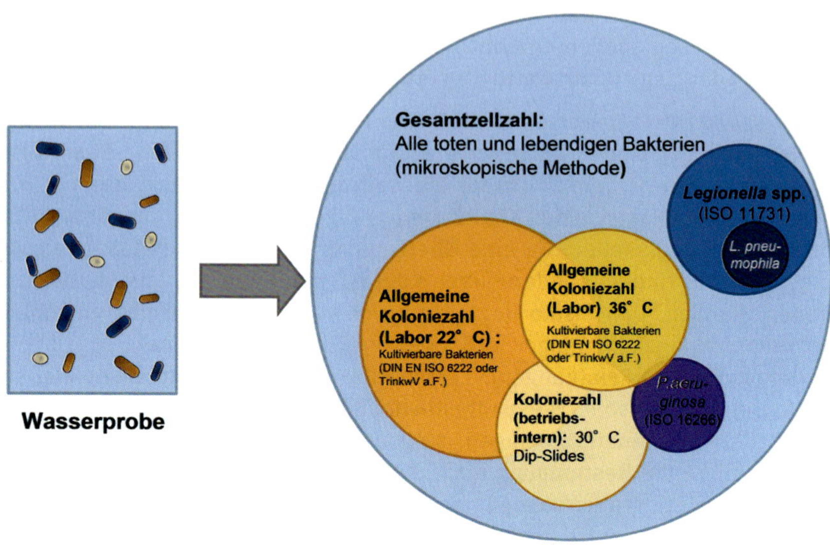

Bild 19: Ergebnisdarstellung bei kultivierungsbasierten Laboranalysen in Bezug zur Gesamtzellzahl

Die einzelnen Belastungen sind weitgehend unabhängig voneinander. Es kann Überschneidungen bei den beiden Temperaturen (22 °C und 36 °C) der allgemeinen Koloniezahl geben, bei im Labor und betriebsintern (mittels Dipslide) ermittelter Koloniezahl oder bei Koloniezahl und *P. aeruginosa*. *Legionella* spp. werden mit den Nährmedien zur Bestimmung der allgemeinen Koloniezahl im Labor und mit Dipslides nicht erfasst. Ein Teil der detektierten *Legionella* spp. kann zur Spezies *Legionella pneumophila* gehören, davon wiederum kann ein Teil der Serogruppe 1 angehören. Alle diese mikrobiologischen Ergebnisse unterliegen durch eine relativ große Standardabweichung der Methoden, durch wechselnde Zustände der Mikroorganismen und variable Systembedingungen einer gewissen Schwankung. Der bei Untersuchungen der Wasserphase nicht miterfasste Biofilm kann bei Ablösungen von Biofilmteilstücken zudem gewisse Schwankungsbreiten verursachen.

Die Bestimmung des Referenzwertes (Normalzustand) für jedes System bei den Ergebnissen der allgemeinen Koloniezahl für 22 °C und 36 °C gibt dem Betreiber die Aufgabe, sich den Belastungsverlauf in seinem System genauer anzuschauen und bei deutlich höheren Belastungen (Überschreitung um Faktor 100) zu reagieren. Dieser Referenzwert ist aber keine immer gleichbleibende Belastung im System. Die mikrobiologische Belastung im System stellt sich durch die vorhandenen Rahmenbedingungen ein und ist im Tages- und Jahresverlauf gewissen Schwankungen unterworfen. Bei der Anwesenheit stärkerer Biofilmbelastungen werden die Schwankungen durch Ablöseprozesse des Biofilms vergrößert.

Für eine arbeitsplatzbezogene Gefährdungsbeurteilung und die Auswahl entsprechender PSA, ist eine Betrachtung der möglicherweise (vorübergehend) in der Verdunstungskühlanlage vorhandenen Mikroorganismen notwendig. Welche Belastungen welche Gefahren bedeuten, kann wie folgt dargestellt werden:

Mikroorganismen im Nutzwasser	**primärer Aufnahmeweg**	**Infektionsgefahr bei**		
		Wartung/ Reinigung	**Probe-nahme**	**Aufenthalt im Bereich der VKA***
P. aeruginosa	Kontakt (Haut, Schleimhäute, offene Wunden)	X	X	
E. coli, Coliforme, Enterokokken	orale Aufnahme	(X)**	(X)**	
Legionellen	Inhalation	X	X	X
Schimmelpilze	Inhalation	X	X	X

* Größe des Gefahrenbereiches abhängig von Konzentration und Zustand der Mikroorganismen, Witterungsbedingungen, Menge des Aerosolaustrages

** unbeabsichtigte, sog. akzidentelle orale Aufnahme

6.5 Aerosole und Tropfen

Die genauen Rahmenbedingungen zur Entstehung und Freisetzung von Aerosolen beim Kontakt von Wasser und Luft sind nicht abschließend erforscht. In der Umgebungsluft sind grundsätzlich Aerosole (feste und flüssige) zu finden. Diese Partikel sind so klein, dass diese nur noch sehr langsam oder überhaupt nicht sedimentieren. Bei ausreichend großer Partikeldichte wird dies als Nebel wahrgenommen.

Im Kontext von Verdunstungskühlanlagen versteht man unter „Aerosol" im Allgemeinen wässrige Tropfen (mit oder ohne Inhaltsstoffe) mit einem Durchmesser < 10 µm. Tropfen weisen Partikeldurchmesser von weniger als 50 µm bis über 500 µm (0,5 mm) auf. Wenn Wasser in Luft versprüht oder verrieselt wird, entsteht ein Gemisch aus Tropfen und Aerosolen. Wie hoch der Aerosolanteil ist, hängt von vielen Rahmenbedingungen ab (Wasserdruck, Wasserqualität, Düsengeometrie, Stoßwechselwirkung zwischen Tropfen und Oberfläche, Temperatur, Luftgeschwindigkeit, Luftfeuchtigkeit, Partikel in der Luft ...). Zur Rückhaltung von Tropfen werden bei Verdunstungskühlanlagen Tropfenabscheider eingesetzt. Tropfenabscheider sind jedoch nicht in der Lage, feinste Aerosole zurückzuhalten. Auch bei gleichförmiger und hinreichend langsamer Durchströmung der Kontaktzone Wasser/Luft kann nicht ausgeschlossen werden, dass Aerosole oder Tropfen entstehen oder zumindest in Kontakt mit dem Wasser treten. Treffen in der Luft enthaltende Aerosole auf eine Wasseroberfläche, müssen diese nicht zwingend vom Wasser eingewaschen werden; es kann auch zu einer Wechselwirkung mit dem Wasser kommen.

6.6 Minimierung der Gesundheitsrisiken

Aus der Betrachtung von Biofilmen und Legionellen wird klar, dass ein Risiko im Betrieb nie ausgeschlossen, sondern ausschließlich minimiert werden kann. Die VDI 2047 stellt dies mehrfach klar.

Ein hygienegerechter Betrieb zeichnet sich durch möglichst konstante und dauerhaft geringe mikrobiologische Belastungen im Wasser aus, wobei Legionellen als wichtigster Parameter betrachtet werden. Bei regelmäßigen Ergebnissen von Laboruntersuchungen nicht über 100 KBE/100 ml sind keine weiteren Maßnahmen zu ergreifen. Dauerhafte Werte unter dem Prüfwert werden nur erreicht, wenn auch die Biofilmbelastungen gering sind; bei höheren Biofilmbelastungen kommt es immer wieder zu Ausreißern in den Ergebnissen der Analytik. Auch Stagnationsbereiche in den Anlagen führen immer wieder zu erhöhten Werten bei der Analytik.

Die 42. BImSchV ermöglicht im § 4 Absatz (4) eine Verlängerung des Intervalls auf alle sechs Monate für die Beprobungen, wenn bei allen Ergebnissen innerhalb von zwei Jahren keine Prüfwertüberschreitungen aufgetreten sind, weil das Risiko als gering eingestuft werden kann. Ganz auf die Analyse von Legionellen darf wegen des Restrisikos jedoch nie verzichtet werden.

Praxisbeispiel B: Debeka Versicherung a.G., Koblenz:

Seit der Inbetriebnahme der Systeme 2015 werden regelmäßig Laboranalysen durchgeführt, und seitdem wurde noch keine einzige Prüfwertüberschreitung festgestellt. Trotz der Möglichkeit, das Intervall zu verlängern, wird dies nicht umgesetzt, um die hygienische Sicherheit nicht zu reduzieren. Die Minimierung der Gesundheitsrisiken hat die oberste Priorität.

Die Minimierung der Gesundheitsrisiken kann über regelmäßige Aktualisierungen der Hygiene-Gefährdungsbeurteilung auch dokumentiert werden. Ein Betreiber, der Empfehlungen umsetzt und auf Abweichungen reagiert, minimiert konsequent die vorhandenen Gesundheitsrisiken.

7 Konstruktion von Verdunstungskühlanlagen

7.1 Bauarten

Es gibt eine große Bandbreite an Bauarten von Verdunstungskühlanlagen, deren Betrachtung eng mit dem Anwendungsbereich verbunden ist. Trockenkühler können zu Verdunstungskühlanlagen werden, wenn die herangeführte Luft zusätzlich mit Wasser beaufschlagt wird und dieses zur Kühlung verdunstet. Im Anwendungsbereich (Kapitel 1) wurde der Begriff der Verdunstungskühlanlage bereits ausreichend geklärt. Wenn eine Bildung von Aerosolen nicht ausgeschlossen werden kann, ist keine vollständige Trennung der Prozesse Verdunstung und Kühlung gegeben. Sollten keine anderen Ausnahmegründe vorliegen, fallen diese Anlagen unter die Anwendung der VDI 2047 und der 42. BImSchV. Im Anwendungsbereich wurden bereits vereinfachte Schemata zum Vergleich genutzt, die bei den Bauarten zum besseren Verständnis mit Praxisbildern ergänzt werden.

Ein Trockenkühler weist eine hydraulische und stoffliche Trennung der Fluidströme von Wasser (oder Kältemittel oder Kälteträger) und Luft auf, sodass kein direkter Kontakt stattfindet (Rekuperator).

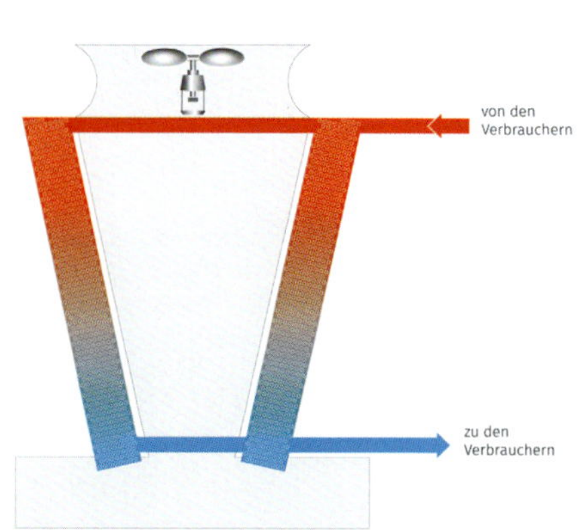

Bild 20: Trockenkühleraufbau mit Stofftrennung – Kupferrohre innen – Aluminiumstege außen

Die Wärmeübertragung findet bei Trockenkühlern durch einen konvektiven Wärmeübergang der Fluide an den Wandungen des Wärmeübertragers (Register) und durch Wärmeleitung durch den Werkstoff des Wärmeübertragers vom Wasser an die Luft statt. Je höher die Strömungsgeschwindigkeiten und je höher die Wärmeleitung, umso höher der Wärmedurchgang. Bei dem Wärmeübergang dieser Kühlanlagen stellt sich ein Temperaturgefälle ein, wobei die Wassertemperatur in der Praxis meist mehr als 6 Kelvin oberhalb der Lufttemperatur liegt. Durch eine adiabatische Vorkühlung der Luft kann die Kühlleistung deutlich gesteigert und es können niedrigere Wassertemperaturen erreicht werden.

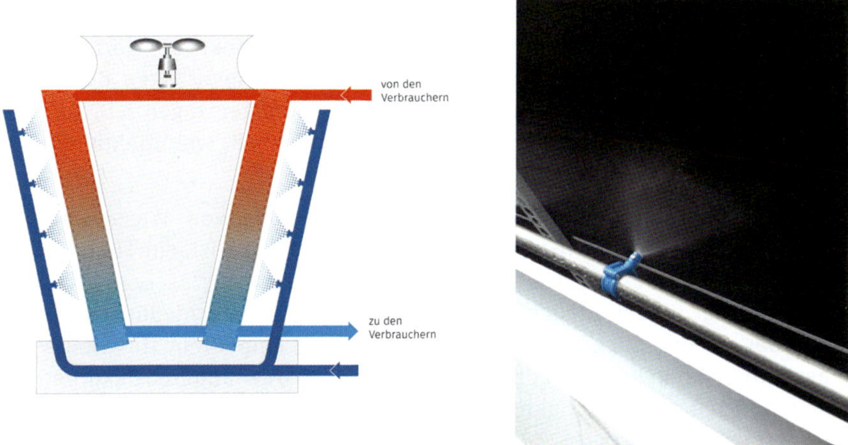

Bild 21: Adiabatischer Sprühkühler mit Besprühung des Registers

Bei den Bauarten wird in der VDI 2047 zunächst nur in zwei verschiedene Typen unterschieden, deren Aufteilung dann jedoch deutlich vielfältiger wird.

VDI 2047 Blatt 2:

7.1 Bauarten

Verdunstungskühlanlagen dienen der Übertragung von Prozesswärme aus z.B. Kraftwerken, Kälteanlagen, Rechenzentren und verfahrenstechnischen Anlagen jeglicher Art an die Umgebungsluft. Grundsätzlich kann man unterscheiden:

- Verdunstungskühlanlagen mit Nasskühltürmen (mit offenen oder geschlossenen Kühlkreisläufen)
- Kühlanlagen mit adiabatischer Vorkühlung

Verdunstungskühlanlagen als Nasskühlturm weisen keine stoffliche Trennung der Fluidströme auf. Hier werden die Fluidströme von Luft und Wasser direkt miteinander in Kontakt gebracht. Dies wird als Mischwärme- oder Direktwärmeübertragung bezeichnet, und der direkte Kontakt beider Fluide führt zu einer sehr effektiven Wärmeübertragung nahezu ohne Wärmewiderstand. Dabei wird die Luft kontaktbedingt vom Wasser befeuchtet und der Wasserdampfgehalt in der Luft vergrößert. Diese anteilige Verdunstung des Wassers in die Luft benötigt für den Aggregatzustandswechsel des Wassers von flüssig nach gasförmig die dafür erforderliche Verdampfungsenthalpie. Diese Energiemenge wird der Umgebung entzogen, und dies führt zu einer sehr effektiven Abkühlung. Der Mensch selbst nutzt diese Art der effektiven Wärmeabfuhr, wenn Schweiß auf der Haut beim Verdunsten an warmen Tagen die Wärme abführt und für Kühlung sorgt. Wer an kühleren, windigen Tagen z. B. am Meer oder im Freibad aus dem Wasser steigt, erfährt schnell, wie effektiv die Verdunstungskälte die Körperwärme abführen kann.

Verdunstungskühlanlagen führen durch Verdunstung von Wasser effektiv Wärme an die Luft ab. In der Verdunstungskühlanlage ist ein Fluidgemisch aus Luft und Wasser anzutreffen. Die Massenströme von Wasser und Luft liegen meist auf einem ähnlichen Niveau, durch die unterschiedlichen Dichten wird aber ein erheblich größeres Luftvolumen mit einem fein zu verteilenden Wasservolumen in Kontakt gebracht. Durch Waben oder andere Füllkörper wird eine möglichst große Kontaktoberfläche für die Wärme- und Stoffübertragung geschaffen.

Am Luftaustrittsbereich der Anlage wird die flüssige Wasserphase des Fluidgemisches vom Luftstrom (durch Tropfenabscheider) zurückgehalten, sodass wenig flüssiges Wasser den Prozess mit der Luft verlässt. Eine geringe Menge an Tropfen und auch an noch feineren Aerosolen ist damit trotz Tropfenabscheider nicht auszuschließen. Das Wasser sammelt sich schwerkraftbedingt in einem Auffangbecken. So trennen sich die Stoffströme wieder, nachdem eine intensive Wärmeübertragung stattgefunden hat. Das Wasser wird dem Prozess über eine Umwälzpumpe wieder zugeführt, um abermals in Kontakt mit neu herangeführter Luft zu treten.

Verdunstungskühlanlagen arbeiten umso effektiver, je größer die Enthalpiedifferenz zwischen austretender und einströmender Luft ist. Die Enthalpiedifferenz der austretenden und eintretenden Luft kann über die Zustandsänderungen im Mollier h,x-Diagramm betrachtet und berechnet werden. Verdunstungskühlanlagen können theoretisch sogar Fluidtemperaturen auf dem Niveau der Feuchtkugeltemperatur der zugeführten Luft erreichen. Daher wird die Feuchtkugeltemperatur auch als Kühlgrenztemperatur bezeichnet.

Im realen Betrieb liegen die tatsächlich möglichen Temperaturen des Fluides jedoch immer oberhalb der Feuchtkugeltemperatur.

Bei hohen Wassertemperaturen werden hohe Luftaustrittstemperaturen erreicht und die Luft kann große Mengen an Wasserdampf aufnehmen. Hierbei kann eine relative Luftfeuchtigkeit am Luftaustritt von annähernd 100 % erreicht werden. Hinter dem Luftaustritt vermischt sich die erwärmte und befeuchtete Luft mit der Umgebungsluft. Insbesondere bei niedrigen Außentemperaturen kommt es dabei zu einer Übersättigung. Wasserdampf kondensiert in der Vermischungszone (Rekondensat), sodass die entstehenden Kühlturmschwaden zu erkennen sind.

Welche Bauart für die jeweilige Kühlanforderung günstig ist, hängt von sehr vielen Faktoren ab. Im Anhang A der VDI 2047 Blatt 2 und im Anhang B der VDI 2047 Blatt 3 werden diese Anlagenausführungen mit Schemata ausführlich beschrieben und erläutert. Es gibt auch Kombinationen der Systemarten, und die Bandbreite der Anlagenausführungen ist enorm groß. Die Anlagen unterscheiden sich im Hinblick auf Zirkulation des Kühlmediums, der Betriebsweise, der Bauart, der Luftzufuhr, der Werkstoffvielfalt, der Bauform, der Ventilatoranordnung und des Strömungsprinzips. Für die verschiedenen Bauarten gibt es zwar keine Baumusterprüfungen oder Zulassungsstellen, jedoch können Zertifizierungen umgesetzt werden, die für die Anlagen eine Möglichkeit zur Qualitätsabsicherungen von Verdunstungskühlanlagen bieten. Über die Eurovent Certita Certification erfolgt in Kooperation mit dem amerikanischen CTI (Cooling Technology Institute) eine Zertifizierung. Diese haben sich vor allem im Bereich von Tropfenabscheidern etabliert. Die unterschiedlichen Bauarten und Anlagenausführungen bieten für die jeweilige Kühlanwendung unterschiedliche Vorteile und das zu unterschiedlichen Preis- und Leistungsverhältnissen.

Um die unterschiedlichen Bauarten übersichtlich zu vergleichen, werden Schemata eingesetzt, die alle mit saugenden Ventilatoren ausgeführt sind. Auf einzelne Details in der Anlagenausführung wird nicht konkret eingegangen und so sind Tropfenabscheider nur angedeutet. Ziel dieser Schemata ist es, die Unterschiede der einzelnen Bauformen klarer herauszustellen und vor allem die damit verbundenen hygienischen Zusammenhänge zu erläutern.

Bild 22: Einkreisrieselkühler im Schema und Praxisbild

In den klassischen Nasskühltürmen wird Luft und Wasser entweder auf Rieseleinbauten (Füllkörper) oder direkt auf Rohrbündel (Wärmeübertrager) miteinander in Kontakt gebracht. Das Wasser wird dabei meist im Kreislauf über Umwälzpumpen geführt, und die Verdunstungsverluste werden nachgespeist. Die Luft wird aus der Umgebung angesaugt (Ventilatoreinsatz) und nach dem Durchströmen der Anlage wieder an die Umgebung abgegeben. Eine Rezirkulation der Luft sollte unbedingt vermieden werden. Über Tropfenabscheider soll ein Mitriss von Tropfen in die Abluft verhindert werden.

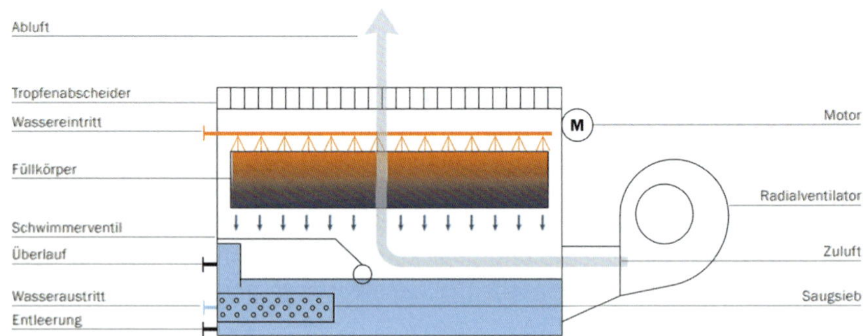

Bild 23: Detaildarstellung eines Gohl Verdunstungskühlers Typ DT (Quelle: Gohl-KTK)

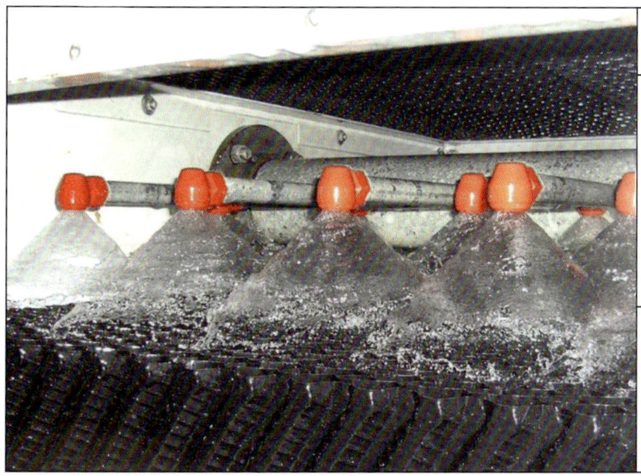

Bild 24: Aufnahme von Gohl DT mit geöffnetem Inspektionsdeckel, ausschließlichem Wasserbetrieb

Die Bilder 23 und 24 zeigen den Aufbau eines Einkreisrieselkühlers im Schema und in einem Praxisbild mit ausschließlichem Wasserbetrieb. Die Wasserverteilung ist mit laufendem Ventilator noch dynamischer, und auf der Wabe stellt sich ein intensiver Kontakt von Wasser und Luft ein.

Je nach Bauart können die Ventilatoren dabei drückend oder saugend angeordnet und die Luft durch die Anlage gedrückt oder durchgezogen werden. Saugende Anlagen benötigen meist weniger Antriebsenergie für gleiche Luftmengen und benötigen kleinere Aufstellflächen. Dafür ist im Bereich der Ansaugung oft ein vermeidbarer Lichteinfall möglich, was ein Algenwachstum begünstigen kann. Drückende Radialventilatoren kommen zum Einsatz, wenn eine Reihenaufstellung erforderlich ist oder z. B. aufgrund schalldämmender Maßnahmen hohe Druckverluste auf der Luftseite überwunden werden müssen.

Ganz ohne Lüfter kommen Naturzugkühltürme zurecht, die das Landschaftsbild von Kraftwerken kennzeichnen:

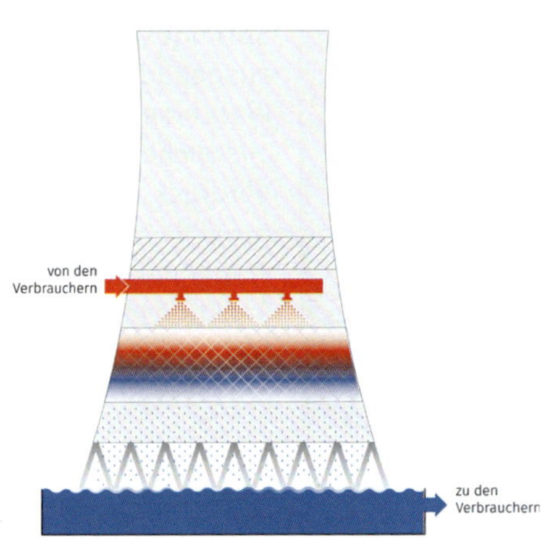

Bild 25: Naturzugkühlturm im Schema und Praxisbild

In Naturzugkühltürmen stellt sich aufgrund der Kaminwirkung ein ausreichender Luftstrom meist ohne Ventilatoreinsatz ein. In Deutschland werden über 200 Naturzugkühltürme betrieben mit Kühlleistungen weit über 200 MW und einem Wasservolumenstrom über 50.000 m^3/h. Bei Kohlekraftwerken werden über die Kühltürme oft auch Abgase aus den Rauchgasentschwefelungsanlagen (REA) abgeführt, die prozessbedingt auch einen sehr hohen Wasserdampfanteil aufweisen und die Dampfschwaden über weite Strecken in der Atmosphäre verteilen. Für diese großen Naturzugkühltürme greift die eigenständige VDI 2047 Blatt 3.

Verdunstungskühlanlagen werden bereits mit Kühlleistungen unterhalb von 100 kW umgesetzt und sind in Deutschland mit geschätzt über 30.000 Anlagen weit verbreitet. Als Alternative zu Wabenpaketen bestehen Zweikreiskühler aus einem Rohrbündelwärmeübertrager, auf dem die Besprühung mit Wasser stattfindet.

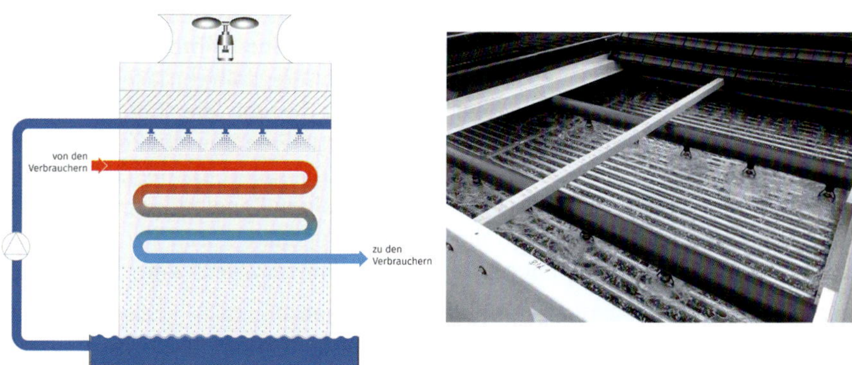

Bild 26: Zweikreisrieselkühler mit Rohrbündel im Schema und im Praxisbild mit abgenommenen Tropfenabscheidern

Der Vorteil der Rohrbündel bietet sich vor allem bei besonderen Wärmeträgern an. Hier wird oft Ammoniak (NH_3) eingesetzt. Meist werden verzinkte Rohrbündel (kostengünstiger und besserer Wärmeübergang als Edelstahl) verwendet, die besondere Anforderungen hinsichtlich der Wasserqualität benötigen und eine Erstpassivierung der Bündel zum langfristigen Schutz fordern. Diese Anlagen können bei sehr niedrigen Außentemperaturen ohne Sprühwasser als reine Luftkühler betrieben werden und stellen somit eine Art der Hybridkühler dar, wenn sowohl ein Nass- als auch ein Trockenbetrieb stattfinden kann. Meist laufen diese Anlagen das gesamte Jahr über im Nassbetrieb. Der Trockenbetrieb ist nicht so effektiv, da die Rohrbündel gegenüber einem Register deutlich kleinere Oberflächen für die Luft zur Wärmeabfuhr anbieten.

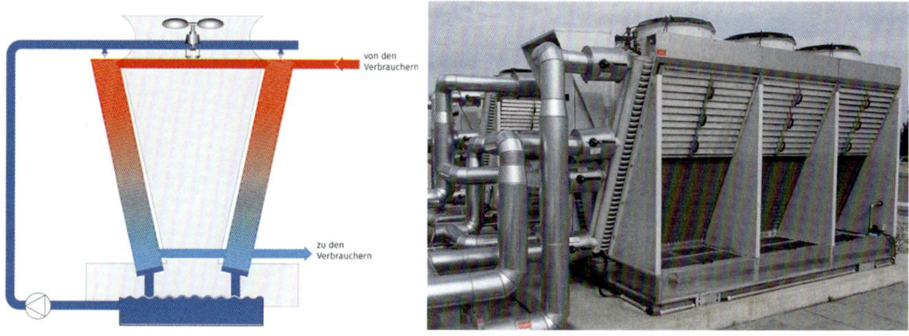

Bild 27: Hybridkühler mit Register im Schema und im Praxisbild

Hybridkühler steigern die Wärmeabfuhr bei dem wasserfreien Betrieb gegenüber Zweikreisrieselkühlern deutlich, weil hier keine Rohrbündel, sondern Register verbaut werden, die eine deutlich größere Kontaktfläche zwischen Luft und Wärmeübertrager ermöglichen. Meist werden die Register schräg gestellt (V-förmig), um die Aufstellfläche zu reduzieren und die Register auch vor Hagelschlag zu schützen. Der Hybridkühler kombiniert die Geschlossenheit von Freikühlern mit Trockenbetrieb mit einem kleinen Benetzungskreislauf, der bei höheren Außentemperaturen die Verdunstungskälte nutzt. Bei geringerem Systemwasservolumen kommt es hier jedoch in kurzer Zeit zu einer Eindickung.

Kühlanlagen mit adiabatischer Vorkühlung haben oft keine Kreislaufführung und werden mit Sprüh- oder Rieselwasser im Durchfluss (einzelne Anlagentypen weisen auch die Möglichkeit einer Kreislaufführung auf) betrieben. Diese Anlagen werden als Adiabatiksprühkühler oder Adiabatikrieselkühler bezeichnet. Genau genommen ist die Bezeichnung Adiabatikkühler nicht ganz korrekt; eine reine „Adiabatische Zustandsänderung" liegt nur dann vor, wenn keinerlei Wärme zu- oder abgeführt wird. Um dies zu erreichen, dürfte sich keinerlei flüssiges Wasser auf dem Wärmeübertrager niederschlagen und verdunsten. Dennoch hat sich der Begriff dieser Anlagen in der Praxis durchgesetzt und die Bezeichnung „Adiabatikkühler" oder auch „Adiabatiksprühkühler" wird bei Kältefachleuten und Herstellern weiterverwendet.

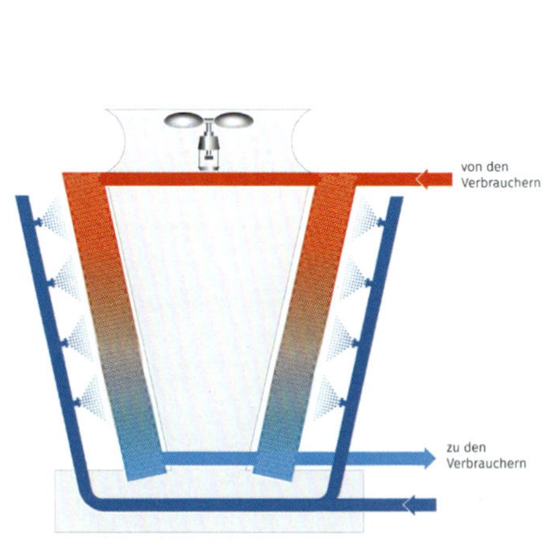

Bild 28: Kühlanlage bezeichnet als Adiabatiksprühkühler und Praxisbild

Bei den Sprühkühlern läuft das überschüssige Wasser nach der Luftbefeuchtung oft einfach ab und wird nicht wieder zurückgeführt. Je feiner das Sprühwasser verteilt wird, desto weniger überschüssiges Wasser läuft weg. Daher werden oft höhere Wasserdrücke für das Zusatzwasser an den Anlagen vorgegeben, um neben einem sauberen Sprühbild auch eine feinste Verteilung des Wassers in die Luft abzusichern. Die kleineren Tropfen dringen weiter in das Register ein, bevor sie abgeschieden werden, und benetzen größere Anteile der Lamellenoberfläche. Je nach Außentemperatur und gewünschter Fluidtemperatur liegt die Besprühungszeit dieser Anlagen im Jahr oft unterhalb von 250 Stunden , sodass der Gesamtwasserverbrauch der Anlagen gering ist.

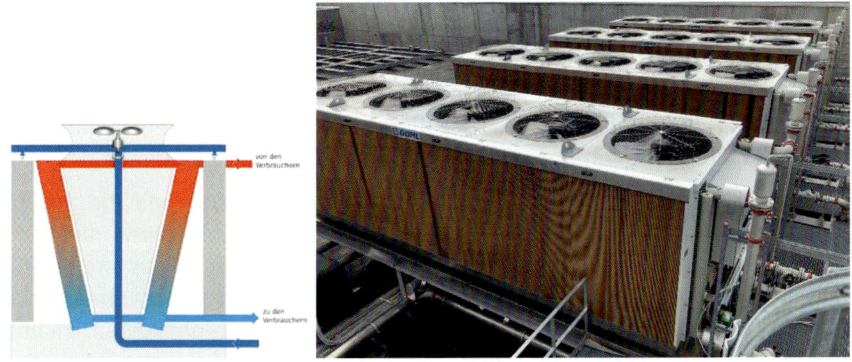

Bild 29: Adiabatikkühler mit Matten- oder PAD-System und Praxisbild

Die vor allem aufgrund der Begriffsdefinition inzwischen bei allen Herstellern verfügbaren Kühlanlagen mit adiabatischer Vorkühlung werden oft als Mattensystem oder PAD-Systeme bezeichnet. Diese haben meist keine Kreislaufführung und werden oft ausschließlich mit Frischwasser im Durchfluss betrieben. Einige dieser Systeme werden jedoch auch mit einer Kreislaufführung betrieben. Das Nutzwasser wird aufgefangen und erneut über die Matten geführt.

Man könnte alle Anlagen mit nur zeitweise stattfindendem Wasserbetrieb auch als Hybridkühlanlagen (Trocken- und Nassbetrieb) bezeichnen und diese dann wiederum in Anlagen mit und ohne Kreislaufführung unterscheiden. Vor allem aus Sicht der Wasseraufbereitung und Wasserbehandlung ist der Unterschied der Kreislaufführung wichtig und führt zu unterschiedlichen Aufbereitungs- und Behandlungskonzepten.

VDI 2047 Blatt 2:

7.1 Bauarten

Die theoretisch erreichbare Kühlgrenze bei Nasskühltürmen ist die Feuchtkugeltemperatur, die insbesondere in den Sommermonaten einige Grade unterhalb der Trockenlufttemperatur liegen kann. Bei adiabatischer Vorkühlung kann eine völlige Sättigung der Zuluft im Allgemeinen nicht erreicht werden.

Kühlanlagen mit adiabatischer Vorkühlung erreichen für das Fluid die Feuchtkugeltemperatur praktisch nicht. In der Praxis werden meist keine 100 % Luftfeuchtigkeit bei der Befeuchtung realisiert und an Wärmeübertragern ist ein Temperaturunterschied zur Wärmeabfuhr erforderlich. Im Vergleich zu Trockenkühlern können in den Sommermonaten Fluidtemperaturen erreicht werden, die unterhalb der Außentemperatur liegen können. Die Auswahl einer sinnvollen Bauart der Kühlanlage ist anwendungsspezifisch festzulegen, dabei sind neben der Fluidtemperatur vielfältige Parameter zu berücksichtigen.

Die im Kühlprozess tolerierbare maximale Fluidtemperatur und die am Aufstellungsort vorhandenen Zustandsgrößen der Luft (entsprechend der klimatischen Bedingungen) sind in Kombination mit weiteren prozessrelevanten Parametern, wie Kühlleistung, Schallpegel, Platz und statischer Belastbarkeit des Aufstellungsplatzes und auch Betriebs- und Investitionskosten wichtige Faktoren für die Auswahl der Bauart und der Anlagenausführung. Bei rein trockener Luftkühlung (Registerkühlung) kann Wärme nur deutlich oberhalb der Umgebungslufttemperatur abgegeben werden. Stellt man verschiedene Arten der Verdunstungskühler übersichtlich einem Trockenkühler gegenüber und vergleicht die jeweils minimal möglichen Fluidtemperaturen (Angaben sind als ungefähre Richtgröße zu sehen), so werden die Unterschiede deutlich:

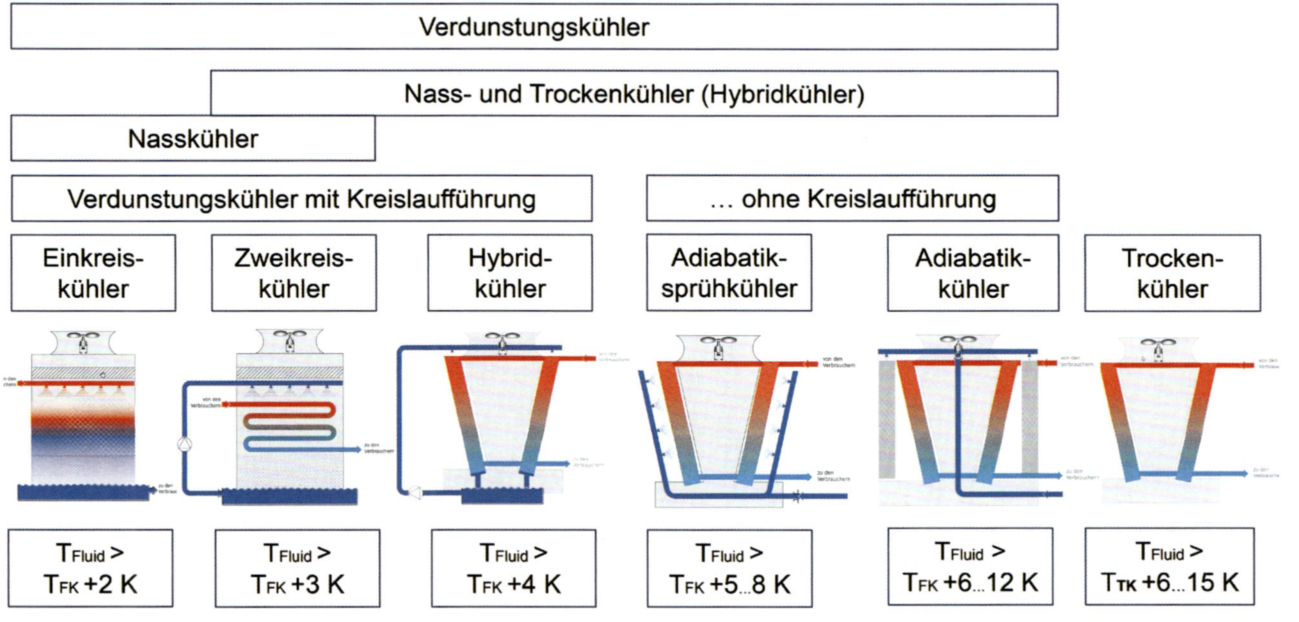

Bild 30: Systemübersicht der Bauarten von Verdunstungskühler mit erzielbaren Fluidtemperaturen

Die Auswahl der dargestellten Bauarten ist nicht vollständig, es gibt noch viele weitere besondere Bauformen.

Die niedrigsten Fluidtemperaturen können mit einem Einkreisrieselkühler erreicht werden, der ganz links im Vergleich dargestellt ist. Mit anderen Bauarten sind höhere Fluidtemperaturen in Kauf zu nehmen. Die hier dargestellte Reihenfolge der Bauarten führt nach rechts hin zu immer größeren Temperaturabständen zur Feuchtkugeltemperatur. In der gleichen Reihenfolge vergrößert sich auch die für eine bestimmte Kühlleistung benötigte Aufstellfläche. Einkreisrieselkühler stellen damit die kompakteste Bauform dar. Auch der erforderliche Energieeinsatz vergrößert sich nach rechts, weil vor allem immer mehr Luft zur Abfuhr gleicher Wärmemengen zu bewegen ist, verbunden mit hohen Antriebsleistungen der Ventilatoren.

Wenn die Fluidtemperatur auf einem sehr niedrigen Niveau abgesichert werden muss, sollte ein alternatives Kühlverfahren (z. B. Brunnenwasserkühlung oder Einsatz einer Kältemaschine) zur Verdunstungskühlanlage überprüft werden, zumal die zukünftigen Luftzustandsbedingungen in den Sommermonaten voraussichtlich noch höhere Temperaturspitzen erwarten lassen.

Praxisbeispiel A: EGF EnergieGesellschaft Frankenberg mbH, Frankenberg:

In dieser Kühlanwendung spielte die maximal akzeptable Temperatur im zu kühlenden Betriebskreis eine wichtige Rolle, und so wurde der Betrieb der beiden Einkreisrieselkühler in Abhängigkeit der Außentemperatur geregelt. Bei niedrigen Außentemperaturen kann die Wärme direkt über 2 parallel betriebene Plattenwärmeübertrager von der Verdunstungskühlanlage abgeführt werden und dabei eine maximale Temperatur von nur 20 °C im Betriebskreis mit Vorlauftemperaturen vom Verdunstungskühlsystem bis zu 18 °C eingehalten werden. Bei Außentemperaturen oberhalb von 15 °C reicht die direkte Wärmeübertragung nicht mehr aus, und die Wärme wird mit Zuschaltung einer Kältemaschine von der Verdunstungskühlanlage abgeführt.

Bei ausreichend kühlen Außenbedingungen kann der Betrieb der Kältemaschinen somit eingespart werden, jedoch hat dieser Betriebswechsel hygienische Nachteile, denn es läuft immer nur ein Teilbereich, während der andere stagniert.

Bei längeren Stagnationszeiten am jeweils nicht benötigten Wärmeübertrager können dann hygienische Probleme auftreten. Durch regelmäßige Zwangsumwälzungen wird die Stagnation minimiert und ein ausreichender Eintrag an Desinfektionsmitteln bei der Bioziddosierung sichergestellt.

Da viele Details der Bauformen nicht zwingend hygienerelevante Auswirkungen haben, wurden diese Details in den Anhang als Ergänzung zum hygienerelevanten Inhalt der Richtlinie VDI 2047 verlagert. Dennoch ist es als Betreiber vor allem im Zuge der Entscheidung zur Anschaffung wichtig zu wissen, welche Vielfalt an Bauarten es gibt.

Wer eine Verdunstungskühlanlage betreibt, benötigt eine ausreichende Versorgung mit Zusatzwasser. Hier sind sowohl die hydraulische Menge und der Druck als auch die Qualität des Wassers wichtig. Gerade in warmen und meist trockenen Sommermonaten verdunsten diese Anlagen große Wassermengen. Wer die günstigen Eigenschaften von Wasser technisch nutzen will, muss letztendlich auch die damit verbundenen Problembereiche mineralische Ablagerung, Korrosion und mikrobiologisches Wachstum berücksichtigen, den Betrieb überwachen und entsprechende Maßnahmen zur Risiko-Minimierung absichern.

Je nach Bauart der Systeme werden unterschiedliche Anforderungen an das Zusatzwasser gestellt, die im Abschnitt „Wasseraufbereitung“ behandelt werden, hier vorab eine Übersicht zu den verschiedenen Systemen.

Die Übersicht in Bild 31 soll die wasserseitigen und hygienischen Zusammenhänge der unterschiedlichen Bauarten vergleichend ordnen, ist jedoch nur als Empfehlung anzusehen. Es kann zusammengefasst werden, dass, je kleiner die Sprühwassermenge ist, umso höher ist die spezifische Belastung im Systemwasser und umso dynamischer verhält sich das System. Daher ist insbesondere bei kleinen Inhalten häufig eine Wasseraufbereitung erforderlich.

Kühlsystem	Kühlturm	Verdunstungskühler Einkreiskühler	Verdunstungskühler Zweikreiskühler	Hybridkühler	adiabate Kühler
Kühlleistungen in MW	> 200 MW	0,1 bis 300	0,2 bis 4 pro Zelle	0,2 bis 3	0,2 bis 1,5
Systemwasserinhalte in m³	bis zu 30.000	1 bis 100 max. 10.000	0,5 bis 10 pro Zelle	0,2 bis 3 pro Zelle	normal ohne
Anforderung an die Wasserqualität	gering meist Flusswasser	mittel richtet sich nach dem empfindlichsten Verbraucher	mittel richtet sich nach der Kontakttemperatur und dem Material der Verdunstungskühlanlage	hoch richtet sich nach den Materialien und Fließbedingungen	hoch richtet sich nach den Materialien und Fließbedingungen
typischer Wasserverbrauch	sehr hoch	mittel	mittel	niedrig	sehr niedrig
typische Materialien	Normalstahl, Edelstahl, Buntmetall	Mischinstallation ohne Aluminium	verzinkter Stahl, Normalstahl, (Edelstahl, Kunststoffe)	Alu (beschichtet), Edelstahl, Buntmetalle, Kunststoffe	Alu (beschichtet), Edelstahl, Buntmetalle, Kunststoffe
Wasseraufbereitung, Enthärtung, Umkehrosmose ...	bedingt notwendig	bedingt notwendig	häufig notwendig	sehr häufig notwendig	sehr häufig notwendig
Soll-pH-Werte	7 bis 9	7 bis 9	7 bis 8,8	7 bis 8,3	7 bis 8
Gesamthärte	bis 20 °d	bis 60 °d	bis 60 °d	soll 0 bis 4 °d	0 bis 4 °d
Karbonathärte	bis 20 °d	bis 20 °d	bis 20 °d	soll 0 bis 4 °d	0 bis 4 °d
Wasserbehandlung	Härtestabilisierung (Biozid)	Härtestabilisierung, Korrosionsschutz, Biozid	Härtestabilisierung, Korrosionsschutz, Biozid	Härtestabilisierung, Korrosionsschutz, Biozid	Desinfektion
Filtertechnik	selten	sehr wichtig	Sehr wichtig	sinnvoll	nicht typisch

Bild 31: Übersicht der Bauarten mit weiteren Informationen

7.2 Hygieneanforderungen an die Konstruktion von Verdunstungskühlanlagen

Verdunstungskühlanlagen werden verfahrensbedingt oft im optimalen Temperaturbereich für Legionellenwachstum betrieben. Durch den intensiven Kontakt von Wasser und Luft werden Nährstoffe und auch Belastungen eingetragen. Es stehen sehr große Oberflächen zur Verfügung, die durch eventuell vorhandene Ablagerungen oder Korrosionen noch vergrößert werden und darüber einen günstigen Raum für Biofilme darstellen. Daher sind die Beschaffenheitsanforderungen sehr wichtig für günstige Ausgangsbedingungen.

Einige Anlagenhersteller werben damit, dass Anlagen den Hygieneanforderungen der VDI 2047 entsprechen, was bei allen neu angebotenen Anlagentypen grundsätzlich erwartet werden kann. Hersteller haben die Beschaffenheits- und Betriebsanforderungen der Anlagen so auszuführen, dass die Hygieneanforderungen der VDI 2047 erfüllt sind. Es gibt derzeit keine Zertifizierungsverfahren nach VDI 2047 und somit keine vom VDI zugelassenen Verdunstungskühlanlagen oder keinerlei Art von Qualitätssiegel „VDI 2047 geprüfte und zugelassene Anlage“. An manchen Verdunstungskühlanlagen findet man dennoch Aufkleber wie „Hygieneprüfung nach VDI 2047 Blatt 2“. Diese Zertifizierungen sind jedoch in der VDI 2047 Blatt 2 explizit ausgenommen:

VDI 2047Blatt 2:

1 Anwendungsbereich

Diese Richtlinie stellt keine Prüfgrundlage für die Zertifizierung von Geräten und Komponenten dar.

Die wichtigsten Hygieneanforderungen an Verdunstungskühlanlagen sind:

- umfassende Zugänglichkeit
- vollständige Entleerbarkeit
- Stagnationsvermeidung
- beständige Anlagenausführung mit nicht verstoffwechselbaren Werkstoffen
- Werkstoffauswahl auf Rohwasser und Wasseraufbereitung und -behandlung abgestimmt
- Minimierung des Tropfenauswurfs
- Definition der Nutzwasserqualitätsvorgaben

Hersteller sollen im Hinblick auf die Konstruktion je nach Anlagenausführung und verwendeter Materialien konkrete Vorgaben zur möglichen Nutzwasserqualität vorgeben und damit auch bei entsprechender wirtschaftlicher Eindickung eine Zusatzwasserqualität definieren.

Die umfassende Zugänglichkeit bedeutet, dass die Anlagen im Betrieb mittels Inspektionsöffnungen zu überprüfen und diese Inspektionsöffnungen auch ohne Gefährdung erreichbar sein müssen.

Bild 32: Zwei Verdunstungskühler mit Inspektionsluke und einer Inspektionstür

Bild 32 zeigt die Zugangsmöglichkeiten an dieser Verdunstungskühlanlage, jedoch bedarf es einer Leiter, um hier eine Überprüfung durchzuführen. Ideal wäre eine blickdichte Ausführung der Luftansaugung. Zielführend sind begehbare Gitterroste, um arbeitsrechtlich sichere Inspektionen zu ermöglichen. Diese sind jedoch nicht zwingend erforderlich, die Nutzung einer sicheren Leiter mit ausreichendem Aufstellungsplatz ist in dieser Höhe ebenfalls möglich.

Bild 33: Inspektionsluke oberhalb der Tropfenabscheider mit Herausnehmen der Tropfenabscheider zur Überprüfung in einer Höhe von 3 m

Bei einem erschwerten Zugang ist es fraglich, ob die Überprüfungen tatsächlich regelmäßig durchgeführt werden. Um den Zustand der Füllkörper, Tropfenabscheider und auch der Düsen zu überprüfen, sind entsprechende Inspektionsöffnungen erforderlich. Je einfacher diese zu nutzen sind, umso wahrscheinlicher ist es, dass die Kontrollen valide stattfinden, daher ist die Anzahl von Inspektionsöffnungen in den letzten Jahren immer weiter gestiegen. Wenn Inspektionsöffnungen nicht vorhanden oder schlecht zu erreichen sind, sollten diese nachgerüstet oder mit begehbaren Stegen ausgestattet werden.

Die Anforderungen an die Konstruktion von Verdunstungskühlanlagen ist nicht auf den Verdunstungskühler limitiert, die gesamte Verdunstungskühlanlage (einschließlich aller wasserführender Bereiche) ist entsprechend auszuführen.

Dies gilt vor allem für Stagnationsbereiche:

Bild 34: Mit und ohne Entgasungsbehälter mit Schnellentlüfter auf der Druckseite der Umwälzpumpe

In diesem Beispiel wurde das ca. 1 l große Stagnationsvolumen im Zuge der Hygiene-Gefährdungsbeurteilung vor der Inbetriebnahme festgestellt, bemängelt und dann zeitnah zurückgebaut. Auch in derart kleinen Stagnationsbereichen kann eingesetztes Biozid nicht eindringen und wirken, sodass solche Bereiche immer ein Rückzugsbereich für mikrobiologische Belastungen darstellen.

Bild 35: Überlaufanschluss in einer VKA, die eine Stagnation bewirkt

Dies gilt für alle Stagnationsbereiche, auch wenn diese nur temporär nicht durchströmt werden. Dieser Überlauf lässt in der Einbauform keinen Wasserwechsel innerhalb des Rohres zu. Als einfache Lösung wurde das Rohr zumindest im unteren, später im Wasser stehenden Bereich mit Löchern ausgeführt, über die bei Änderungen des Füllstandniveaus ein gewisser Austausch des Wassers ermöglicht wird. Ideal ist es, auf sämtliche Stagnationsbereiche zu verzichten.

7.3 Werkstoffe

VDI 2047 Blatt 2:

7.3 Werkstoffe

Die verwendeten Werkstoffe müssen unter den gegebenen Betriebsbedingungen gegen Korrosion und die einzusetzenden Reinigungs- und Desinfektionsmittel (siehe Abschnitt 8.7.1.2) beständig sein. Dies gilt während der vorgesehenen Nutzungsdauer und aller Instandhaltungsmaßnahmen inkl. Reinigung und Desinfektion.

Werkstoffe, die die Vermehrung von Mikroorganismen begünstigen, dürfen nicht zum Einsatz kommen. Beispielsweise dürfen wasserberührte Kunststoffe, Beschichtungen und Anstriche nicht verstoffwechselbar sein (Prüfung z. B. nach DIN EN ISO 846).

[...] Die Hersteller haben für ihre Anlagenteile Anforderungen an die Wasserbeschaffenheit zu benennen, insbesondere für die korrosionsrelevanten Parameter „Chlorid“, „Sulfat“ und „Ammonium“.

Die Anforderung an die Werkstoffe wird auch analog in der 42. BImSchV gefordert. Die Verantwortung hierzu liegen bei Neuanlagen beim Hersteller der Anlagen. Bei Bestandsanlagen ist dies durch die Betreiber selbst zu prüfen.

Die hier aufgeführte mögliche Prüfung nach DIN EN ISO 846 hat im Zuge der Durchführung von Sachverständigenprüfungen oder Hygiene-Gefährdungsbeurteilungen bei einigen Betreibern und Lieferanten schon zu erhöhtem Aufwand geführt, weil nicht für alle Werkstoffe derartige Prüfungen vorliegen. Dieses Prüfverfahren ist als Beispiel aufgeführt und bedeutet nicht im Umkehrschluss, dass für alle Komponenten eine derartige Prüfung vorliegen muss. Diese Norm wurde zudem im November 2020 überarbeitet veröffentlicht. Dennoch ist es erforderlich, dass Hersteller von Anlagen und von Anlagenkomponenten (z. B. Filter) den Werkstoffeinsatz überprüfen und keine Werkstoffe einsetzen, die die Vermehrung von Mikroorganismen begünstigen;

dies gilt vor allem für Dichtungswerkstoffe. Werkstoffe, deren Einsatz für das Trinkwasser zugelassen wurde, sind uneingeschränkt auch für Kühlwasseranwendungen einsetzbar.

Die Frage nach der Beständigkeit des Werkstoffes ist immer im Zusammenhang mit der sich einstellenden Nutzwasserqualität zu beantworten. Metallische Werkstoffe werden teils aus statischen Gründen, aber vor allem auch aus Gründen einer guten Wärmeleitfähigkeit eingesetzt. Kupfer hat sehr günstige Eigenschaften bei der Wärmeleitfähigkeit und ist Stahl oder Edelstahl weit überlegen; auch Aluminium ist ein guter Wärmeleiter. Um metallische Werkstoffe ausreichend beständig zu machen, werden oft Korrosionsinhibitoren eingesetzt. Erst durch den Einsatz von Inhibitoren wird eine ausreichende Beständigkeit erreicht. Andererseits kann es durch die sich einstellende Wasserqualität (außerhalb der Herstellervorgaben) zu Korrosionen kommen. Dies geschieht z. B., wenn bei Hybridsystemen mit Registern aus Aluminium zu hohe Eindickungen verbunden mit hohen pH-Werten beaufschlagt werden oder mineralische Ablagerungen für Defekte an Werkstoffen sorgen.

Einige Hersteller werben mit Kunststoffen, die eine antimikrobielle Beschichtung aufweisen und somit die Ausbildung von Biofilmen minimieren sollen. Wie lange ein derartiger Effekt im Betrieb jedoch zu Vorteilen führt, kann in der Praxis noch nicht ausreichend belegt werden. Der Einsatz derartiger Produkte verschlechtert den Zustand nicht.

Bei verzinkten Werkstoffen in der Anlage ist oft besondere Sorgfalt gefordert. Zum einen gelten besondere Auflagen zur Nutzwasserqualität, und es bedarf bei diesen Anlagen einer Anfahrphase mit einer Erstpassivierung, die je nach Hersteller auch unterschiedliche Empfehlungen enthält. Der Betrieb dieser Anlagen ist aber auch im Hinblick auf mineralische Ablagerungen eng zu kontrollieren, weil die zum Korrosionsschutz aufgebrachte Zinkschicht nur sehr dünn ist und gegenüber sich aufbauenden mineralischen Belägen nicht ausreichend beständig ist. In vielen Anwendungen kristallisieren die mineralischen Ablagerungen in die Verzinkungsstruktur hinein, und wenn die Ablagerungen gelöst werden, kann es zur Ablösung der Zinkschicht kommen. Gerade nach chemisch wasserseitigen Reinigungen muss dies oft beobachtet werden. Obwohl Reiniger mit Inhibitoren eingesetzt wurden, liegen großflächige Bereiche der Rohroberflächen ohne Verzinkung vor.

Bei den Anlagen mit Mattensystemen sollte ein Betreiber konkret beim Hersteller die Nachweise anfordern, da die Matten oft auf Zellulosebasis ausgeführt werden und damit meist nicht beständig gegen den Einsatz von Reinigungs- oder Desinfektionsmitteln sind und eine Verstoffwechselung durch Mikroorganismen nicht ausgeschlossen werden kann.

Die Werkstoffauswahl sollte nicht nur auf die Verdunstungskühlanlage beschränkt bleiben, sondern auch die Werkstoffauswahl der Zusatzwasserleitung kann von entscheidender Bedeutung sein. Wenn bei den Werkstoffen der Anlage verzinkte Werkstoffe oder gar Aluminium eingesetzt werden (z.B. bei Hybridkühlern), sollte die Zusatzwasserleitung nicht in Kupfer ausgeführt werden. Kommt es in der Zusatzwasserleitung zu Stagnation, können hohe Kupfergehalte im Zusatzwasser auftreten, die nach der Nachspeisung im Nutzwasser eindicken und zu Korrosionen führen können.

8 Planung, Errichtung, Inbetriebnahme

8.1 Anforderungen an Planung, Herstellung und Errichtung

Neben den im Kapitel 5.2 aufgeführten Gefährdungsbeurteilungen, fordern sowohl die VDI 2047 Blatt 2 und Blatt 3 als auch die 42. BImSchV eine Gefährdungsbeurteilung unter hygienischen Aspekten.

42. BImSchV:

§ 3 Allgemeine Anforderungen

(4) Der Betreiber hat sicherzustellen, dass vor der Inbetriebnahme oder der Wiederinbetriebnahme für die Anlage eine Gefährdungsbeurteilung unter Beteiligung einer hygienisch fachkundigen Person erstellt wird; [...]

Bereits während der Planung sollen im Rahmen einer Risikoanalyse als Vorbereitung der späteren Hygiene-Gefährdungsbeurteilung potenzielle hygienische Gefährdungen analysiert und nach Möglichkeit beseitigt oder zumindest minimiert werden.

VDI 2047 Blatt 2:

8.1 Planung, Errichtung, Inbetriebnahme – Anforderungen an Planung, Herstellung und Errichtung

Im Rahmen der Planung ist eine Risikoanalyse zu erstellen, die Teil der Gefährdungsbeurteilung wird, [...]

Die Risikoanalyse muss folgende Punkte enthalten:

- hygienische Sicherheit (Emissionsschutz, Arbeitsschutz), [...]
- Prozesssicherheit (Zuverlässigkeit, Verfügbarkeit)
- Anlagensicherheit
- Rohwasseranalyse (Maximalwerte oder Bandbreiten)

Es muss sichergestellt werden, dass die Aspekte der hygienischen Sicherheit im Betrieb bereits bei der Planung berücksichtigt werden.

Da bei einer Neuanlage ohnehin vor der ersten Inbetriebnahme eine Gefährdungsbeurteilung unter hygienischen Aspekten zu erstellen ist, ist es zielführend und in der Regel auch kostensparender, wenn entsprechend der Anforderung der VDI 2047 Blatt 2, Kapitel 8.1 diese schon in der Planungsphase als Risikoanalyse vorbereitet wird.

An dieser Stelle sollte z.B. auch geklärt werden, ob eine Verdunstungskühlanlage überhaupt die richtige Anlagenart darstellt oder ob andere Techniken sinnvoller sind.

Eventuelle hygienische Risiken, die bei Nichtbeachtung während der Planungsphase, wenn überhaupt, nur noch erschwert und mit den entsprechenden Kosten verbunden zu korrigieren sind, sind beispielsweise:

- Standort, gegenseitige Beeinflussung verschiedener Anlagen, z.B. mehrere Verdunstungskühler, RLT-Anlage, Fortluft von Nassabscheidern, Entfettungsanlagen, Dieselnotstromaggregaten, Eintrag von Pollen oder sonstigen organischen Belastungen, Aufstellungsbedingungen für die Wasseraufbereitung und -behandlung (mikrobiologisches Wachstum z.B. in Enthärtungsanlagen oder Sandfiltern infolge zu hoher Umgebungstemperaturen, Druckanforderungen), prozessbedingter Eintrag (z.B. Extruderkühlung), ...
- Zusatz- und Nutzwasserleitungen: Materialverträglichkeit (Korrosion durch „aggressives Wasser“ oder durch ungeeignete Mischinstallation), Leitungsverlauf (Vermeidung von Stagnationsleitungen, keine Stichleitungen, kein Bauen auf Vorrat)
- Prozesssicherheit: zur Sicherstellung der Wärmeabfuhr sind nicht selten Redundanzen erforderlich. Diese können im Bereich des Rohwassers sein (Beispiel Brunnenwasser/Trinkwasser/Regenwasser), im Bereich der Kühlwasserpumpen (2 Umwälzpumpen + 1 Reservepumpe) oder bei der Wärmeabfuhr selbst (Kältemaschine/Wärmeübertrager/mehrere Verdunstungskühlanlagen). All diese „Sicherheiten“ stellen gleichzeitig immer auch eine Unsicherheit in hygienischer Sicht dar, wenn sich dadurch Bereiche ergeben, die längere Zeit nicht durchströmt werden und sich dadurch Mikroorganismen „ungestört“ vermehren können. Deshalb ist es wichtig, bereits während der Planung all diese Punkte zu bedenken und z.B. auf längere, festverrohrte Stagnationsleitungen grundsätzlich zu verzichten, redundante Anlagenteile automatisiert im Wechsel zu betreiben und beim Einsatz von Biozid darauf zu achten, dass dieses in alle Bereiche gelangen kann.
- Rohwasseranalyse: Häufig sind die verbauten Materialien bei dem Bau einer Neuanlage durch die Hersteller oder den zur Verfügung stehenden Preisrahmen festgelegt, und in den Planungen findet man lediglich einen Pfeil „Zusatzwasser bauseits“. Dabei ist die Qualität des Zusatzwassers und daraus resultierend auch die des Nutzwassers von entscheidender Bedeutung für die Langlebigkeit und die hygienische Sicherheit einer Verdunstungskühlanlage. In der Praxis sieht man viele Verdunstungskühlanlagen, die nach einem vorgegebenen Standard geplant und gebaut wurden (gleiches Ingenieurbüro für alle Firmenstandorte), ohne dass dabei die örtliche Roh-

wasserqualität überhaupt berücksichtigt wurde. Nicht selten weisen solche Anlagen schon nach wenigen Jahren des Betriebs ganz massive mineralische Ablagerungen oder Korrosionen auf und zeigen auch mikrobiologisch auffälliges Verhalten. Im Kapitel 8.7 wird näher auf die Wasserbeschaffenheit und die Möglichkeiten der Aufbereitung und Behandlung eingegangen. Die Rohwasserqualität und die benötigte Wassermenge sind neben der Kühlleistung wichtige Parameter, die bei jeder Planung berücksichtigt werden müssen.

Da eine neue Verdunstungskühlanlage vor der ersten Inbetriebnahme im Rahmen der Hygiene-Gefährdungsbeurteilung durch eine hygienisch fachkundige Person begutachtet wird und nach spätestens 5 Jahren der ordnungsgemäße Betrieb durch einen ö.b.u.v. Sachverständigen oder eine akkreditierte Inspektionsstelle Typ A überprüft wird, kann es nur dringend empfohlen werden, bereits während der Planungsphase die Voraussetzungen für einen späteren ordnungsgemäßen Betrieb der Verdunstungskühlanlage zu schaffen. Hier ist vor allem § 3 der 42. BImSchV zu beachten.

42. BImSchV:

§ 3 Allgemeine Anforderungen

(1) Anlagen im Anwendungsbereich dieser Verordnung sind so auszulegen, zu errichten und zu betreiben, dass Verunreinigungen des Nutzwassers durch Mikroorganismen, insbesondere Legionellen, nach dem Stand der Technik[5] vermieden werden.

(2) Der Betreiber hat dafür zu sorgen, dass Anlagen so ausgelegt und errichtet werden, dass insbesondere

1. die eingesetzten Werkstoffe für die Wasserqualität und die einzusetzenden Betriebsstoffe, einschließlich Desinfektions- und Reinigungsmittel, geeignet sind,
2. Tropfenauswurf durch geeignete Tropfenabscheider oder gleichwertige Maßnahmen effektiv minimiert wird,
3. Totzonen, in denen das Wasser während des bestimmungsgemäßen Betriebs stagniert, möglichst vermieden werden,
4. wasserführende Bauteile möglichst vollständig entleert werden können,

5 „Stand der Technik" hier besonders VDI 2047 Blatt 2 bzw. 3

5. Biozide dem Nutzwasser dosiert zugesetzt werden können,
6. Vorkehrungen für die regelmäßige Überprüfung relevanter chemischer, physikalischer oder mikrobiologischer Parameter getroffen werden,
7. Vorkehrungen für die regelmäßige Probenahme für mikrobiologische Untersuchungen getroffen werden und
8. Vorkehrungen für die Durchführung regelmäßiger Instandhaltungen getroffen werden.

Da den regelmäßigen Hygienekontrollen und Inspektionen sowohl in der 42. BImSchV als auch in der VDI 2047 Blatt 2 und Blatt 3 eine große Bedeutung zukommt, ist es in der Planung ebenfalls von hoher Wichtigkeit, geeignete Voraussetzungen für die Probenahme und die optischen Begutachtungen zu schaffen.

8.2 Standortwahl, Aufstellort

Wie bereits in Kapitel 8.1 erwähnt, spielt der Standort einer Verdunstungskühlanlage oder eines Kühlturms eine große Rolle in Bezug auf mögliche hygienische Risiken. Der Standort der Verdunstungskühlanlage oder des Kühlturms haben großen Einfluss sowohl auf die Einträge in eine Anlage (siehe Kapitel 8.3) als auch auf die Ausstöße aus einer Anlage. Hier geht es vor allem um den Verdunstungskühler selbst, da an dieser Stelle die Aerosole entstehen und ausgetragen werden und ein Großteil des Stoffeintrags über den Kontakt mit der Atmosphäre stattfindet.

Im Allgemeinen äußert sich die VDI 2047 bereits in der Einleitung zum Standort der Verdunstungskühlanlage:

VDI 2047 Blatt 2/Blatt 3:

Einleitung:

Diese Richtlinie unterstützt das Ziel, die Betriebssicherheit von Verdunstungskühlanlagen sicherzustellen. Unter dieser Voraussetzung ist die Wahl des Aufstellungsorts von untergeordneter Bedeutung.

Da der Aufstellort in vielen Fällen nicht komplett frei wählbar ist bzw. bei bestehenden Anlagen bereits feststeht, ist die Bewertung des Standorts im Rahmen der Hygiene-Gefährdungsbeurteilung immens wichtig. Auf dieser Basis können für Anlagen mit sensitivem Standort besondere Maßnahmen festgelegt werden. So können für Anlagen in unmittelbarer Nähe von Krankenhäusern oder anderen medizinischen Einrichtungen oder Pflegeeinrichtungen engmaschigere Untersuchungsintervalle (z. B. monatlich) für Legionellen, kürzere Inspektionsintervalle, umfangreichere Gefahrenabwehrmaßnahmen bereits bei Prüfwert 2 oder ein „Frühwarn-Maßnahmenwert" von beispielsweise 5.000 KBE Legionellen/100 ml festgelegt werden. Ähnlich kann bei Anlagen verfahren werden, die standortbedingt hohe Nährstoffeinträge über die Luft (Staub, Schmutz, Pollen, Abluftströme etc.) und damit ein erhöhtes Potenzial für mikrobielles Wachstum, Biofilmbildung und die Vermehrung von Legionellen haben.

Zu den Betrachtungen des Standorts gehört jedoch auch, dass sämtliche Anlagenkomponenten inklusive Wasseraufbereitungstechnik, Filter, Vorlagebecken, Mess- und Regeltechnik und den dazugehörigen Rohrleitungen sowohl frostsicher als auch geschützt vor starker Temperaturerhöhung installiert sind. Die Vermeidung von Frostschäden ist Voraussetzung für die Erhaltung der Betriebssicherheit. Sollten Rohrleitungen durch Heizungskeller, Kesselhäuser oder aber parallel zu Warmwasser-, Dampf- oder Heizungsleitungen verlaufen, kann sich dort, insbesondere bei Stagnation, das Wasser auf kritische Temperauren erwärmen und die Vermehrung von Legionellen und anderen Mikroorganismen fördern. Solche Bedingungen sind nach Möglichkeit zu vermeiden oder aber in der Hygiene-Gefährdungsbeurteilung mit entsprechenden Maßnahmen (z. B. häufigere Zwangsregeneration bei Enthärtungsanlagen) zu berücksichtigen. Gleiches gilt für die Aufstellung von Wasseraufbereitungsanlagen in besonders warmen Räumen. Für Trinkwasserinstallationen wird in der neuen VDI 6023 eine maximale Umgebungstemperatur für Enthärtungsanlagen von 25 °C festgelegt.

VDI 2047 Blatt 2:

8.2 Standortwahl, Aufstellort:

Sicherer Zugang für Instandhaltungsmaßnahmen (einschließlich Hygienekontrollen, siehe Abschnitt 9.3) muss zu allen Betriebszeiten (insbesondere auch im Winter) sichergestellt sein. Unbefugter Zugang ist zu verhindern.

Den regelmäßigen Inspektionen gemäß Kapitel 9.3 und Tabelle 1 der VDI 2047 Blatt 2 bzw. Blatt 3 kommt eine große Bedeutung bezüglich der vorbeugenden Instandhaltung der Anlagen sowie frühzeitiger Erkennung von Risiken und eventuellen Mängeln zu. Auch die 42. BImSchV macht hierzu Vorgaben.

42. BImSchV:

§ 3 Allgemeine Anforderungen

(2) Der Betreiber hat dafür zu sorgen, dass Anlagen so ausgelegt und errichtet werden, dass insbesondere [...]

6. Vorkehrungen für die regelmäßige Überprüfung relevanter chemischer, physikalischer oder mikrobiologischer Parameter getroffen werden,
7. Vorkehrungen für die regelmäßige Probenahme für mikrobiologische Untersuchungen getroffen werden und
8. Vorkehrungen für die Durchführung regelmäßiger Instandhaltungen getroffen werden.

Daher sollte der Zugang zu Inspektionsklappen, Vorlagebecken, Mess- und Regelorganen und dem oberen Bereich von Verdunstungskühlanlagen (oberhalb von Düsenstock und Tropfenabscheidern, Bereich Ventilator bei saugender Bauweise) jederzeit einfach und ohne zusätzliche Risiken für die Mitarbeiter möglich sein. Idealerweise wird dies bereits in der Planung (siehe Kapitel 8.1) berücksichtigt. In Naturzugkühltürmen ist ein guter Zugang an und in den Kühlturm selbst in der Regel gegeben.

Nicht selten findet man Verdunstungskühler ohne fest montierte Korbleiter, begehbare Stege und Absturzsicherung. Zur Inspektion und Reinigung der Düsen und Tropfenabscheider müssen diese sicher zugänglich sein.

ArbStättV (Arbeitsstättenverordnung):

1.11 Allgemeine Anforderungen – Steigleitern, Steigeisengänge

Steigleitern und Steigeisengänge müssen sicher benutzbar sein. Dazu gehört, dass sie

a) nach Notwendigkeit über Schutzvorrichtungen gegen Absturz, vorzugsweise über Steigschutzeinrichtungen verfügen,
b) an ihren Austrittsstellen eine Haltevorrichtung haben,
c) nach Notwendigkeit in angemessenen Abständen mit Ruhebühnen ausgerüstet sind.

Dabei gelten ebenfalls die Unfallverhütungsvorschriften, z. B.:

Berufsgenossenschaft für Holz und Metall (BGHM):

Arbeitsschutz Kompakt Nr. 051, Arbeiten mit Leitern (Auszug):

- Leitern sollen nicht bei Witterungsbedingungen benutzt werden, die eine zusätzliche Gefährdung hervorrufen.
- Anlege-, Schiebe- und Mehrzweckleitern nur an sichere Flächen anlegen
- Anlegeleitern ab 3 m Höhe nur mit Fußverbreiterung verwenden
- Bei Leitern als Arbeitsplatz darf der Standplatz auf der Leiter nicht höher als 5 m über der Aufstellfläche liegen.

(Quelle: https://www.bghm.de/arbeitsschuetzer/praxishilfen/arbeitsschutz-kompakt/051-arbeiten-mit-leitern)

Praxisbeispiel A: EGF EnergieGesellschaft Frankenberg mbH, Frankenberg:

Im Rahmen der ersten Hygiene-Gefährdungsbeurteilung 2019 wurde die Zugänglichkeit zu der Revisionsöffnung im Bereich des Düsenstocks zwischen Waben und Tropfenabscheidern bemängelt. Der Betreiber hat daraufhin eine sichere Möglichkeit mittels einer Korbleiter und eines Zwischenpodests geschaffen. Somit sind jetzt alle Bereiche sicher zugänglich.

Des Weiteren wird in der VDI 2047 Blatt 2 auf Ansaugöffnungen von raumlufttechnischen Anlagen hingewiesen – mit dem Hintergrund, dass für den hygienisch sicheren Betrieb von RLT-Anlagen durch die Art und Lage der Außenluftansaugung die am wenigsten belastete Außenluft angesaugt wird. Es wird jedoch keine konkrete Abstandsvorgabe gemacht.

VDI 2047 Blatt 2:

8.2 Standortwahl, Aufstellort:

Hinsichtlich der Aufstellung von Verdunstungskühlanlagen ist die Lage von Ansaugöffnungen von RLT-Anlagen nach VDI 6022 zu beachten.

Auch im weiteren Regelwerk rund um RLT-Anlagen (VDI 6022 Blatt 1, VDI 3803 Blatt 1, DIN 1946-4, DIN EN 16798-3) sind keine Mindestabstände zwischen einem Verdunstungskühler oder Kühlturm und der Außenluftansaugung einer RLT-Anlage aufgeführt. Die DIN 1946-4 weist jedoch auf besondere hygienische Gefährdungen durch Verdunstungskühlanlagen hin.

Bild 36: Revisionsöffnungen und sichere Zugangsmöglichkeit zu allen Bereichen der Verdunstungskühlanlage

DIN 1946-4:2018-09 – 6.2 Außenluftansaugung, Fortluftauslässe und Umgebung:

Bei Rückkühlwerken ist aufgrund der besonderen Gefahrenpotentiale bei der Aufstellung der Kühltürme zu beachten, dass die austretenden Aerosole nicht in Ansaugöffnungen von Lüftungsanlagen oder über geöffnete Fenster ins Gebäude gelangen können.

ANMERKUNG: Einhaltung der Verordnung über Verdunstungskühlanlagen, Kühltürme und Nassabscheider (42. BImSchV).

Bild 37: Ansaugöffnungen einer RLT-Anlage in direkter Nähe zum Verdunstungskühler

Kann das Eintreten von Aerosolen aus Verdunstungskühlanlagen oder Kühltürmen in Gebäude nicht ausgeschlossen werden, ist dies in der Hygiene-Gefährdungsbeurteilung festzuhalten und mit entsprechenden Maßnahmen für den hygienischen Betrieb der Verdunstungskühlanlage bzw. des Kühlturms zu reagieren (kurze Inspektions- und Untersuchungsintervalle, frühzeitige Gefahrenabwehr ggf. bereits unterhalb des Maßnahmenwerts für Legionellen).

8.3 Stoffeintrag

VDI 2047 Blatt 2/Blatt 3:

8.3/5.3 Stoffeintrag

Eine Verdunstungskühlanlage wäscht Stoffe aus der Luft aus. Alle zu erwartenden Einträge von Stoffen oder Organismen in das Nutzwasser von Verdunstungskühlanlagen können (z. B. als Nährstoffe für Mikroorganismen) Auswirkungen auf den hygienisch einwandfreien Betrieb haben und sind daher zu berücksichtigen.

Stoffeinträge in eine Verdunstungskühlanlage können über die Luft, also über den Verdunstungskühler bzw. Kühlturm selbst, oder aber durch offene Becken stattfinden, aber auch über das Zusatzwasser sowie über den zu kühlenden Prozess (Leckagen, Direktkühlung) und alle wasserberührten Oberflächen (siehe auch 7.3 Werkstoffe). Dabei spielt ähnlich wie bei den Austrägen von Aerosolen aus einer Anlage der Verdunstungskühler bzw. Kühlturm selbst sicherlich die größte Rolle. Durch den erhöhten Kontakt zwischen Nutzwasser und Atmosphäre werden je nach Standort enorme Mengen an festen oder gasförmigen Stoffen, aber auch Mikroorganismen eingewaschen.

Unabhängig vom Ort des Eintrags dienen Stoffeinträge in erster Linie als Nährstoffe für Mikroorganismen. Solche Einträge sollten daher wo immer möglich vermieden bzw. minimiert werden. Beim Eintrag von Stäuben und anderen Feststoffen wie Blättern, Pollen oder Insekten, können Schutzwände, Netze oder Gitter die Eintragsmengen reduzieren. Wichtig ist dabei, dass Gitter und Netze regelmäßig kontrolliert und gereinigt werden. Einige Hersteller von Verdunstungskühlanlagen bieten solche Vorrichtungen zur Nachrüstung an. Weitere Maßnahmen zur Minimierung von Stoffeinträgen aus der Umgebung sind das Entfernen von Vegetation im Umfeld der Verdunstungskühlanlage bzw. des Kühlturms sowie die Vermeidung des Einsatzes von Werkstoffen, die das mikrobiologische Wachstum begünstigen.

Nicht zu vernachlässigen sind gasförmige Einträge. In der Praxis zeigt sich, dass vor allem eingewaschene Dämpfe organischer Verbindungen biologisch oft vertreten sind und unter Umständen zu starker Biofilmbildung und hohen mikrobiologischen Werten im Nutzwasser führen. Häufig sind diese Dämpfe produktionsbedingt vorhanden und lassen sich nicht vermeiden. Eine Reduzierung der organischen Last kann ggf. durch die Umleitung von Fortluftströmen erreicht werden.

Luft und Zusatzwasser bringen nicht nur Nährstoffe, sondern auch Mikroorganismen in Verdunstungskühlanlagen und Kühltürme ein. Das Überleben von Mikroorganismen in der Luft ist zwar stark abhängig von deren Tenazität (grampositive Bakterien überleben besser als gramnegative, Sporen oder Zysten besser als vegetative Zellen usw.), jedoch dienen auch tote eingewaschene Mikroorganismen wiederum als Nährstoffgrundlage und können Sedimente und Beläge ausbilden. Auch Aerosole aus Anlagen in der Umgebung können in Verdunstungskühlanlagen eintragen werden, so wurden in geografisch nah beieinanderliegenden Kühltürmen gleiche Populationsmuster beobachtet. Der Eintrag von Mikroorganismen über das Zusatzwasser kann in Menge und Art sehr variabel sein und hängt u. a. von der Zusatzwasserquelle ab. In der Regel enthält Trinkwasser deutlich weniger Mikroorganismen als Oberflächenwasser,

Brunnenwasser oder aufgefangenes Regenwasser. Bei nicht sachgemäßem Betrieb der vorgeschalteten Trinkwasser-Installation können jedoch auch hier enorme Einträge stattfinden. Nicht zu vernachlässigen ist auch die u. U. hohe Anzahl nicht kultivierbarer Mikroorganismen im Trinkwasser, die unter den günstigeren Lebensbedingungen in der Verdunstungskühlanlage in einen vitalen Zustand übergehen können.

Auch solche kurzzeitigen, temporären Einträge wie Baustellenstaub können das Gleichgewicht der mikrobiellen Population erheblich beeinflussen. Zementstäube, wie sie beim Schneiden von Bauteilen entstehen, können zu betonartigen Verkrustungen in den Anlagen führen, die durch ihre große Porosität Rückzugsraum für Mikroorganismen darstellen.

Studien zeigen, dass die Zusammensetzung mikrobiologischer Populationen in Verdunstungskühlanlagen innerhalb kurzer Zeitabstände stark variieren kann. Dies liegt zum einen an variablen Einträgen von Mikroorganismen selbst über das Zusatzwasser und die Luft und zum anderen an den dynamischen Bedingungen und der Wasserbeschaffenheit einer Verdunstungskühlanlage. Variierende Nährstoffeinträge oder Sauerstoffkonzentrationen, auch lokal unterschiedlich an verschiedenen Stellen der Verdunstungskühlanlage, kreieren immer wieder neue Habitate, die die Vermehrung der mikrobiologischen Population im Allgemeinen oder aber bestimmter Mikroorganismen begünstigen oder unterdrücken.

Es empfiehlt sich daher, zur späteren Ursachenforschung eventueller Überschreitungen auffällige Einzelereignisse in der Umgebung der Verdunstungskühlanlage im Betriebstagebuch zu dokumentieren. Dies gilt vor allem für nicht wiederkehrende oder unregelmäßige Aktionen wie das Düngen oder Mähen nahegelegener landwirtschaftlicher Flächen, die Anlieferung von staubenden Materialien in der direkten Umgebung, Installationsarbeiten am wasserführenden Bereich der Verdunstungskühlanlage, Aufnahme eines Baustellenbetriebs etc.

Sämtliche regelmäßige, saisonale und absehbare Einträge müssen in der Hygiene-Gefährdungsbeurteilung sowie in Inspektions- und Instandhaltungsplänen berücksichtigt werden.

Bild 38: Stoffeintrag durch toten Vogel in der Wanne

Bild 39: Stoffeintrag durch Insekten und Biofilm

8.4 Prozesssteuerung

8.4.1 Regelung, MSR

VDI 2047 Blatt 2:

8.4.1 Regelung, MSR

Regelung und Prozesssteuerung werden in dieser Richtlinie nur unter hygienerelevanten Aspekten behandelt. Während des Betriebs oder Stillstands sind Zustände zu vermeiden, die das Risiko von Gesundheitsgefährdungen erhöhen. Beispiele sind unkontrollierter Tropfenauswurf durch ungeeigneten Luftstrom, längerer Stillstand einzelner Zellen, Anlagen ohne geeignete Wasserbehandlung (siehe Abschnitt 8.7.1.2) und unkontrollierte Vermehrung von Mikroorganismen.

Bei Verdunstungskühlanlagen gibt es eine große Bandbreite an Betriebsbedingungen mit unterschiedlichsten Zuständen. Die Unterschiede gibt es bei den Wasserqualitäten, Anlagenausführungen, Betriebstemperaturen und Luftzuständen, teilweise mit Frostbetrieb, teilweise mit sehr hohem Eintrag (Pollen oder Saharastaub) und das mit unterschiedlichen Betriebsmodi. Es ist eine komplexe Aufgabe, die Ausbreitung von Biofilmen und damit das Wachstum von Legionellen in allen Betriebsbedingungen ausreichend zu begrenzen. Diese Zustände sollten mess- und regelungstechnisch möglichst erfasst werden. Es treten Änderungen im Bereich der Wasserqualität, der Anlagenausführung, der Betriebstemperatur und der Luftzustände auf.

8.4.2 Betrieb

VDI 2047 Blatt 2:

8.4.2 Betrieb

Verdunstungskühlanlagen werden im Allgemeinen so ausgelegt, dass sie die maximale Kühlleistung bei der höchsten jährlichen Umgebungstemperatur abführen, die am Standort üblicherweise auftritt. Dies sagt nichts über die je nach Betriebszustand erzielbare Nutzwasseraustrittstemperatur aus [...].

Eine diesbezügliche Regelung der Kühlleistung der Anlage ist Stand der Technik. Dies kann geschehen durch folgende Regelstrategien oder deren Kombination:

- Variation des Luftvolumenstroms (der der Verdunstungskühlanlage zugeführt wird)
- Variation des umlaufenden Nutzwasservolumenstroms
- Zu- und Abschaltung von einzelnen Zellen der Verdunstungskühlanlage

Die VDI 2047 definiert die möglichen Betriebsmodi dieser Unterpunkte kurz, geht aber nicht vollständig darauf ein. In der VDMA 24649 wird die Übersicht der Betriebsmodi genauer erläutert (Verdunstungsbetrieb/Trockenbetrieb und befüllte oder entleerte Wanne) wobei auch auf den Wechsel der Betriebsmodi eingegangen wird. Gerade der Wechsel zwischen den unterschiedlichen Betriebsmodi ist oft mit hygienischen Risiken verbunden, und es ist eine komplexe Aufgabe, die Ausbreitung von Biofilmen und damit das Wachstum von Legionellen in allen Betriebsbedingungen ausreichend zu begrenzen.

Die möglichen Betriebsmodi und deren Wechsel sollten in der Hygiene-Gefährdungsbeurteilung genau betrachtet werden. Im Idealfall ist der Betriebszustand über die MSR-Technik zu erfassen. Hierzu sind Behälterfüllstände, Volumenströme und Betriebsdrücke neben Betriebszuständen von Pumpen und Ventilen sinnvolle Dokumentationen.

42. BImSchV:

Anlage 4, Teil 1 Inhalt des Betriebstagebuchs, § 12 Punkt 8

8. Angaben zum Betriebszustand der Anlage mit Datum der Zustandsänderungen, insbesondere Betrieb unter Last, Betrieb ohne Last mit aktiviertem Nutzwasserkreislauf, Betriebsunterbrechung mit gefülltem Nutzwasserkreislauf, Entleerung und Wiederbefüllung des Nutzwasserkreislaufs. [...]

Wenn mehrere Anlagen im Verbund betrieben werden, stellt sich oft die Frage, ob dies eine Verdunstungskühlanlage oder mehrere Verdunstungskühlanlagen darstellt. Diese Frage wurde auch im LAI-Auslegungsfragenkatalog betrachtet:

LAI, 08. 09. 2020, Nummer 8.1.6

Ist eine Zusammenfassung von mehreren Verdunstungskühlanlagen mit einem gemeinsamen Kühlwasserkreislauf und nur einer Probenahmestelle zulässig? Ist in diesem Zusammenhang die Aufnahme in KaVKA von nur einer Verdunstungskühlanlage zulässig?

Eine Zusammenfassung von mehreren Verdunstungskühlanlagen ist nur dann zulässig, wenn

- ein gemeinsamer Kühlwasserkreislauf mit nur einer Probenahmestelle (Anbringung der Probenahmestelle gemäß UBA-Empfehlung) besteht,
- die Einzelanlage nicht einzeln betreibbar ist und
- im Falle von Wartungsarbeiten an einer Verdunstungskühlanlage oder anderweitiger Ausfälle einzelner Anlagen keine Totwasserzonen entstehen können oder alle Verdunstungskühlanlagen eines Kühlwasserkreislaufes außer Betrieb genommen werden müssen.

Sollten diese Faktoren zutreffen, ist auch nur die Aufnahme von einer Gesamtanlage in KaVKA nötig.

Dies sollte objektbezogen anhand der Anlagenausführung überprüft und bewertet werden. Der ideale Zeitpunkt zur Klärung dieser Frage ist die Hygiene-Gefährdungsbeurteilung. Vereinfacht kann ausgesagt werden, dass ein Verbund von mehreren Anlagen nur dann als eine Anlage definiert werden kann, wenn in allen Bereichen eine ähnliche Nutzwasserqualität vorliegt und kein signifikant anderes Wachstumsverhalten für Legionellen in einzelnen Bereichen vorliegt. Nur so kann das System mit einer repräsentativen Nutzwasserprobenentnahmestelle überwacht werden. Die Ausführung der Betriebsmodi ist für die Betriebsweise entscheidend, regelmäßiger Zwangsbetrieb oder sogar der Dauerbetrieb von Anlagen sind möglich. In vielen Systemen wurde inzwischen ein Dauerbetrieb der Umwälzpumpen des Nutzwassers etabliert (auch um Stagnationen zu minimieren), und durch Variation des Luftvolumenstroms über die Ventilatordrehzahl wird die Leistung geregelt.

Häufige Wechsel der Betriebsmodi können ggf. zu Störungen durch Auftrocknungen führen, vor allem bei salzhaltigem Nutzwasser und kurzzeitigen Wechselzyklen. Bei Zweikreisrieselkühlern kann es durch immer wieder stattfindende Auftrocknungen sehr schnell zur Ausbildung von Belägen kommen (intermittierender Betrieb).

Derartige Probleme können bei höheren Salzkonzentrationen entstehen, überall da, wo es lokal zu Auftrocknungen kommen kann; dies betrifft auch die Waben von Mattensystemen. Haben sich einmal Ablagerungen gebildet, bauen sich die Ablagerungen oft schneller aus und lassen sich nicht einfach wieder entfernen.

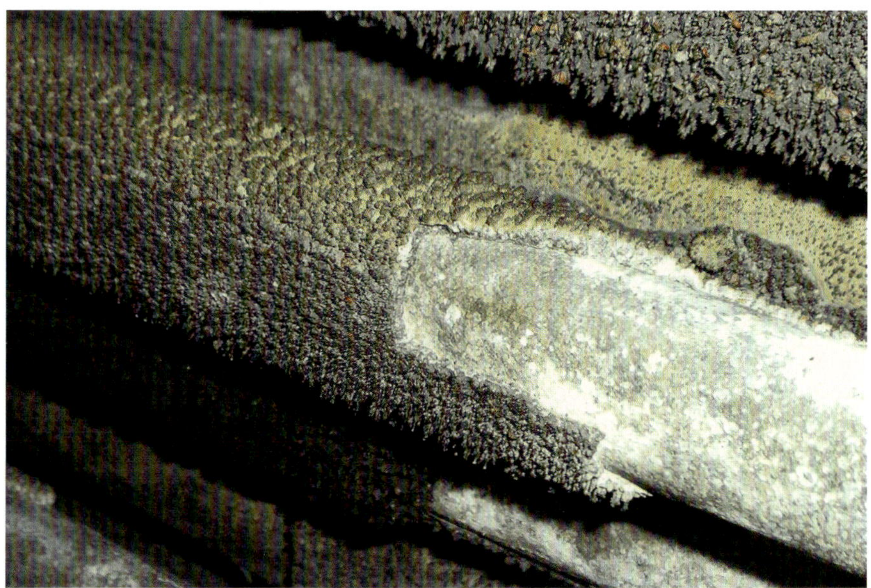

Bild 40: Mineralische Auftrocknungen durch häufigen Wechsel der Betriebsmodi beim Zweikreisrieselkühler

Ein wichtiger Punkt in der Betrachtung der Regelung ist das Thema Bioziddosierung mit Zwangsumwälzung, Verriegelung und Vorabsalzung. Die Zwangsumwälzung soll absichern, dass das zugegebene Biozid möglichst vollständig im System wirken kann und alle wasserberührten Oberflächen auch erreicht werden. In einigen Systemen ist das kaum zu realisieren, weil es je nach Nutzwasserzustand bei dem Zwangsbetrieb zu Störungen an Kältemaschinen und bei Systemen mit dynamischer Niveauhaltung auch zu hydraulischen Problemen kommen kann. Ob eine Zwangsumwälzung bei extremem Frost überhaupt durchgeführt werden kann, sollte im Vorfeld mit dem Anlagenhersteller abgestimmt werden.

Im folgenden Kapitel 8.5 wird das Thema „Zwangsumwälzung bei Betriebsunterbrechungen“ näher beleuchtet. Unter Abschnitt 8.6 werden noch konkretere Empfehlungen zur MSR-Technik gegeben.

8.5 Planerische Vorkehrungen für Betriebsunterbrechungen und Stillstände

VDI 2047 Blatt 2/Blatt 3

8.5/5.4 Planerische Vorkehrungen für Betriebsunterbrechungen und Stillstände

Die bei Betriebsunterbrechungen und Anlagenstillständen notwendigen Maßnahmen sind in der Planung zu berücksichtigen.

Im ersten Weißdruck der VDI 2047 Blatt 2 waren die Begriffe Betriebsunterbrechung und Stillstand noch definiert als „vollständige oder teilweise Außerbetriebnahme von maximal vier Wochen" (Betriebsunterbrechung) bzw. „ununterbrochene Außerbetriebnahme der Anlage von mehr als sieben Tagen" (Stillstand), in der aktuellen Version werden diese Begriffe ohne genaue Definition verwendet. In Kapitel 8.4.2.3. der VDI 2047 Blatt 2 wird auf die Gefahr der unkontrollierten Vermehrung von Mikroorganismen bei Abschaltung von Anlagen(teilen) für mehr als sieben Tage hingewiesen. Auch die 42. BImSchV zieht eine Grenze für erhöhte mikrobiologische Aktivität und ein damit verbundenes Risiko ab 7 Tagen.

42. BImSchV:

§ 3 Allgemeine Anforderungen

(6) Der Betreiber hat sicherzustellen, dass vor der Inbetriebnahme oder der Wiederinbetriebnahme einer Anlage die Prüfschritte gemäß Anlage 2 unter Beteiligung einer hygienisch fachkundigen Person durchgeführt wurden. Der Betreiber hat vor dem in Satz 1 bestimmten Zeitpunkt die Durchführung der Prüfschritte im Betriebstagebuch zu dokumentieren. Die Sätze 1 und 2 gelten auch für Anlagen oder Anlagenteile, die nach Trockenlegung oder nach Unterbrechung des Nutzwasserkreislaufs für mehr als eine Woche wieder angefahren werden.

Aus dem Trinkwasserbereich ist die maximale Betriebsunterbrechung von 72 h bekannt, die unter Nachweis der Erhaltung der Anforderungen der TrinkwV an die Wasserbeschaffenheit auf maximal 7 Tage verlängert werden kann.

Die wirkungsvollste Möglichkeit, unkontrollierter mikrobiologischer Vermehrung entgegenzuwirken, ist es, die Anlage oder betroffene Anlagenteile vollständig zu entleeren und nach Möglichkeit trockenzufahren. Dabei kommt der baulichen Planung eine große Bedeutung zu. Es ist enorm wichtig, dass Anlagen(teile) an der tiefsten Stelle entleert werden können, ausreichend Gefälle zum Ablauf vorhanden ist und es an Ablaufstellen nicht durch erhöhte Flansche oder Ähnlichem zu verbleibendem Wasser kommt. Stagnation führt bekanntlich – vor allem in Kombination mit den Nebeneffekten der Temperaturerhöhung und unvollständiger Verteilung von ggf. eingesetztem Biozid – zu vermehrtem mikrobiologischem Wachstum und ist daher soweit wie möglich bereits baulich zu vermeiden.

Diese Anforderung findet sich sowohl in der 42. BImSchV als auch in der Richtlinienreihe VDI 2047 an zahlreichen Stellen.

42. BImSchV, § 3 Allgemeine Anforderungen

(2) Der Betreiber hat dafür zu sorgen, dass Anlagen so ausgelegt und errichtet werden, dass insbesondere [...]

4. wasserführende Bauteile möglichst vollständig entleert werden können,

VDI 2047 Blatt 2:

7.2 Hygieneanforderungen an die Konstruktion von Verdunstungskühlanlagen

Stagnation von Wasser ist zu vermeiden.

Verdunstungskühlanlagen sind so zu planen, dass sie einschließlich aller Komponenten (z. B. Wasserverteilung, interne Rohrleitungen, Pumpen) bei Bedarf möglichst vollständig entleert werden können (siehe Abschnitt 9).

Bei einer Entleerung müssen in jedem Fall die wasserrechtlichen Anforderungen und örtlichen Einleitungsbedingungen beachtet werden.

In vielen Fällen ist die Entleerung aufgrund von Anlagengröße, schneller Verfügbarkeit der Kühlleistung oder fehlender Entleerungsmöglichkeiten für Teilbereiche der Verdunstungskühlanlage nicht möglich bzw. nicht praktikabel. Dann ist der fehlende Wasseraustausch durch organisatorische und/oder technische Maßnahmen zu kompensieren. Zu solchen Maßnahmen können automatische oder manuelle Zwangsumwälzungen oder automatische Spülvorrichtungen zählen. Dadurch werden Wasseraustausch und die Verteilung eines Biozids gewährleistet. Dabei muss die Umwälzzeit ausreichend lang sein, um einen vollständigen Wasseraustausch in allen Anlagenteilen zu erreichen. Es empfiehlt sich, während der Zwangsumwälzung eine Bioziddosierung zu realisieren, um das mikrobielle Wachstum zu begrenzen. Aufgrund der längeren Verweilzeit und geringeren Zehrung im Vergleich zu oxidativen Bioziden bietet sich ein nicht-oxidatives Biozid mit langer Verweilzeit, z. B. Isothiazolinon an. Eine Umwälzung sollte optimalerweise nach 72 h stattfinden, spätestens jedoch nach 7 Tagen. Generell ist aus hygienischer Sicht eine Zwangsumwälzung auch bei kürzeren Stillständen von < 72 h sinnvoll.

Häufig werden die Vorgaben der 42. BImSchV vernachlässigt, wenn sich die Unterbrechung des Nutzkreislaufs nur auf Anlagenteile, z. B. für Spitzenlasten vorgesehene Kältemaschinen oder nicht genutzte und damit nicht durchströmte Verbraucher, bezieht. Das hygienische Risiko ist jedoch auch in solchen Fällen durchaus gegeben und muss mit entsprechenden Maßnahmen, u. a. mit Abarbeiten der Checkliste Anlage 2 der 42. BImSchV, minimiert werden.

Unabhängig davon, ob eine Anlage entleert oder zwangsweise umgewälzt wird, ist es wichtig, dass bei einem Stillstand alle Komponenten der Verdunstungskühlanlage, also auch Anlagen zur Wasseraufbereitung und Wasserbehandlung, berücksichtigt werden. Für Enthärtungsanlagen, Umkehrosmoseanlagen oder Ultrafiltrationsanlagen sind Zwangsregenerationsintervalle oder Spülprogramme in Absprache mit den Herstellern einzurichten. Bei längeren Stillständen kann eine Konservierung der Wasseraufbereitungstechnik, ebenfalls nach Anleitung des jeweiligen Lieferanten sinnvoll sein.

Bypassfilter können und sollen bei Anlagen ohne Lastanforderung weiter betrieben und mindestens alle 7 Tage zurückgespült werden. Der Schmutzaustrag und der durch die Rückspülung entstehende Wasseraustausch sind zusätzlich hygienisch vorteilhaft. Weitere umfangreiche Informationen zum Thema Wasseraufbereitung und Wasserbehandlung bietet Kapitel 8.7.

Bei entleerten Systemen ist zu prüfen, ob ein Sandfilter einer intermittierenden oder dauerhaften Desinfektion mit einem nicht-oxidativen Biozid unterzogen werden kann. Auch eine Demontage und Entleerung des Filters mit Trocknung oder späterem Ersatz des Filtermaterials ist denkbar und muss technisch abgeklärt werden. Keinesfalls sollte der Filter bei einem entleerten System unbeachtet bleiben, da sich im nassen Filterbett und den Rohrleitungen Mikroorganismen vermehren können, die bei Wiederinbetriebnahme das gesamte System kontaminieren.

Abgesehen von der mikrobiellen Vermehrung in stehendem Wasser ist zu beachten, dass auch ohne Last Wasser verdunsten kann und es zu einer gewissen Eindickung kommt. Absalzanlage und automatische Nachspeisung sollten in jedem Fall in Betrieb bleiben und regelmäßig überprüft werden. Ebenso ist es sinnvoll, die betriebsinternen Kontrollen weiterzuführen, um mögliche Risiken für Härteablagerungen und Korrosionen im Blick zu behalten.

Um einen reibungslosen und hygienisch einwandfreien Ablauf zu gewährleisten, ist es sinnvoll, die verschiedenen möglichen Betriebsmodi einer Verdunstungskühlanlage bzw. eines Kühlturms im Rahmen der Hygiene-Gefährdungsbeurteilung zu definieren. Hier kann zwischen regelmäßigen (saison- oder außentemperaturbedingten) Stillständen und sporadischen, unplanmäßigen Stillständen aufgrund von geringer Auslastung oder Störungen unterschieden werden. Die hygienischen Risiken für jeden Betriebszustand werden betrachtet und Maßnahmenpläne für die durchzuführenden Schritte einer Entleerung bzw. Unterbrechung des Nutzwasserkreislaufs sowie für die Wiederaufnahme des Betriebs erstellt. Dies geschieht jeweils unter Berücksichtigung der zu erwartenden Stillstandsdauer.

Im LAI-Auslegungsfragenkatalog wird die Thematik der Zwangsumwälzung in Frage 4.1.6 aufgegriffen. Die Antwort verdeutlicht nochmals die Wichtigkeit der Festlegung verschiedener Betriebsmodi mit entsprechender Begründung. Hier müssen praktische Aspekte in Bezug auf Aufwand für Entleeren und Befüllen der Anlage sowie für die Durchführung der Prüfpflichten nach Checkliste Anlage 2 der 42. BImSchV (§ 3 Abs. 6, siehe auch Kapitel 8.8) gegen die erwartete Dauer des Stillstands und die damit verbundene Häufigkeit des Leerlaufbetriebs ohne Last aufgewogen und schlüssig begründet werden.

LAI, 08. 09. 2020, Nummer 4.1.6

Kann auf die Prüfschritte gemäß § 3 Abs. 6 i. V. m. Anlage 2 verzichtet werden, wenn die Anlage während der einwöchigen Unterbrechung automatisch über eine Zeitsteuerung eingeschaltet und quasi „im Leerlauf" betrieben wird?

Durch ein kurzes Einschalten des Kreislaufes (im Leerlauf) wird zwar der „einwöchige Stillstands-Countdown" wieder zurückgesetzt, und insofern wird der Eintritt der Voraussetzungen des § 3 Abs. 6 Satz 3 verschoben. Durch ein wiederholtes wöchentliches kurzzeitiges Einschalten der Anlage könnte insofern auch über einen längeren Zeitraum das Eintreten der Prüfpflichten nach § 3 Abs. 6 Satz 3 umgangen werden. Allerdings ist der Satz 3 nicht das einzige Kriterium, das die entsprechenden Prüfpflichten nach § 3 Abs. 6 auslöst. Bei einem wiederholten Kurzzeit-Leerlaufbetrieb wird man in der Regel früher oder später den von der Gefährdungsbeurteilung erfassten bestimmungsgemäßen Betriebskorridor verlassen, sodass dann in Folge eine Wiederinbetriebnahme i. S. d. 42. BImSchV vorliegt. Sollte das wiederholte kurzzeitige Einschalten der Anlage keinem anderen plausiblen Zweck dienen als der Vermeidung der Prüfpflichten, kann auch ein Verstoß gegen § 3 Abs. 1 vorliegen.

8.6 Empfehlungen zur MSR-Technik

VDI 2047 Blatt 2:

8.6 Empfehlungen zur MSR-Technik

Ein hoher Grad an betrieblicher Zuverlässigkeit einer Verdunstungskühlanlage kann durch eine Fernüberwachung oder Erfassung der Daten und zentrale Auswertung durch die Einrichtung der Leittechnik für die Verdunstungskühlanlage erreicht werden.

Der Betrieb von Verdunstungskühlanlagen muss nicht zwingend mit umfangreicher MSR-Technik umgesetzt werden. Je mehr Daten im System erfasst werden, umso mehr Möglichkeiten haben Betreiber, diese zu bewerten, Schlüsse aus den Daten zu ziehen und vor allem auch Alarmmeldungen zu generieren. Vor 20 Jahren hatten nur wenige PKWs Parksensoren und noch keinen Abstandstempomaten; heute ist dieser Komfort und die Sicherheit nicht mehr wegzudenken. Diese Systeme unterstützen beim teilautonomen Autofahren. Eine ähnliche Entwicklung hat die MSR-Technik in den letzten Jahren im Bereich der Verdunstungskühlanlagen gemacht. Es werden immer mehr Daten erfasst und bewertet. Die 42. BImSchV fordert die Erfassung von Kontrollparametern (physikalisch, chemisch oder mikrobiologisch) spätestens alle 14 Tage. Durch Onlinemesssysteme kann der Betreiber hier entlastet werden. Viele Betreiber haben daher Onlinedatenerfassungen und Datenspeicherungen ausgebaut.

Inzwischen stehen auf dem Markt Systeme zur Verfügung, die nahezu alle messbaren Daten erfassen und dokumentieren. Die Systeme bewerten die Daten und warnen frühzeitig bei Abweichungen über Stör- und Alarmmeldungen.

Neben der auch früher schon standardmäßig erfassten elektrischen Leitfähigkeit im Nutzwasser werden inzwischen viele weitere Werte online erfasst: pH-Wert, Trübung, Biozidüberschuss, Produktgehalt von Konditionierungsmitteln, Leitfähigkeit im Zusatzwasser, Redoxpotenzial, Betriebszustände von Ventilen, Zusatzwasser- und Abwasserverbrauch, sowie Produktverbräuche.

Die Onlineerfassung entlastet den Betreiber jedoch nicht davon, die erfassten Daten regelmäßig zu überprüfen und vor allem die Sonden regelmäßig abzugleichen. Zur Kalibrierung sind die Herstellervorgaben zu berücksichtigen, und im Zuge der 14-tägigen Erfassung der Kontrollparameter sollten die Messwerte kontroll-vermessen werden. Eine ausschließliche Erfassung der Daten ohne entsprechende Bewertung oder Auswertung trägt nicht zur Verbesserung der Betriebssicherheit bei. Die Auswertung der Daten und der Vergleich mit Sollwerten ermöglicht zeitnahe Reaktionen und ggf. Anpassungen. Durch die Fortschritte im Bereich Industrie 4.0 spielt die MSR-Technik eine immer wichtigere Rolle. Ziel der MSR-Technik ist es, die Wasserbeschaffenheit zu überwachen und bei Abweichungen frühzeitig Meldungen anzuzeigen. Dies ist bei einigen Systemen über E-Mails auf mobile Endgeräte möglich, über die unabhängig vom Standort auf die Betriebsdaten im System zugegriffen werden kann und Maßnahmen oder Störeinsätze zeitnah veranlasst werden können.

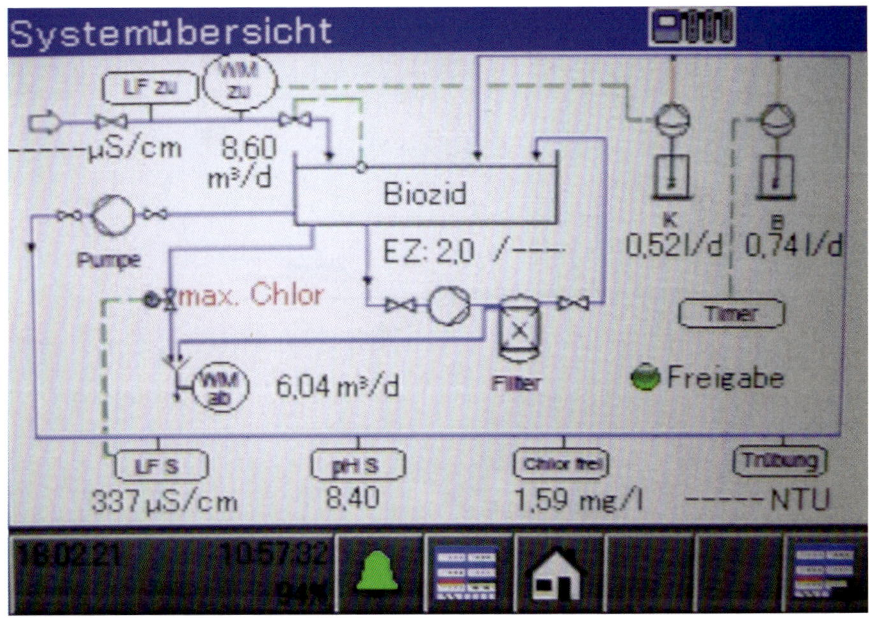

Bild 41: Systemübersicht Wasserdatenmanagement Schweitzer-Chemie GmbH

Bild 41 zeigt beispielhaft eine Systemübersicht mit den aktuellen Messwerten und aufsummierten Daten der Wasser- und Produktverbräuche an. Bei vielen Systemen wurden erst durch die Erfassung der Daten einzelne Störungen erkannt, weil z. B. trotz Ansteuerung der Bioziddosierung die Bioziddosierung nicht verlässlich stattfand. Beim Einsatz eines oxidativen Biozids kann der Überschuss des Biozids z. B. als freies Chlor erfasst werden. Wenn nach der Freigabe der Bioziddosierung kein Anstieg des Biozids stattfindet, deutet dies auf eine Störung hin. In einigen Anwendungen konnten dadurch die Ursachen für zwischenzeitlich höhere Belastungen ermittelt und beseitigt werden. Die heutigen Übertragungs- und Visualisierungsmöglichkeiten bieten dem

Betreiber einen sehr transparenten Blick in den Zustand der Verdunstungskühlanlage, der auch zeitlich zurückverfolgt werden kann und als Werteverlauf dargestellt wird.

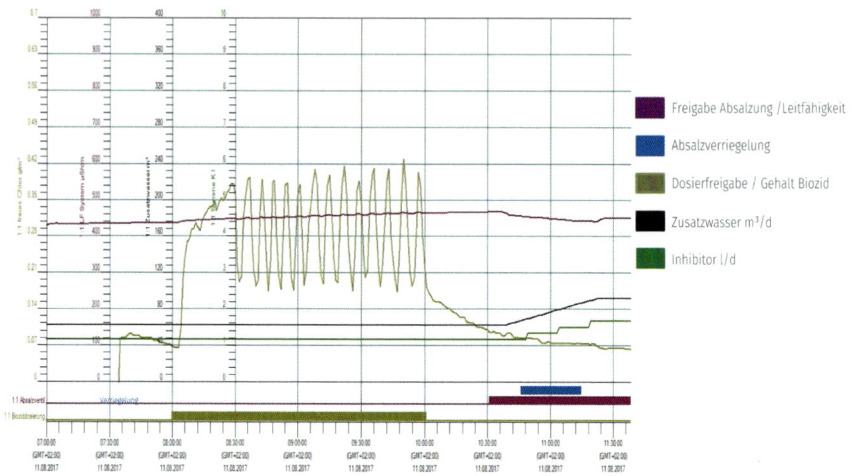

Bild 42: Werteverlauf als Beispiel einer Onlineerfassung mit vielen Betriebsinformationen

Bild 42 zeigt einen Werteverlauf während einer Biozíddosierung mit einer gesteuerten Überschussregelung. Die Erfassung und Dokumentation dieser Daten entlastet den Betreiber bei der Dokumentation der Kontrollparameter sowohl auf der Nutzwasser- als auch auf der Abwasserseite. Welche Daten über die Erfassung des MSR-Systems noch manuell zu erfassen sind, ist in der Hygiene-Gefährdungsbeurteilung festzulegen und zu dokumentieren.

8.7 Wasserbeschaffenheit

8.7.1 Wasseraufbereitung und -behandlung

VDI 2047 Blatt 2:

8.7.1 Wasseraufbereitung und -behandlung

Ablagerungen an Oberflächen wasserberührter Komponenten sollen vermieden werden. Sie können Besiedlung durch Mikroorganismen fördern, den Wärmeübergang beeinträchtigen und Korrosionsschäden hervorrufen.

Die Vermehrung von Mikroorganismen, die Biofilme bilden können, muss vermindert werden, da Biofilme ein Lebensraum für Krankheitserreger wie Legionellen sein können.

Das Kapitel beschreibt die Möglichkeiten und Verfahren der Wasseraufbereitung und Wasserbehandlung.

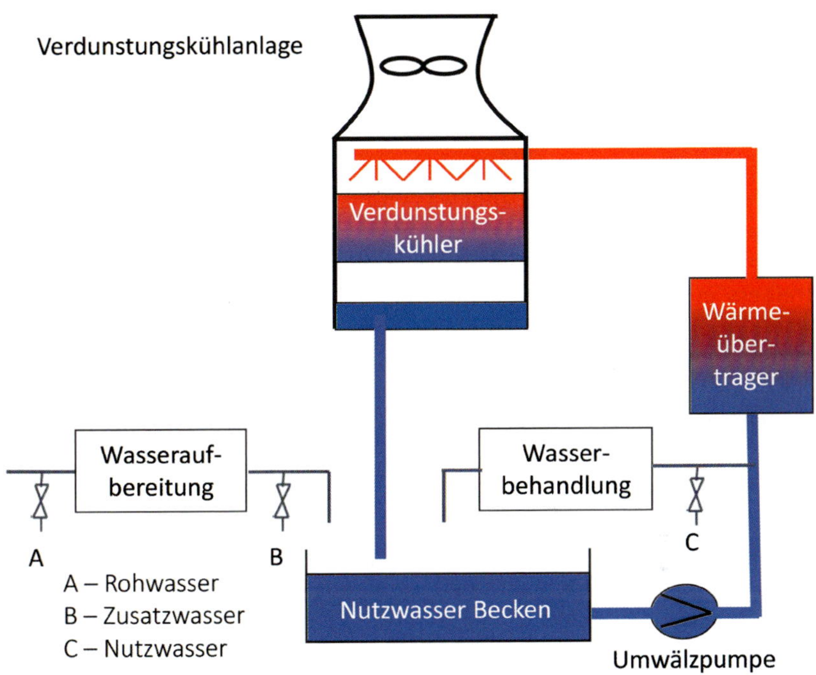

Bild 43: Wasseraufbereitung und -behandlung

Wie in Bild 43 erläutert, erfolgt die Einteilung der Verfahren in der VDI 2047 in die Bereiche Aufbereitung und Behandlung im Hinblick auf den Anwendungsort des Verfahrensschrittes. Die Wasseraufbereitung dient dazu, aus dem vorhandenen Rohwasser ein technisch und hygienisch günstiges Zusatzwasser zu gewinnen. Die Herkunft des Rohwassers und die gewünschten Anforderungen an das Nutzwasser bestimmen die Qualitätsansprüche an das Zusatzwasser, aus dem sich dann unter der Eindickung und Wasserbehandlung im System die entsprechende Nutzwasserqualität ergibt. Eine Desinfektionsmittelzugabe kann nach der Einteilung der VDI 2047 demnach sowohl eine Wasseraufbereitung als auch eine Wasserbehandlung sein, je nachdem, ob diese im Zusatzwasser oder im Nutzwasser erfolgt.

Die Wasserbehandlung für das Nutzwasser hat die Aufgabe, die maximale Eindickung zu begrenzen und Maßnahmen zum Korrosionsschutz, zur Härtestabilisierung und zur Begrenzung des biologischen Wachstums umzusetzen. Die VDI 2047 definiert die am häufigsten verwendeten Verfahrensmöglichkeiten zur Wasseraufbereitung und -behandlung, die sich in der Praxis bewährt haben. Welche Verfahren oder Verfahrenskombinationen im jeweiligen Anwendungsfall eingesetzt werden, hängt von sehr vielen Faktoren ab. Es können auch weitere Verfahren eingesetzt werden, die bisher nicht in der VDI 2047 aufgeführt sind, solange dabei die Hygienevorgaben eingehalten werden.

Im Anwendungsbereich von Trinkwasser-Installationen werden die Begriffe Wasseraufbereitung und -behandlung analog verwendet; hier werden die Verfahren beim Wasserversorger als Wasseraufbereitung und die Verfahren eines Betreibers in einem versorgten Gebäude als Wasserbehandlung bezeichnet. In anderen Einteilungen zur Verfahrensauswahl wird die Wasseraufbereitung so definiert, dass diese Verfahren umfasst, die dem Wasser Inhaltsstoffe entziehen oder Inhaltsstoffe austauschen und die Wasserbehandlung von einer gezielten Zugabe von Stoffen geprägt ist. Das Verständnis der Begriffe sollte im Zweifel vorher geklärt werden.

8.7.1.1 Aufbereitung des Rohwassers

In vielen Anwendungsfällen findet keine Wasseraufbereitung statt, und das Rohwasser wird direkt als Zusatzwasser eingesetzt. Eine Wasseraufbereitung des Rohwassers ermöglicht oft höhere Eindickungen und damit einen wirtschaftlicheren Betrieb. Bei sehr ungünstiger Rohwasserqualität ist eine Wasseraufbereitung oft unabdingbar, vor allem beim Einsatz von hygienisch nicht abgesicherten Wasserqualitäten müssen Maßnahmen zur Wasseraufbereitung getroffen werden.

VDI 2047 Blatt 2:

8.7.1.1 Aufbereitung des Rohwassers

Die Aufbereitung des Rohwassers zu Zusatzwasser kann entsprechend den Anforderungen z. B. mit folgenden Verfahren erfolgen:

- Entfernung von Feststoffen
  - Filtration
  - Enteisenung und Entmanganung
- Flockung Entfernung von gelösten Stoffen
  - Enthärtung
  - Teilentsalzung
  - Entkarbonisierung
  - Vollentsalzung
- Desinfektion

Bei der Verwendung von Brunnen- oder Oberflächenwasser sind Filtrationstechniken und oft sogar weiterführende Aufbereitungsschritte erforderlich. Im Ausbruchsfall in Warstein war die ungeprüfte Verwendung von Oberflächenwasser, welches erhebliche Belastung hatte, ursächlich für das Problem. Ein Betreiber hat nach der 42. BImSchV sicherzustellen, dass im Zusatzwasser keine zu hohen Legionellenbelastungen vorhanden sind, demnach ist mindestens bei fragwürdigen Rohwasserqualitäten eine Überwachung (ggf. engmaschige Analytik) und meist auch eine Aufbereitung des Rohwassers erforderlich.

Praxisbeispiel A: EGF EnergieGesellschaft Frankenberg mbH, Frankenberg:

Das System wird mit zwei unterschiedlichen Zusatzwasserqualitäten mit Trinkwasser und Brunnenwasser nachgespeist. Zur ausreichenden Trennung der Nachspeiseleitungen wird das Nachspeisewasser in einem Zwischenbehälter vorgehalten und dann niveaugesteuert ins Kühlsystem nachgespeist. Das Mischungsverhältnis der beiden Wasserqualitäten wird im Jahresverlauf an die Qualität angepasst. Da beide Zusatzwasserleitungen jedoch lange Leitungswege aufweisen und diese aufstellungsbedingt durch einen Produktionsbereich verlaufen, erwärmt sich das Zusatzwasser. Hier wurden entsprechende Spülzyklen eingerichtet, sodass es im Zusatzwasser nicht zu einem durch Erwärmung begünstigten mikrobiologischen Wachstum kommt. Darüber hinaus wird die mikrobiologische Qualität des Zusatzwassers regelmäßig analytisch überprüft.

Die Rohwasserqualität ist sowohl regionalen als auch zeitlichen Schwankungen unterworfen und hängt von der Art der Rohwassergewinnung ab. Trinkwasser, welches z.B. über Talsperren gewonnen wird, weist oft geringe Salzgehalte auf. Die Hauptinhaltsstoffe des Rohwassers können mit Hilfe einer Säulendarstellung gut veranschaulicht werden. Die Anzahl der einzelnen Ladungsträger wird einer entsprechend großen Farbfläche zugeordnet und damit die jeweilige Wasserqualität farblich dargestellt:

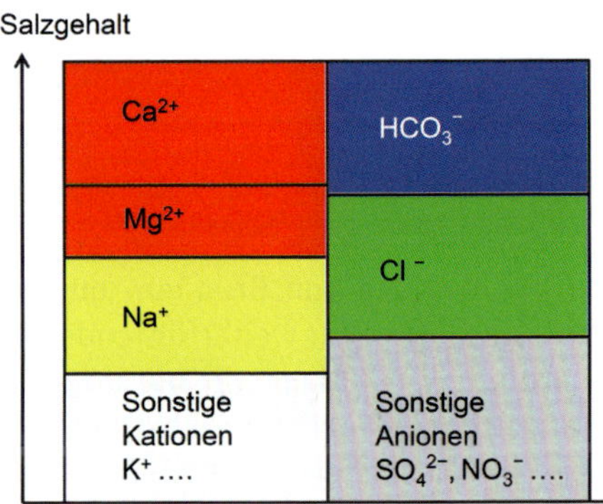

Bild 44: Darstellung Wasserinhaltsstoffe

Durch diese Darstellungen lassen sich unterschiedliche Wasserqualitäten schnell miteinander vergleichen und auch für die Darstellung der Wasseraufbereitung nutzen.

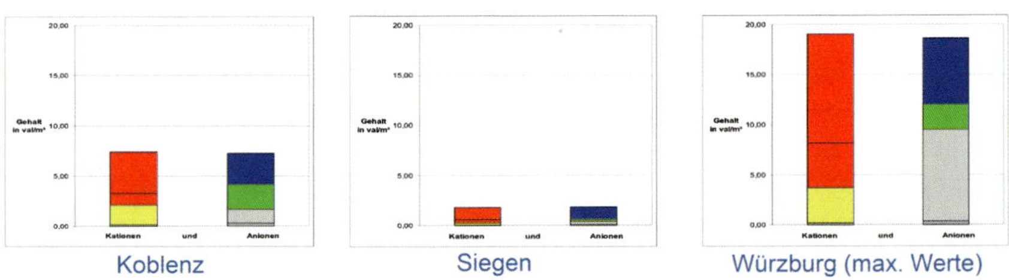

Bild 45: Vergleich von drei regionalen Wasserqualitäten

Die Auswahl dieser drei Wasserqualitäten als Beispiel zeigt auf, wie unterschiedlich die Rohwasserqualität sein kann. Daher kann keine pauschale Aufbereitung vorgegeben werden; es muss immer objektspezifisch bewertet werden. In einigen Anwendungsfällen ist es zielführend, das Zusatzwasser vor der Einspeisung in das System weitergehend aufzubereiten.

Durch die gängigen Verfahren zur Wasseraufbereitung mit der Enthärtungs- oder der Umkehrosmosetechnik kann die Zusatzwasserqualität verändert werden. Bei der Verwendung von Trinkwasser ist auf eine ausreichende Systemtrennung nach DIN EN 1717 zu achten, sowohl zum Nutzwasser (Flüssigkeitskategorie 5!) als auch für die Aufbereitungstechnik (Flüssigkeitskategorie 3 oder 4).

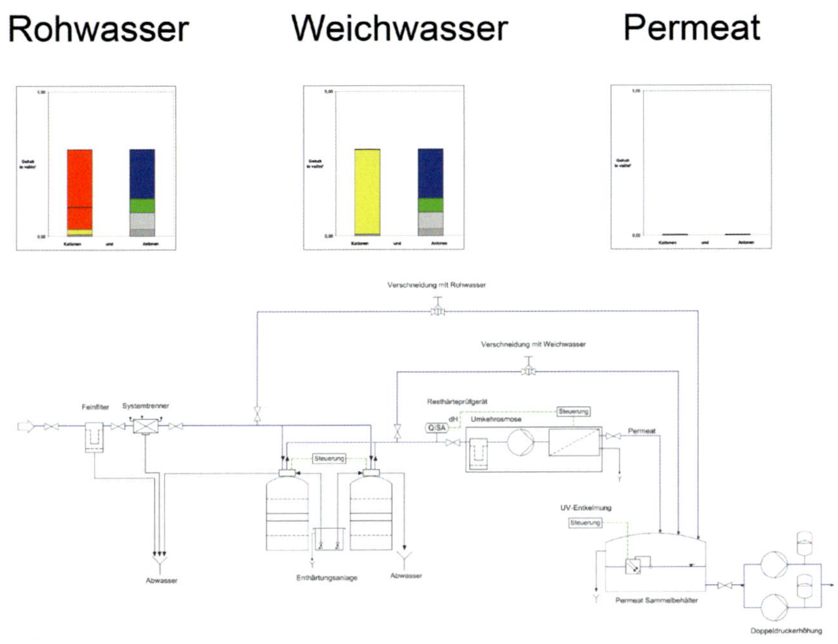

Bild 46: Wasserqualität mittels Enthärtung mit nachgeschalteter Umkehrosmose

Bild 46 zeigt die Entwicklung der Wasserqualität vom härtehaltigen Rohwasser über die beiden Aufbereitungsschritte Enthärtung (Austausch der Härtebildner Calcium und Magnesium gegen Natrium) und Umkehrosmose (Reduzierung auf 1–5 % des Salzgehaltes). Meist werden die erzeugbaren Wasserqualitäten mit einer definierten Vermischung des Rohwassers nachgespeist. Man spricht hier von Verschneidung oder Verschnittwasser.

Dadurch kann eine große Bandbreite an benötigten Wasserqualitäten erzeugt werden:

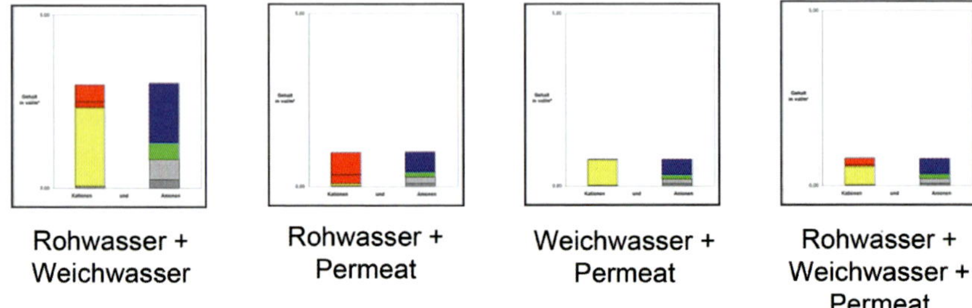

Bild 47: Mögliche Verschnittwasserqualitäten

Durch Veränderung der Verschnittanteile kann eine gewünschte Zusatzwasserqualität erzeugt und damit günstige Voraussetzungen für eine möglichst hohe Eindickung im System geschaffen werden.

Bei Zwischenspeichern werden häufig UV-Anlagen eingesetzt und teilweise Desinfektionsmittel zugegeben. Bei einer zentralen Nachspeisung mehrerer Systeme wird oft ein Teil der eigentlichen Wasserbehandlung für das Nutzwasser zur Vereinfachung schon mengenproportional dem Zusatzwasser zugegeben. Dadurch wird die eigentliche Wasserbehandlung mit Inhibitoren oder Desinfektionsmitteln zu einem Verfahren der Wasseraufbereitung. Korrosionsinhibitoren enthalten jedoch oft organische Komponenten, sodass bei der Dosierung ins Zusatzwasser, je nach System und vorhandenen Stagnationen (und ggf. auch Rohrbegleitheizungen), ein mikrobiologisches Wachstum im Zusatzwasser begünstigt wird. Aus diesem Grund sollte die Probenahmestelle des Zusatzwassers möglichst direkt vor der Nachspeisestelle realisiert werden, um auch die tatsächliche Zusatzwasserqualität zu erfassen. Wenn eine Dosierung von Inhibitoren in die Nachspeiseleitung stattfindet, wird oft auch die Zugabe von Bioziden (zumindest zeitweise und dann meist oxidative auf Wasserstoffperoxidbasis) ins Zusatzwasser durchgeführt. Zur Absicherung der Trinkwasserqualität sind zusätzliche Trennarmaturen (Rohr- oder Systemtrenner) erforderlich.

Bei Verdunstungskühlanlagen mit Durchlaufkühlung (z. B. Adiabatiksprühsysteme) wird das Zusatzwasser an den Sprühdüsen zum Nutzwasser; demnach kann für diese Anwendungen die Behandlung technisch ausschließlich über das Zusatzwasser erfolgen. Hierbei sind weitere Probenahmestellen an den unterschiedlichen Stellen der Wasseraufbereitung zielführend.

Praxisbeispiel B: Debeka Versicherung a.G., Koblenz

Vier Adiabatiksprühkühler werden mit einem Zusatzwasser versorgt, welches über eine Enthärtung und Umkehrosmose aufbereitet wird und in einem Permeatspeicher mit einer UV-Technik vorgehalten wird. Durch die Zugabe geringer Mengen an Desinfektionsmittel auf Basis von Wasserstoffperoxid kombiniert mit regelmäßigen Spülzyklen wird der hygienische Betrieb abgesichert. Das aufbereitete Wasser wird objektbezogen auch zur Nachspeisung von Befeuchtern eingesetzt. Dadurch wird die Aufbereitungstechnik dauerhaft das ganze Jahr über betrieben.

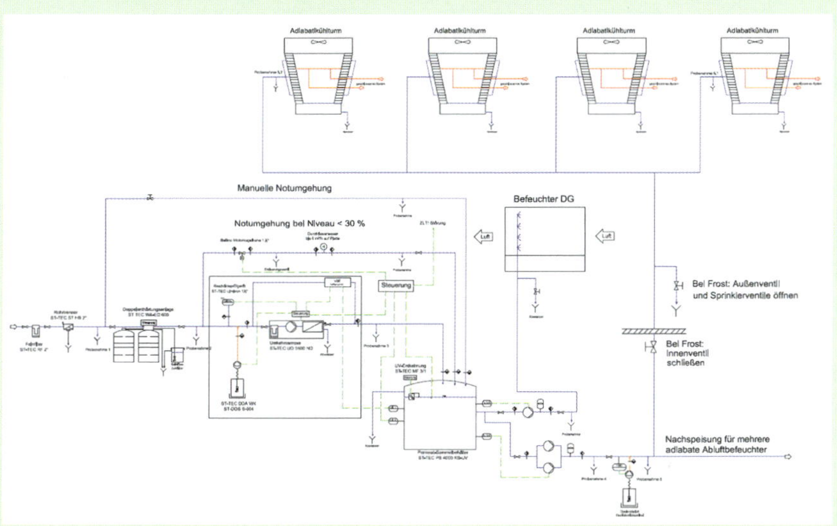

Bild 48: Schema der Wasseraufbereitung bei der *Debeka Versicherung a.G.*

Trotz dieser eigentlich ausreichenden Maßnahmen kam es nach der Inbetriebnahme kurzzeitig zu erhöhten mikrobiologischen Belastungen im Zusatzwasser bei der allgemeinen Koloniezahl, was über die betreiberseitige Analytik festgestellt und in Laborkontrollen bestätigt wurde. Die Ursache hierfür war eine unzuverlässige Dosierung des Desinfektionsmittels, welches bei der mengenproportionalen Dosierung an der Pumpe nicht ausreichend entgast werden konnte. Erst durch die Nachrüstung eines effektiven Entgasungssystems an der Dosierpumpe arbeitete die Dosierung verlässlich, und danach wurden keinerlei Belastungen mehr festgestellt.

Aus diesem Grund wurde die realisierte Zeitsteuerung für die mengenproportionale Dosierung inaktiviert und auf permanente Dauerdosierung umgestellt, um die Qualität des Zusatzwassers abzusichern. Aufgrund der geringen Betriebszeiten mit Besprühung werden für die 4 Anlagen im Jahr weniger als 50 kg des Biozids verbraucht.

Eine Aufbereitung des Rohwassers kann bei ungünstigen Betriebsbedingungen auch zu Nachteilen führen und sogar Ursache von hohen mikrobiologischen Belastungen werden. Der Aufstellungsraum für die Aufbereitungstechnik darf nicht zu warm sein; hier sollten analog der Anforderungen im Trinkwasser Temperaturen unter 25 °C eingehalten werden, bzw. Räume mit höheren Temperaturen sollten nicht als Aufstellungsplatz ausgewählt werden. Die Anlagen sind mit Ventilen für Beprobungen auszuführen und zu betreiben.

VDI 2047 Blatt 2:

8.7.1.1 Aufbereitung des Rohwassers

Enthärtungs- und Membrananlagen sind bei Betriebsunterbrechungen nach spätestens drei Tagen zu regenerieren oder zu spülen oder bei längeren Betriebsunterbrechungen nach Herstellerangaben zu konservieren.

Bei der Regeneration von Enthärtungsanlagen bestehen einfache Möglichkeiten von Harzdesinfektionen, die das Risiko von mikrobiologischen Belastungen minimieren. In allen Anwendungen ist darauf zu achten, dass es nicht zu längeren Stagnationen in der Zusatzwasserleitung kommt, was gerade in auslastungsschwachen Zeiten möglich ist. Regelmäßig rückspülende Filtertechniken im Nutzwasser erzeugen auch in kühllastschwachen Betriebszeiten eine regelmäßige Nachspeisung ins System.

Saisonläufer werden über die Wintermonate nicht nachgespeist. Hierfür sind Konzepte zu erarbeiten, die z. B. eine Konservierung der Aufbereitungstechnik ermöglichen, oder durch eine regelmäßige Nachspeisung oder Spülung den Betrieb absichern. Hier könnte sonst eine mikrobiologische Belastung zu einer Rückverkeimung ins Trinkwassersystem führen und somit auch ein hygienisches Risiko im Trinkwasser bewirken. Kapitel 8.5 enthält weitere Informationen zu Betriebsunterbrechungen und Stillständen auch in Bezug auf Wasseraufbereitungsanlagen.

8.7.1.2 Behandlung des Nutzwassers

VDI 2047 Blatt 2:

8.7.1.2 Behandlung des Nutzwassers

Zur Behandlung des Nutzwassers kommen entsprechend den Anforderungen verschiedene Verfahren, auch in Kombination, zum Einsatz, z. B.:

- Entfernung von Feststoffen
  - Filtration
- Dosierung von Stoffen
  - Härtestabilisatoren
  - Korrosionsinhibitoren
  - Dispergiermittel [...]
- Begrenzung mikrobiologischer Belastungen
  - Biozide
  - UV-Bestrahlung

In dieser Aufzählung nicht gesondert aufgeführt, aber für jedes Verdunstungskühlsystem in der Wasserbehandlung für das Nutzwasser unabdingbar, ist die geregelte Begrenzung der Eindickung. Bei der Verdunstung des Nutzwassers findet ausschließlich beim Wasser der Aggregatzustandswechsel statt, also ausschließlich Wasser verdunstet, die Salze bleiben zurück. Dadurch kommt es zu einer Anreicherung der im Wasser gelösten Salze; dies wird als Eindickung bezeichnet.

Der Prozess der Eindickung ist ein wichtiger Grund, warum Meerwasser salzig ist; hier verdunstet fortlaufend Wasser, und das steigert zusammen mit dem Zufluss von salzhaltigem Wasser über die Flüsse den Salzgehalt in den Meeren. Der Quotient der Salzkonzentration im eingedickten Wasser zur Salzkonzentration des Zusatzwassers wird mit der Eindickungszahl EZ gekennzeichnet.

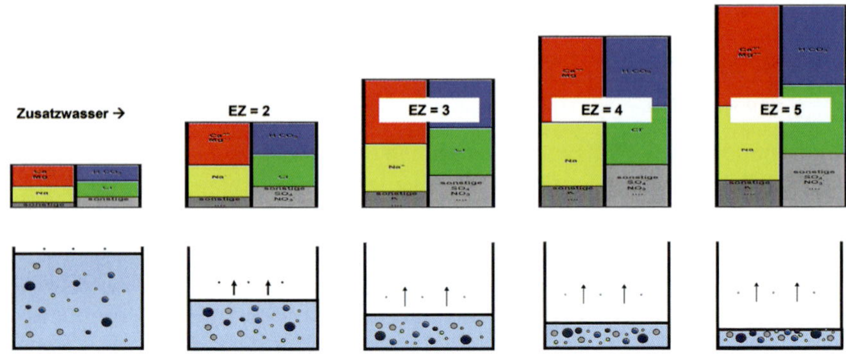

Bild 49: Eindickung eines Zusatzwassers bis zur EZ = 5

Bild 49 zeigt den sich durch Verdunstung reduzierenden Füllstand in einem Behälter und die Eindickung der darin enthaltenen Salze und darüber die sich einstellenden Inhaltsstoffsäulen in der Darstellung. In einer Verdunstungskühlanlage läuft dieser Prozess ähnlich ab, in der Anlage wird der Füllstand des Wassers durch Nachspeisung jedoch gleich gehalten; hier findet die Salzanreicherung durch die Nachspeisung des Wassers statt.

Je höher die Eindickung, umso höher wird die Salzkonzentration im Nutzwasser. Beim Betrieb von Verdunstungskühlanlagen ist die Eindickungszahl eine wichtige Größe, über die sich das Verhältnis der Volumenströme von Verdunstung und vom Abwasser einstellen und sich über deren Summe der erforderliche Volumenstrom an Zusatzwasser ergibt. Die Eindickung im Verdunstungskühlprozess wird in der Regel über eine Leitfähigkeitsmessung geregelt, die den Salzgehalt im Nutzwasser erfasst. Bei Überschreiten eines Sollwertes wird ein Ventil geöffnet, welches salzhaltiges Wasser aus dem System abführt. Diese Technik wird daher folgerichtig als Absalztechnik bezeichnet und ist Bestandteil der Wasserbehandlung einer Verdunstungskühlanlage. Alternativ gibt es auch Systeme, die durch Nachspeisung und Überlauf ohne Absalzventil arbeiten und darüber die Eindickung begrenzen. Die Regelung der Eindickung ist besonders bei der Bioziddosierung zu berücksichtigen, daher sind die meisten Absalzanlagen für die Bioziddosierung mit weiteren Steuerungskomponenten (Verriegelung, Zwangsumwälzung und ggf. auch Vorabsalzung) ausgeführt.

Je höher die mögliche Eindickung, umso weniger Abwasser muss aus dem System abgeführt werden. Mit höherer Eindickung ergibt sich dadurch auch eine Einsparung von Zusatzwasser und vor allem eine Einsparung von dem mengenproportional dosierten Behandlungsprodukt, weil dieses mit eindickt. Mit steigender Eindickung muss somit weniger dosiert werden, um eine gewünschte Konzentration im Nutzwasser zu erreichen. Um bei ungünstiger Zusatzwasserqualität eine höhere Eindickungszahl im Betrieb zu erreichen, ist eine Aufbereitung des Zusatzwassers hilfreich. Neben dem Vorteil der höheren Eindickung reduziert eine Zusatzwasseraufbereitung eventuelle Qualitätsschwankungen im Rohwasser und sichert dadurch einen stabilen Betrieb ab.

Eindickungen oberhalb von EZ = 5 werden bei Verdunstungsanlagen selten betrieben, weil dadurch kaum noch Abwasser eingespart werden kann und die organische Belastung durch aus der Luft ausgewaschene Stoffe stark zunimmt. Durch den Kontakt von Wasser und Luft findet eine Eindickung im Nutzwasser statt, es werden kontaktbedingt auch in der Luft enthaltene Schmutzstoffe, wie Feinstaub und Pollen ins Nutzwasser eingewaschen. Je nach Systemgröße und hydraulischen Verhältnissen findet bei hohen Luftdurchsatzmengen ein erheblicher Eintrag an Luftbelastungen (Pollen, Staub, Aerosole, Mikrobiologische Belastungen ...) statt. Diese Schmutzstoffe können sich in strömungsberuhigten Bereichen absetzen, die Wannen von Verdunstungskühlern fungieren dann als Schlammfang.

Bild 50: Schlammablagerungen in der Wanne einer Verdunstungskühlanlage (Betreiber greift leider ohne Handschuhe in den Schlamm, dies ist risikobehaftet – siehe Kapitel Gesundheitsrisiken!)

Ein Austrag der eingewaschenen Luftbelastungen alleine über das Absalzwasser reicht meist nicht aus. Eine Filtration im Systemwasser verbessert die Situation, und daher ist diese neben der Absalztechnik die zweite wichtige Technikkomponente der Wasserbehandlung.

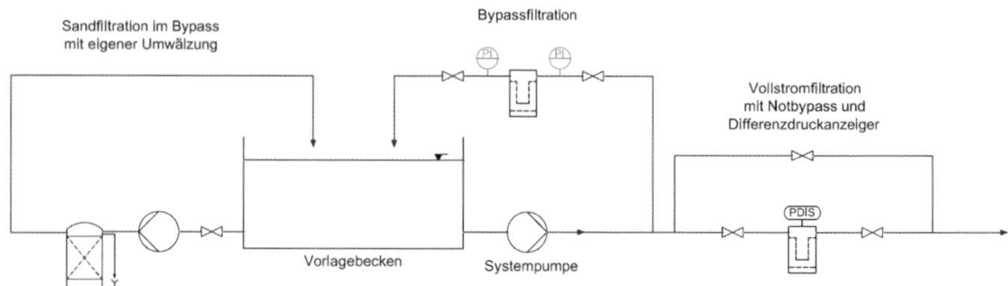

Bild 51: Schematische Darstellung möglicher Filtrationsvarianten

Welche Filtrationsvarianten eingesetzt werden und wie fein diese gewählt werden können, hängt von der Schmutzbelastung im System ab. Eine Vollstromfiltration sollte nicht zu fein ausgeführt werden (ca. 250–500 µm), um keine hydraulischen Störungen bei Belastungen zu verursachen. Der in Bild 51 dargestellte Vollstromfilter mit Notbypass sollte hydraulisch nicht wie dargestellt ausgeführt werden, sonst kommt es zu Stagnationen in der Bypassleitung. Hier könnten alternativ zwei Filter parallel betrieben werden, oder der Bypass ist mit zwei Absperrschiebern direkt an der Hauptleitung vor und hinter dem Filter abzusperren und die Leitung zu entleeren.

Eine Filtration im Bypass kann hingegen sehr fein erfolgen (ca. 10–50 µm), ohne dass es zu hydraulischen Störungen im System kommt. Hier haben sich rückspülbare Sandfilter bewährt, die mit feineren Filtermaterialien (Glasbruchmaterial, auch als aktiviertes Filtermaterial, kurz AFM bezeichnet) noch bessere Abscheideleistungen erzielen. Unzureichend rückgespülte Sandfilter unterliegen einer gewissen Verkeimungsgefahr. Der dauerhafte Betrieb der Filter und die regelmäßigen Rückspülungen sind zwingende Voraussetzungen für einen sicheren Betrieb, sonst können derartige Komponenten sogar zu einer Belastungsquelle im System führen. Das bei der Rückspülung der Sandfilter eingesetzte Nutzwasser trägt auch zur erforderlichen Absalzung bei, weil dieses Wasser auch Salze des eingedickten Nutzwassers abführt. Einige Anlagen nutzen das Rückspülventil der Filter auch direkt zur Absalzung, ohne ein gesondertes Ventil zu realisieren. Bei Verdunstungskühlanlagen mit ausschließlichem Saisonbetrieb ist die Filtrationstechnik so auszuführen, dass im Winterstillstand eine Entleerungsmöglichkeit gegeben ist und beim Wiederanfahren ggf. eine Desinfektion im Filter durchgeführt werden kann (siehe auch Kapitel 8.5 zu Betriebsunterbrechungen und Stillständen).

Die Nachrüstung von Filtertechniken ist schon in sehr vielen Systemen der Schlüssel zum Erfolg der Wasserbehandlung gewesen. Je höher die Filtrationsleistung und je feiner der Abscheidegrad, um so effektiver ist das Filtrationsverfahren für das System. Im Kapitel 8.7.1.2.1 „Einsatz von Bioziden" wird die Bedeutung der Filtrationstechnik noch gesondert betrachtet und auch im Zusammenspiel des Behandlungsprogramms zur Vorabsalzung genutzt. An dieser Stelle kann aber schon klargestellt werden, dass durch den Einsatz von Bioziden abgetötete mikrobiologische Belastungen über die feine Bypassfiltration aus dem System abgeschieden werden können und somit keinem neuen Wachstum als Nährstoff zur Verfügung steht.

VDI 2047 Blatt 2:

8.7.1.2 Behandlung des Nutzwassers

Eine feine Bypassfiltration mit ausreichendem Volumenstrom scheidet nicht nur Schmutzstoffe ab, sondern filtert auch abgetötete Mikroben ab. Dadurch werden Belastungen im System und somit auch der Bedarf von Bioziden minimiert. Daher sollte eine feine Filtration umgesetzt werden, wenn diese hydraulisch realisierbar ist.

Die dritte wichtige Komponente der Wasserbehandlung ist die Dosiertechnik mit Behandlungsprodukten; eine mengenproportionale Dosierung zum Nachspeisewasser eines Behandlungsprodukts zur Härtestabilisierung, zum Korrosionsschutz und einer zeitgesteuerten Bioziddosierung. Diese Zeitsteuerung für die Biozidzugabe wird gemeinsam mit der Absalztechnik angesteuert, um zu vermeiden, dass während und nach der Bioziddosierung Wasser und somit auch das Biozid aus dem System abgeführt wird.

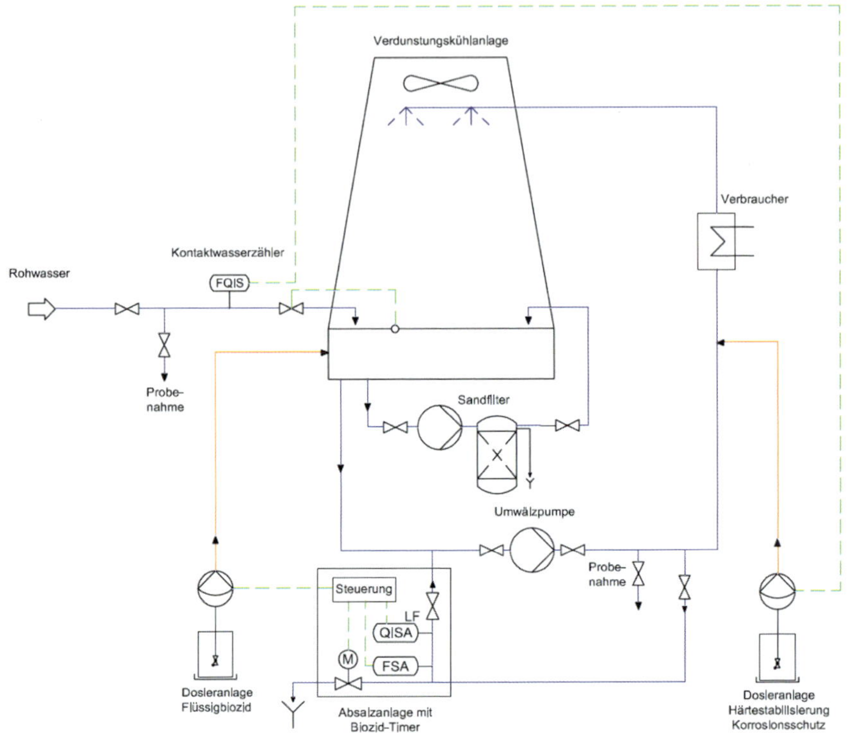

Bild 52: Verfahrensschema einer grundlegenden Wasserbehandlung einer Verdunstungskühlanlage mit Absalzung, Filtration und Dosierung von Flüssigbiozid sowie Korrosionsschutz und Härtestabilisierung

Der Umfang der Wasseraufbereitung und der Wasserbehandlung ist objektbezogen auszulegen und in der Hygiene-Gefährdungsbeurteilung zu betrachten. Welche Produkte und welche Verfahren eingesetzt werden, hängt von sehr vielen Rahmenbedingungen ab und bedarf der Auslegung von Fachfirmen. Hierbei sind abwasserseitige Vorgaben zu berücksichtigen.

Die Aufgaben der Härtestabilisierung und des Korrosionsschutzes stehen dicht nebeneinander und werden oft um eine Dispergierung ergänzt. Die Dispergierkomponente hat die Aufgabe, die Oberflächen sauber zu halten, damit die Wärmeübergangsflächen einen guten Wärmeübergang ermöglichen. Auch beim Einsatz von härtefreiem Zusatzwasser sollten Dispergierkomponenten dosiert werden, um Schmutzstoffe in Schwebe zu halten. Meist wird nicht härtefreies Zusatzwasser nachgespeist, weil Härtebildner eine effektive Voraussetzung für einen guten Korrosionsschutz bieten. Jedoch sollten gewisse Härtekonzentrationen bei entsprechenden Temperaturen und vorhandenen pH-Werten nicht überschritten werden. Ansonsten fällt Kalk aus, und es bilden sich mineralische Ablagerungen, oft an den Bauteilen mit höherer Temperatur oder auch auf den Waben der Verdunstungskühlanlage.

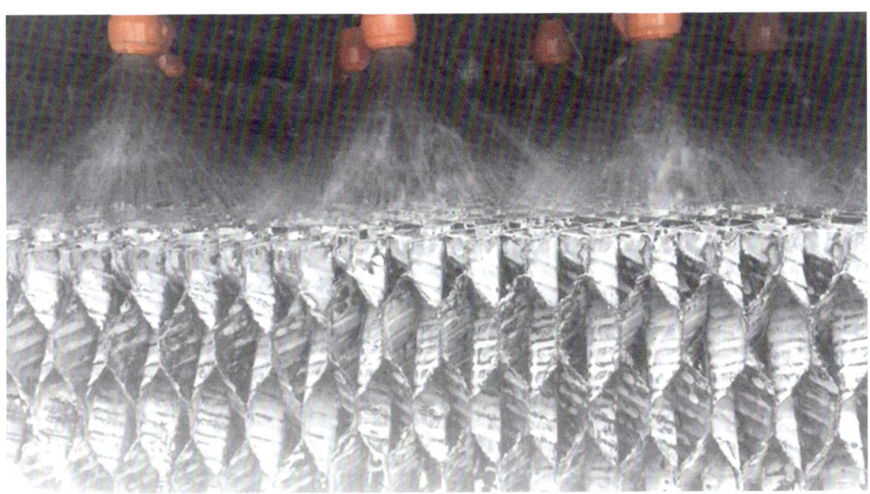

Bild 53: Mineralische Ablagerungen auf schwarzer Wabe

Dieser Zusammenhang wird mit dem Kalk-Kohlensäuregleichgewicht beschrieben:

$$Ca\,(HCO_3)_2 \quad \overset{\text{Wärme}}{\underset{\text{Kälte}}{\Leftrightarrow}} \quad CaCO_3 \downarrow \quad + H_2O \quad + CO_2$$

Kalziumhydrogenkarbonat ist gut löslich (ca. 0,1 %)

Kalziumkarbonat (Kalk) ist schlecht löslich (0,001 %)

Wasser

CO_2-Gas entweicht

Bild 54: Kalk-Kohlensäuregleichgewicht

Die hier zu berücksichtigende Größe ist die Karbonathärte im Wasser. Pro 1° Karbonathärte können pro m³ Wasser bis zu 18 g Kalk ausfallen. Dies führt zu einer Verschlechterung des Wärmeübergangs und vor allem zu einer griffigeren Oberfläche für die Ausbildung von Biofilmen.

VDI 2047 Blatt 2:

Anhang E1 – Abscheidung von Kalziumkarbonat, Kalk-Kohlensäure – Gleichgewicht

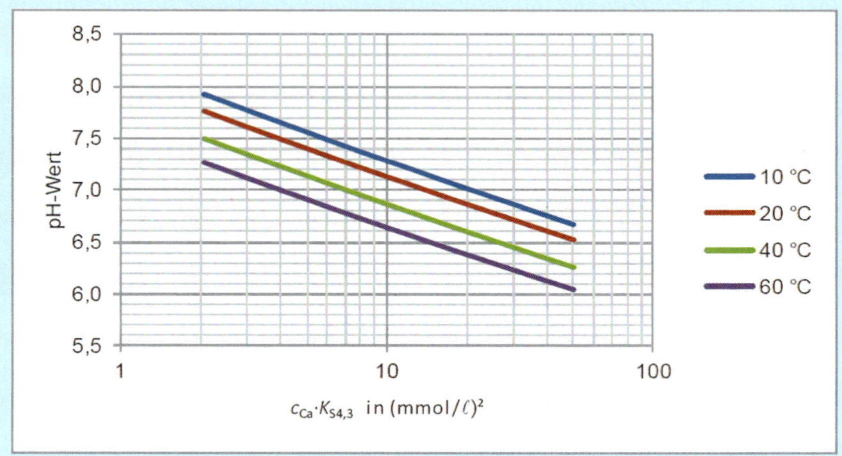

Kalziumkarbonat wird dann nicht abgeschieden, wenn im System der Sättigungs-pH-Wert unterschritten wird.

Dieses Diagramm stellt den Zusammenhang des Gleichgewichtes anschaulich dar. Auf der x-Achse ist das Produkt der Konzentrationen von Kalzium und der Säurekapazität dargestellt und auf der y-Achse der pH-Wert. Es werden vier Linien bei unterschiedlichen Wassertemperaruten dargestellt, die dem sogenannten Sättigungs-pH-Wert entsprechen. Befindet sich die Nutzwasserqualität bei der jeweiligen Temperatur genau auf dieser Linie, so bleibt die Härte im Nutzwasser stabil und fällt nicht aus. Erreicht die Nutzwasserqualität einen pH-Wert oberhalb der Linie oder erwärmt sich das Wasser weiter (dann sinkt die Linie weiter ab!), so kommt es zu einem Ausfall von Härtebildnern. Durch Zugabe von Härtestabilisatoren kann die Sättigungslinie deutlich angehoben werden und Härte auch bei höheren Temperaturen und höheren pH-Werten stabil gehalten werden. Wird ein Härtestabilisator mengenproportional zum Nachspeisewasser mit ca. 50 g/m³ dosiert, so erreicht die Konzentration im Nutzwasser bei einer dreifachen Eindickung einen Produktgehalt von 150 g/m³. Die Konzentration des Härtestabilisators muss im Nutzwasser jedoch dauerhaft aufrechterhalten werden, um eine ausreichende Wirkung zu erreichen. Wenn sich im Jahresverlauf deutlich unterschiedliche Betriebstemperaturen einstellen, kann es zielführend sein, den Gehalt des

Härtestabilisators in den Sommermonaten anzuheben oder die Eindickung in den Sommermonaten etwas mehr zu begrenzen.

Je nach vorhandenen Werkstoffen ist der Einsatz von Korrosionsinhibitoren erforderlich, um nicht korrosionsbeständige Werkstoffe ausreichend zu schützen und langfristig einsatzfähig zu halten. Welche Produkte wie einzusetzen sind, um einen ausreichenden Schutz im Nutzwasser zu erreichen, hängt von vielen Rahmenbedingungen ab. Einige Werkstoffe haben sehr konkrete Anforderungen an den pH-Wert des Nutzwassers und unterliegen bei Abweichungen einer schnell ablaufenden Korrosion. Aluminium und verzinkter Stahl neigen bei pH-Werten oberhalb von 8,5 und 8,7 zu höheren Korrosionsgeschwindigkeiten, daher findet meist auch eine Stabilisierung des pH-Wertes durch Pufferkomponenten in den Produkten statt. Besonders zum Schutz von Kupferwerkstoffen werden auch in regelmäßigen Abständen zusätzliche Kupferinhibitoren dosiert.

In den meisten Anwendungen wird der Einsatz von Korrosionsinhibitoren mit dem Einsatz an Härtestabilisatoren kombiniert und mit nur einem Produkt gelöst. Früher gab es Kombiprodukte, die neben den Härtestabilisierungs- und Korrosionsschutzkomponenten auch Biozidkomponenten (nicht-oxidative Biozide) enthalten haben. Diese Produkte sind aus abwasserrechtlichen Gründen nicht mehr erlaubt. Die Wasserbehandlung eines Verdunstungskühlsystems ist ein dynamischer Betrieb, wobei sich eine entsprechende Wasserqualität durch das Zusammenspiel von Nachspeisung, Wasserbehandlung, Filtration und Absalzung in einer gewissen Betriebsbandbreite einstellt. Durch sich verändernde Luftzustände stellen sich unterschiedliche Verdunstungsmengen ein, die damit auch den Eintrag an Luftbelastungen fortlaufend verändert. Vor allem bei größeren Systemen mit hohen Kühlleistungen werden dann getrennte Behandlungsprodukte zum Korrosionsschutz und zu Härtestabilisierung dosiert. Trotz einer gewissen Schwankungsbreite ist der Betrieb der Wasseraufbereitung und Wasserbehandlung zum Schutz vor mineralischen Ablagerungen und Korrosionen eine recht kontinuierliche Behandlung im Jahresverlauf. Eine funktionsfähige Absalztechnik ist Voraussetzung für eine ausreichende Wirkung der Härtestabilisierung und des Korrosionsschutzes. Findet eine zu hohe Eindickung statt, werden trotz Anwesenheit von Stabilisatoren und Inhibitoren Löslichkeitsgrenzen überschritten, und es kommt zu einem Ausfall mineralischer Beläge oder auch zu Korrosionen. Der Ausfall von mineralischen Belägen kann in der Wasseranalytik als Härtedefizit erfasst werden. So kann durch die engmaschige Analytik ein Ausfall von Härtebildnern frühzeitig erkannt werden, bevor es zu stärkeren Ablagerungen im System kommt und sich der Wärmeübergang durch Ablagerungen verschlechtert.

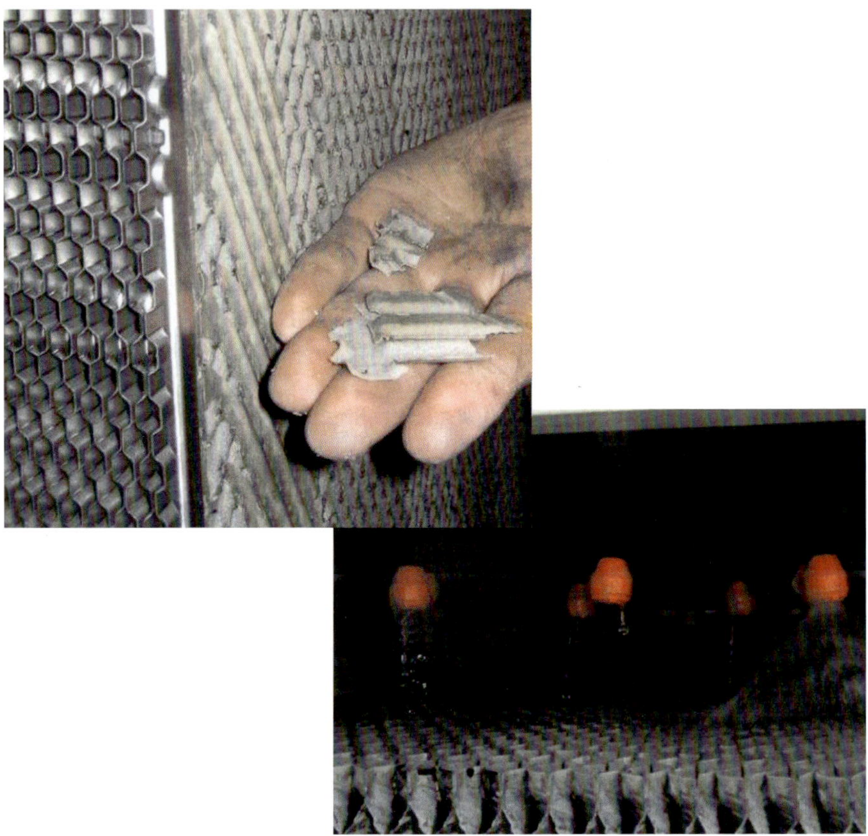

Bild 55: Mineralische Ablagerungen im System an unterschiedlichen Stellen

Bild 55 zeigt den Ablagerungszustand in dem fast vollständig verkalkten Plattenwärmeübertrager und auf den Waben im Verdunstungskühler, die deutlich unterschiedlich ausgeprägt sind. Aufgrund der hohen Temperaturen hat sich der Kalk vor allem im Bereich des Wärmeübertrages ausgebildet und auch zu Verstopfungen an den Sprühdüsen geführt. Beides führt zu einer deutlichen Leistungseinbuße am Verdunstungskühler und wurde erst erkannt, als das zu kühlende System nicht mehr ausreichend gekühlt werden konnte. Der Bildausschnitt der Waben des Verdunstungskühlers ist in Bild 55 zuvor zeitlich etwas vor dem ablagerungsbedingten Zustand schon als kritisch eingestuft worden, die Ablagerungsstärke im Wärmeübertrager war jedoch deutlich ausgeprägter.

Zu hohe Eindickungen können bei hohen Chloridgehalten auch zu erhöhten Korrosionsraten führen. Korrosionen an Werkstoffoberflächen führen zu einer Vergrößerung der Oberfläche und bieten somit einen besseren Halt für Biofilme. Die Wasserbehandlung einer Verdunstungskühlanlage sollte somit sowohl Korrosionen als auch mineralische Ablagerungen begrenzen.

8.7.1.2.1 Einsatz von Bioziden

Die richtige Dosierung von Bioziden ist eine anspruchsvolle Aufgabe für den Betrieb von Verdunstungskühlanlagen. Es sollten sowohl Überdosierungen als auch Unterdosierungen vermieden werden. Durch einen zu geringen Einsatz an Bioziden kann es zu einem erhöhten mikrobiologischen Wachstum kommen, und es können Resistenzen entstehen. Durch Überdosierungen können neben abwasserrechtlichen Problemen auch erhöhte Korrosionsangriffe stattfinden.

VDI 2047 Blatt 2:

8.7.1.2.1 Einsatz von Bioziden

Beim Einsatz von Bioziden zur Beherrschung von Mikroorganismen im Nutzwasser sind die Einhaltung der Einsatzkonzentrationen und Kontaktzeiten essenziell. Durch zu geringe Konzentration oder Einwirkzeit kann es zur Ausbildung von Resistenzen und Adaptation kommen.

Oft werden die Begriffe Biozid und Desinfektionsmittel gleichwertig verwendet, wobei der Begriff Biozid als Oberbegriff zu verstehen ist und Desinfektionsmittel als ein Teil der Biozide zu verstehen ist. Desinfektionsmittel werden gezielt gegen krankheitserregende Belastungen eingesetzt, daher wird in Krankenhäusern oft von Desinfektionsmitteln gesprochen. Im Bereich der Verdunstungskühlanlagen wird die Verwendung des Begriffs Biozid genutzt.

Welcher Biozidwirkstoff, in welcher Konzentration, wie oft und wann einzusetzen ist, hängt von sehr vielen Faktoren ab. Neben abwasserseitigen Vorgaben sind dies die vorhandene Nutzwasserqualität, die mikrobiologische Situation, die Werkstoffvielfalt, die Dynamik und die Verweilzeit im System und vor allem, wie gut die Filtration des Nutzwassers umgesetzt ist. Grundsätzlich wird zwischen oxidativen Bioziden und nicht-oxidativen Bioziden unterschieden. In der Anlage der VDI 2047 sind im Anhang B die Eigenschaften gebräuchlicher Biozide aufgeführt, aus der die Komplexität der Aufgabenstellung zur Biozidauswahl ersichtlich wird. Eine vereinfachte Darstellung der Eigenschaften (ohne konkret auf einzelne Wirkstoffe einzugehen) wird aus diesem Vergleich ersichtlich:

Tabelle 1: Eigenschaften von Bioziden

	Oxidative Biozide	**Nicht-oxidative Biozide**
Wirksamkeit	Direkt nach Zugabe und Verteilung	Einwirkdauer erforderlich
Zehrung	Schnell (abhängig von Wasserinhaltsstoffen)	Langsam – gar nicht
Verweilzeit	Kurz (abhängig von Zehrung)	Längere Verweilzeiten möglich
Resistenzbildung	Inaktivierung durch Enzyme möglich, verstärkte Schleimbildung möglich	Möglich, insbesondere bei Unterdosierung Wechsel des Wirkstoffes empfohlen
Wechselwirkung mit Werkstoffen	Bei anhaltender Überdosierung korrosionsfördernde Wirkung möglich	Neutrales Verhalten gegenüber üblichen Werkstoffen
Nachweis im Nutzwasser	Wirkstoffkonzentration mittels Prüfset oder mittels Onlinemessung vor Ort bestimmbar	Wirkstoffkonzentration vor Ort nicht bestimmbar, z. T. über Laboranalytik möglich

Wenn die Verweilzeit im System kurz ist (hohe Kühlleistung, geringer Systeminhalt, niedrige Eindickung), können nur schnell wirkende Biozide eingesetzt werden. Wenn die Verweilzeit lang ist, können auch langsamer wirkende Biozide eingesetzt werden.

Bei der Bioziddosierung ist nicht nur ein steuerungstechnischer Austausch mit der Absalztechnik durchzuführen, es bedarf auch der Abstimmung mit Umwälzpumpen und eventuellen Filtern. Wenn Biozid dosiert wird, sollte es möglichst an allen wasserberührten Oberflächen wirken können und auch überall eine erforderliche Einwirkkonzentration und Einwirkdauer erreichen.

Dazu ist das Systemvolumen und die maximale Umwälzmenge bei Zwangsumwälzungen zu erfassen. Aus diesen beiden Daten ergibt sich die Umwälzzeit, die auch als Umwälzzahl des Kühlwassers angegeben wird. Ein System mit 10 m^3 Inhalt und einer Umwälzung von 60 m^3/h hat eine Umwälzzahl von 6/h oder eine Umwälzzeit von 10 Minuten. Die Dauer der Biozidzugabe sollte idealerweise der einfachen Umwälzzeit entsprechen, sodass mit gleichbleibender Dosierhöhe dem System das Biozid möglichst gleichmäßig zugegeben wird. Bei schnelllaufenden Systemen kann die Zugabe des Biozids auch über ein Vielfaches der Umwälzzeit erfolgen. Während der Bioziddosierung sollte eine Zwangsumwälzung stattfinden, die um eine Verriegelungsdauer ergänzt wird, wodurch dem Biozid eine ausreichende Einwirkzeit eingeräumt und somit verhindert wird, dass das Biozid ins Abwasser gelangt.

Eine Kennzahl zum Vergleich der Verweilzeit im System ist die sogenannte Halbwertszeit des Systems (nicht des Produktes!). Zur Bestimmung der Halbwertszeit wird der Systeminhalt in m^3 durch die bei maximaler Kühllast erforderliche maximale Abwassermenge in m^3/h geteilt und das Ergebnis mit dem natürlichen Logarithmus von 2 ($\ln 2 = 0{,}69$) multipliziert. Daraus ergibt sich die Halbwertszeit in Stunden. Diese Zeit benötigt das System, um bei Maximallast ein Produkt mit einer Stoßdosierung ausschließlich über die Absalzwasserverluste auf die Hälfte der Einsatzkonzentration zu reduzieren. Diese Zahl stellt somit einen Vergleich für die Dynamik der Systeme dar und wird oft zur Auswahl des richtigen Biozids herangezogen. Ist die Halbwertszeit sehr kurz (kleiner 3 Stunden) wird die Einwirkzeit für ein klassisches Biozid zu kurz sein. Wenn die Einwirkzeit über eine Absalzverriegelung abgesichert werden soll, wird in diesen dynamischen Systemen sehr schnell eine zu hohe Leitfähigkeit erreicht, und es kommt zu damit verbundenen Störungen.

Oxidative Biozide reagieren sehr schnell. Es kann jedoch messtechnisch der Überschuss erfasst und der Zusammenhang veranschaulicht werden:

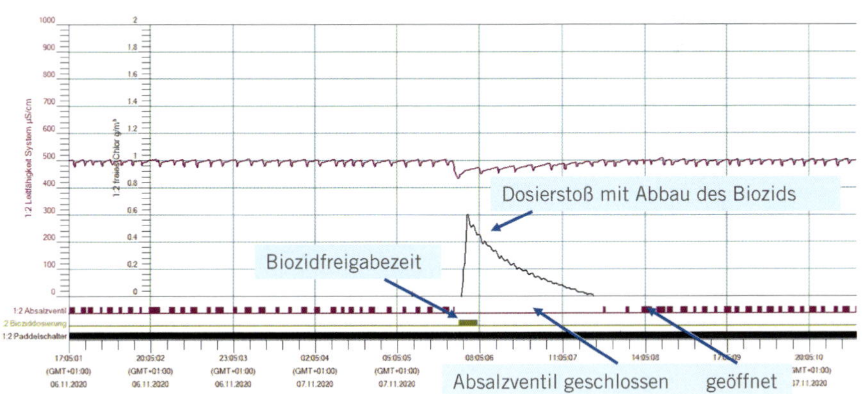

Bild 56: Werteverlauf Leitfähigkeit, Biozidüberschuss und Ventilstellungen

Vor und nach der Biozіddosierung (grün dargestellter Betriebsbereich) sind die regelmäßigen Öffnungen des Absalzventiles (lila dargestellte Betriebsbereiche) zu erkennen, während und nach der Biozіddosierung bleibt die Absalzung verschlossen. Um zu verhindern, dass in dieser Zeit eine zu hohe Eindickung stattfindet, wurde der im System vorhandene Sandfilter vor der Biozіddosierung zurückgespült. Dies führt zu dem Leitfähigkeitsabfall vor der Biozіddosierung und verhindert einen zu hohen Salzgehalt bei der Verriegelung. Dieser als Vorabsalzung bezeichnete Prozess kann auch leitfähigkeitsgesteuert durchgeführt werden, um so günstige Rahmenbedingungen für den Biozideinsatz zu schaffen.

Die Auswahl und der richtige Einsatz von Bioziden ist eine sehr komplexe Aufgabe, die dynamisch gelöst werden muss. In den Wintermonaten ist der Bedarf geringer als in warmen Sommermonaten. Wenn die Zugabe von Biozid über eine Messgröße erfasst wird, kann die Dosierung auch nach dem Bedarf geregelt werden, dies wird als ‚Bedarfsgerechte Biozіddosierung' bezeichnet.

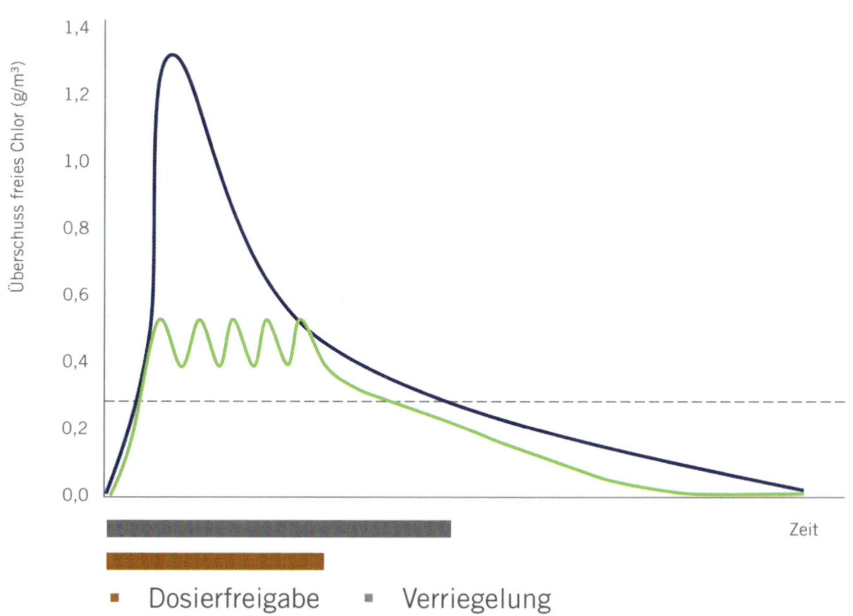

Bild 57: Überschussverlauf einer Stoßdosierung im Vergleich zu einer bedarfsgerechten Biozіddosierung

Bei unterschiedlich schnellen Zehrungen im Nutzwasser wird unterschiedlich oft nachdosiert, sodass die Menge an zugegebenem Biozid sich bei verschiedenen Belastungen im System anders einstellt. Dadurch kann Biozid eingespart werden und auch die Werkstoffe vor erhöhten Konzentrationen geschont werden. Kombiniert mit einer intelligenten Steuerung können dann sowohl der Überschuss abgesichert als auch die Absalzverriegelung an den tatsächlichen Überschuss vom Biozid gekoppelt werden.

Praxisbeispiel A: EGF EnergieGesellschaft Frankenberg mbH, Frankenberg:

Bis 2018 wurde in dem System die Bioziddosierung ausschließlich zeitgesteuert durchgeführt und die Dosierhöhe der Dosierpumpen nach der Systemgröße und der rechnerisch erforderlichen Dosiermenge für einen ausreichenden Produktgehalt berechnet. Der Überschuss im Wasser wurde mit Schnelltests stichprobenartig kontrolliert, und bei Bedarf wurde die Dosierhöhe angepasst. Bei diesem System wurde 2018 die bedarfsgerechte Bioziddosierung nachgerüstet. Die Information des sich einstellenden Biozidüberschusses ist nun bei jeder Dosierung vorhanden und kann auch im zeitlichen Verlauf betrachtet werden. Durch Anpassungen der Dosiertechnik als Regeldosierung in Abhängigkeit des Überschusses über ein Zeitfenster nimmt sich das System so viel Biozid wie es braucht. Bei hohen Belastungen mehr und bei geringen Belastungen weniger, weil die Zehrung geringer ist. Über die Bewertung der sich einstellenden Zehrung und des Werteverlaufes sind zudem Anpassungen der Dosierungen möglich. Dies hat zu einer Steigerung der Betriebssicherheit geführt und in diesem Fall sogar zu einer deutlichen Einsparung von Bioziden.

In einigen Anwendungen wird der Einsatz oxidativer und nicht-oxidativer Biozide kombiniert durchgeführt und die Produkte ergänzend zueinander eingesetzt. Eine Kombination verschiedener Biozidprodukte sollte immer mit dem Hersteller abgestimmt werden.

VDI 2047 Blatt 2:

8.7.1.2.1 Einsatz von Bioziden

Die Wirksamkeit des eingesetzten Biozidprodukts gegen Legionellen muss durch eine Prüfung nach DIN EN 13623 nachgewiesen sein.

Der Wirksamkeitstest nach DIN EN 13623 sollte sowohl für oxidative als auch für nicht-oxidative Biozide durchgeführt werden. Ziel dieses Nachweises nach DIN EN 13623 ist es, die Wirksamkeit des Biozids gegenüber Legionellen zu bestimmen. Es wird geprüft, wie viel Biozid von einem bestimmten Produkt mit definiertem Wirkstoffgehalt notwendig ist, um in einer Bakteriensuspension mit definierter Bakterienmenge innerhalb von 60 Minuten mindestens eine dezimal-logarithmische (lg) Reduktion der Lebendkeimzahl um vier Stufen (99,99 %) zu erreichen. Diese ermittelte Konzentration ist aber sicher nicht als eine grundsätzliche Mindestdosierkonzentration für das Produkt zu verstehen. In der Anwendung reichen oft auch deutlich niedrigere Dosierhöhen aus, um eine ausreichende Reduzierung abzusichern. Der Test nach DIN EN 13623 dient als grundsätzlicher Nachweis mit einer orientierenden Konzentrationsangabe. Es ist fraglich, ob die Ergebnisse des Laborversuches auf das tatsächliche System übertragbar sind. Im Nutzwasser eines Systems sind andere Rahmenbedingungen und Biofilme vorhanden, die zu anderen Verhalten führen können. Bei oxidativen Bioziden sollte beim Einsatz auch unbedingt die Zehrung erfasst werden; selbst wenn eine bestätigte Konzentration zudosiert wird, kann diese bei hoher organischer Belastung sehr schnell abklingen. Es ist zu unterscheiden, ob mit einer routinemäßigen Bioziddosierstrategie ein weitestgehend sauberes System aufrechterhalten werden soll oder ob (zusätzlich) eine anlassbezogene Bioziddosierung stattfindet.

Wird gezielt eine Überschreitung der Legionellen (Prüfwert oder Maßnahmenwert) bekämpft, muss ein Biozid mit Nachweis und dieses mindestens in der nachgewiesenen wirksamen Konzentration eingesetzt werden. Im Maßnahmenplan sollte daher ein entsprechendes zugelassenes Biozid definiert sein und vor Ort vorgehalten werden.

Wie oft und wann Biozid dosiert wird, sollte auch in Abstimmung mit dem Labor für die Hygienekontrollen erfolgen, da der Probenahmezeitpunkt in Relation zur Bioziddosierung richtig gewählt werden muss. So wird inzwischen je nach Probeentnahmezeitmöglichkeit vom Labor auch der Dosierzeitpunkt für das Biozid vorgegeben.

LAI, 08.09.2020, Nummer 7.1.2

Wie viel Zeit sollte zwischen einer Bioziddosierung und einer nachfolgenden Laboruntersuchung liegen?

Für die durchzuführende Laboruntersuchung ist der Zeitpunkt der Bioziddosierung relevant. Es ist insbesondere zu vermeiden, eine Probe kurz nach einer erfolgten Bioziddosierung zu entnehmen (laut UBA-Empfehlung). Gemäß VDI 2047 Blatt 2 muss die Probenahme so erfolgen, dass sie nicht durch Biozidzudosierung verfälscht wird, da sonst die Mikroorganismen im Probenahmebehältnis/Labor abgetötet werden. Des Weiteren sollte eine Inaktivierung des Biozids erfolgen. Zudem muss der Zeitpunkt der Probenahme den Normalbetrieb widerspiegeln und soll vor einer Stoßdosierung des Biozids erfolgen.

Da die Probenahme je nach Entfernung des Probenehmers und je nach zeitlicher Organisation im Labor nur in bestimmten Zeitfenstern erfolgt, ist dies im Vorfeld zur Probeentnahme wichtig abzustimmen.

8.7.1.2.2 Einsatz von UV-Bestrahlung

Die VDI 2047 benennt zur Begrenzung von mikrobiologischen Belastungen mit der UV-Technik auch ein alternatives Verfahren. Es stehen auf dem Markt inzwischen viele weitere Systeme zur Verfügung, deren Anwendung ebenfalls erfolgreich ist. Meist haben diese biozidfreien Systeme gewisse Nachteile. UV-Anlagen wirken ausschließlich in dem Bereich, wo UV-Licht hingelangt und wo wenig Schmutzbelastungen dieses optische Verfahren begrenzen. An Wandungen im System kommt es dann zur Ausbildung von Biofilmen, sodass diese Verfahren meist durch zusätzliche Zugabe von Bioziden unterstützt werden müssen.

8.7.2 Auslegung von Wasseraufbereitungsanlagen

Nachdem die Wasseraufbereitung und Wasserbehandlung ausreichend beschrieben wurden, werden in diesem Punkt die Zusammenhänge noch einmal aufgegriffen und die notwendige Wasseraufbereitung betrachtet und vor allem hydraulisch überprüft.

VDI 2047 Blatt 2:

8.7.2 Auslegung von Wasseraufbereitungsanlagen

Für die Auslegung von Wasseraufbereitungsanlagen sind die Eindickungszahl, die Zusatzwassermenge, die Beschaffenheit des Rohwassers und die Anforderungen an das Nutzwasser maßgebend.

Die Wasseraufbereitungsanlagen müssen hydraulisch immer auf die zu erwartende Spitzenlast ausgelegt werden, sodass das Kühlsystem bei Maximallast ausreichend mit Wasser versorgt werden kann. Dies gilt auch für eine ausreichende Dimensionierung beim Abwasser, um bei entsprechender Eindickung eine ausreichende Abwassermenge abzuführen, gerade beim Einsatz von Filtertechniken sollten kurzzeitige Spitzenvolumenströme berücksichtigt werden.

Neben den hier genannten Punkten sollten bei der objektbezogenen Auslegung die Kosten für Zusatzwasser und Abwasser, die Platzverhältnisse sowie die Betriebsbedingungen berücksichtigt werden. Es gibt Systeme, bei denen kaum Kosten für Abwasser und Zusatzwasser anfallen, es gibt auch Betreiber, die über 17 Euro pro m^3 Abwasser zahlen müssen. Entsprechend relativieren sich Investions- und Betriebskosten für Wasseraufbereitung und Wasserbehandlung.

8.8 Inbetriebnahme

Die VDI 2047 Blatt 2 umschreibt den Vorgang der Inbetriebnahme zunächst als technischen Vorgang nach einer erfolgreichen Testphase mit Gefahrenübergang und Übergabe von Verantwortlichkeiten.

Die in Kapitel 8.8 beschriebenen Anforderungen wurden in der 42. BImSchV in Form einer Checkliste (Anlage 2 der 42. BImSchV) übernommen.

42. BImSchV:

§ 3 Allgemeine Anforderungen

(6) Der Betreiber hat sicherzustellen, dass vor der Inbetriebnahme oder der Wiederinbetriebnahme einer Anlage die Prüfschritte gemäß Anlage 2 unter Beteiligung einer hygienisch fachkundigen Person durchgeführt wurden. Der Betreiber hat vor dem in Satz 1 bestimmten Zeitpunkt die Durchführung der Prüfschritte im Betriebstagebuch zu dokumentieren. Die Sätze 1 und 2 gelten auch für Anlagen oder Anlagenteile, die nach Trockenlegung oder nach Unterbrechung des Nutzwasserkreislaufs für mehr als eine Woche wieder angefahren werden.

Die VDI 2047 definiert hier weitere Begriffe und unterscheidet die Inbetriebnahme von einer Wiederinbetriebnahme. Für beide Fälle wird jedoch vorgegeben, die Checkliste Anlage 2 der 42. BImSchV auszufüllen. Dies gilt auch für Wieder-/Inbetriebnahmen von Anlagenteilen. Die VDI 2047 verweist darauf, dass bei Probebetrieb, Betriebsunterbrechung oder Stillstandszeiten analog zu verfahren ist. Auf den Stillstand von Anlagenteilen wird hier nicht eingegangen.

VDI 2047 Blatt 2:

8.8.3 Erstbefüllung und Probebetrieb mit Wasser, Wasserbeschaffenheit

Es ist aus mikrobiologischer Sicht vor der Befüllung mindestens der Parameter *Legionella* spp. zu überprüfen. Zusätzlich werden die Untersuchung von

- Koloniezahl und
- *Pseudomonas aeruginosa*

empfohlen.

Die Befüllung darf nur stattfinden, wenn die Wasserbeschaffenheit keine negativen Auswirkungen auf den hygienegerechten Betrieb der Anlage erwarten lässt.

[...]

Bei Befüllung der Anlage mit Rohwasser, bei dem die Maßnahmenwerte nach Abschnitt 9.3.2.1 überschritten sind, muss vor Einschalten des Ventilators das Wasser wirksam desinfiziert sein.

Das bedeutet nicht zwangsläufig, dass bei Überschreitung einer der Maßnahmenwerte der VDI 2047 eine Befüllung nicht stattfinden darf. Es müssen jedoch weitere Überlegungen angestellt werden, wie ein hygienegerechter Betrieb der Anlage mit dem zur Verfügung stehenden Wasser möglich ist. Abhängig davon, welcher Maßnahmenwert (Legionellen, allgemeine Koloniezahl oder *P. aeruginosa*) in welcher Höhe überschritten wurde, kann eine mengenproportionale Zusatzwasserdesinfektion mit einem geeigneten Biozid stattfinden, ein Biozid manuell oder über eine vorhandene Impfstelle in das (teil-)befüllte System stattfinden. Hierbei ist wichtig, dass eine gute Verteilung und Einwirkzeit des Biozids gesichert ist, bevor die Verrieselung und die Ventilatoren in Betrieb gehen. Auch bei ausgeschalteten Ventilatoren gibt es in zwangsbelüfteten Verdunstungskühlanlagen einen gewissen Kamineffekt, und es kann zu Aerosolbildung in der unmittelbaren Umgebung kommen. Bei Legionellenkonzentrationen von > 1000 KBE/100 ml im Zusatzwasser muss also von einer Befüllung abgesehen werden. In anderen Fällen müssen die Mitarbeiter entsprechend unterwiesen und mit persönlicher Schutzausrüstung ausgestattet werden.

VDI 2047 Blatt 2 – 8.8.3 Erstbefüllung und Probebetrieb mit Wasser, Wasserbeschaffenheit

Mit Befüllung der Anlage müssen die Wasseraufbereitung/Wasserbehandlung (siehe Abschnitt 8.7.1) und die Desinfektionseinrichtung wirksam in Betrieb gehen.

Eine planerische Herausforderung liegt in der Forderung, dass die Ergebnisse der mikrobiologischen Zusatzwasseruntersuchung zum Zeitpunkt der Befüllung nicht älter als 7 Tage sein dürfen.

VDI 2047 Blatt 2:

8.8.3 Erstbefüllung und Probebetrieb mit Wasser, Wasserbeschaffenheit

Zwischen den Ergebnissen dieser Analysen und der Befüllung der Anlage sollten nicht mehr als sieben Tage liegen.

42. BImSchV:

Anlage 2 (zu § 3 Absatz 6) Maßnahmen vor Inbetriebnahme/Wiederinbetriebnahme

Die Anlage darf erst in Betrieb genommen werden, wenn alle Punkte der Checkliste abgearbeitet sind. [...]

2.a) Die chemische und mikrobiologische Beschaffenheit des Zusatzwassers wurde bestimmt.

b) Die Anforderungen gemäß § 3 Abs. 5 der 42. BImSchV werden eingehalten.

3. Zwischen dem Vorliegen der Ergebnisse der Zusatzwasseranalyse nach Punkt 2 und dem Beginn des Befüllens der Anlagen liegen nicht mehr als 7 Tage.

Ist der Zeitpunkt der (Wieder-)Inbetriebnahme bekannt, kann eine Probenahme entsprechend eingeplant werden. Hier ist es sinnvoll, sich nach dem wichtigsten und gleichzeitig auch zeitaufwendigsten Parameter – den Legionellen – zu richten. Zwischen Probenahme und Vorliegen des Ergebnisses vergehen mindestens 7, oft jedoch bis zu 14 Tage. Die Probenahme muss also zwischen 14 und 21 Tagen vor geplanter Wiederinbetriebnahme stattfinden. Es empfiehlt sich eine vorherige Absprache mit dem durchführenden Prüfinstitut.

Besonders bei unplanmäßigen Stillstandszeiten oder bei Wiederinbetriebnahmen, die stark von äußeren Einflüssen abhängen (z. B. Außenlufttemperatur, Auslastung des zu kühlenden Prozesses) ist das Ende des Stillstands und somit die Wiederinbetriebnahme bzw. das Wiederanfahren nicht abzusehen und die Planung einer Zusatzwasseruntersuchung entsprechend schwierig. Hier kann eine längerfristige wiederholte Untersuchung des Zusatzwassers (z. B. monatlich über den Zeitraum von einem Jahr) stattfinden, um die chemische und mikrobiologische Stabilität des Zusatzwassers für zukünftige Wiederinbetriebnahmen nachzuweisen. Kann der Zeitpunkt der Wiederinbetriebnahme auf ein ungefähres Zeitfenster eingegrenzt werden, können innerhalb dieses Zeitfensters engmaschige Untersuchungen des Zusatzwassers (beispielsweise 14-tägig) zielführend sein. Ist das Zeitfenster der ungefähren Wiederinbetriebnahme nicht allzu groß, kann die Wiederinbetriebnahme willkürlich festgelegt werden und die Anlage bis zur tatsächlichen Aufnahme des Lastbetriebs mit regelmäßiger Spülung bzw. Zwangsumwälzung gefahren werden. Diese oder andere Maßnahmen sind vom Betreiber unter Hinzuziehen der entsprechenden Datengrundlage, einer Risiko- bzw. Folgenabschätzung und evtl. eines Sachverständigengutachtens mit der zuständigen Behörde abzustimmen.

Der LAI-Auslegungsfragenkatalog greift diese Problematik auf und verweist dabei auf die Möglichkeit eines Antrags auf Zulassung einer Ausnahme nach § 15 Abs. 1 der 42. BImSchV.

LAI, 08. 09. 2020, Nummer 9.1.2.

[...]

Im Rahmen der Prüfung entsprechender Anträge auf Zulassung einer Ausnahme nach § 15 Abs. 1 der 42. BImSchV gilt es, den Aufwand, insbesondere in Verbindung mit der vorab seitens des Betreibers nicht zu planenden Stillstandszeit, im Verhältnis zu den Gefahren von nicht vorgenommenen Untersuchungen zu bewerten. Hierzu ist i.d.R. ein Sachverständigengutachten erforderlich. Sollten im Ergebnis die Grundsätze der Vorsorge und Gefahrenabwehr auch bei nicht innerhalb der Frist vorgenommenen Untersuchungen einem Wiederanfahren nicht entgegenstehen, sollte es dem Betreiber auf Antrag ermöglicht werden, für Stillstandszeiten, welche durch ihn weder beeinflusst werden können noch vorhersehbar waren, die Frist gemäß Anlage 2 Nr. 3 von 7 Tagen auf bis zu einen Monat zu verlängern, sofern im Übrigen die dem Stand der Technik entsprechenden Maßnahmen zur Begrenzung der Vermehrung und Ausbreitung von Legionellen angewandt werden. Die Ausnahme soll jedoch nicht für seitens des Betreibers initiierte (geplante) Stillstandszeiten gelten.

Die Überprüfung der mikrobiologischen Belastung im Zusatzwasser sollte auch bei der Verwendung von Trinkwasser regelmäßig überprüft werden. Die 42. BImSchV sieht hier eine Ausnahme vor:

42. BImSchV, Anlage 2 (zu § 3 Absatz 6) Maßnahmen vor Inbetriebnahme/Wiederinbetriebnahme

Die Punkte 2 und 3 entfallen, wenn das Zusatzwasser aus einer überwachungspflichtigen Trinkwasserversorgungsanlage stammt und eine aktuelle Netzanalyse vorliegt.

Diese Anmerkung in der 42. BImSchV ist nur bedingt sinnvoll und hängt stark von der Lage der Probenahmestelle für Trinkwasseruntersuchungen in Relation zum Punkt der Nachspeisung in die Verdunstungskühlanlage ab. Zwischen der Übergabestelle und der Nachspeisung kann eine Veränderung des Trinkwassers durch Leitungswege oder auch durch Wasseraufbereitungsanlagen stattfinden. Die Überwachungspflichten für Legionellen in einer Trinkwasser-Installation beziehen sich zudem auf Warmwasser (Legionellen, allerdings nur alle 1–3 Jahre), dies wird nicht für Verdunstungskühlanlagen verwendet. Eine Kontrolle wird daher von vielen Betreibern jährlich einmal umgesetzt: Dabei wurden schon vereinzelte Überschreitungen/erhöhte Werte festgestellt.

9 Betrieb und Instandhaltung

9.1 Allgemeine Hinweise

VDI 2047 Blatt 2/Blatt 3:

Kap. 9 (Blatt 2) bzw. Kap. 6 (Blatt 3) Betrieb und Instandhaltung

Der regelmäßigen technischen Instandhaltung und Hygienekontrolle kommt ein großer Stellenwert zu.

Die Richtlinie VDI 2047 gibt in Blatt 2 für Verdunstungskühlanlagen und in Blatt 3 für Kühltürme wichtige Vorgaben zum Betrieb und zur Instandhaltung dieser Anlagen. Diese sind in weiten Teilen auch in der 42. BImSchV wiederzufinden.

Der hygienische Betrieb spielt dabei eine besonders wichtige Rolle, da von Biofilmen neben Störungen des Wärmeübergangs auch ein beachtliches Gesundheitsrisiko ausgehen kann.

VDI 2047 Blatt 2/Blatt 3:

Kap. 9 (Blatt 2) bzw. Kap. 6 (Blatt 3) Betrieb und Instandhaltung

Die Einzelschritte des Wärmeübergangs dürfen nicht gestört sein. Dies setzt geeignete Oberflächen und eine geeignete Wasserbeschaffenheit voraus. Diese Voraussetzungen unterstützen auch einen hygienisch einwandfreien Betrieb.

Um einen hygienisch einwandfreien Betrieb sicherzustellen, sind regelmäßige Inspektionen/Inaugenscheinnahmen der Anlage, insbesondere des Verdunstungskühlers selbst, erforderlich (Kapitel 9.3.1). Die Überwachung der Wasserqualität wird durch vorgeschriebene regelmäßige betriebsinterne Untersuchungen (Kapitel 9.3.2.2/9.3.3) sowie mikrobiologische Laboruntersuchungen (Kapitel 9.3.2.1) sichergestellt. Um potenzielle Risikobereiche frühzeitig zu erkennen, ist eine Hygiene-Gefährdungsbeurteilung der gesamten Verdunstungskühlanlage (Kapitel 9.2) erforderlich.

9.2 Hygiene-Gefährdungsbeurteilung

In den Kapiteln 5.1 und 5.2 wurde bereits auf Gefährdungsbeurteilungen auf Grund verschiedener rechtlichen Rahmenbedingungen eingegangen, wie z.B.

ArbSchG, BetrSichV, GefStoffV, BioStoffV. Kapitel 8.1 stellt die Risikoanalyse im Rahmen der Planungsphase vor, in der primär auf vorhersehbare und möglichst vermeidbare hygienische Risiken eingegangen wird. Bei Neuanlagen ist die Erstellung einer Hygiene-Gefährdungsbeurteilung gem. 42. BImSchV, § 3 Absatz 4 vor der ersten Inbetriebnahme sowie vor jeder Wiederinbetriebnahme nach Änderung der Verdunstungskühlanlage vorgeschrieben, was jedoch nicht den Umkehrschluss zulässt, dass eine Hygiene-Gefährdungsbeurteilung für Bestandsanlagen nicht sinnvoll sei. Auch bei Bestandsanlagen sollen im Rahmen einer Hygiene-Gefährdungsbeurteilung hygienische Risikobereiche analysiert und optimiert werden (s. Kap. 5.2).

Im Unterschied zur Erstellung von Gefährdungsanalysen im Trinkwasserbereich (VDI 6023) und für Raumlufttechnische Anlagen (VDI 6022) ist der Umfang der Hygiene-Gefährdungsbeurteilung gemäß Kapitel 9.2 (Blatt 2) bzw. 6.2 (Blatt 3) mit nur einer Seite ziemlich knapp gehalten. Dennoch sind dort die wesentlichen Anforderungen einer Hygiene-Gefährdungsbeurteilung genannt.

VDI 2047 Blatt 2/Blatt 3:

Kap. 9.2 (Blatt 2) bzw. 6.2 (Blatt 3): (Hygiene-)Gefährdungsbeurteilung

Die Hygiene-Gefährdungsbeurteilung muss unter beratender Beteiligung einer in Bezug auf die Festlegungen dieser Richtlinie geschulten Person (VDI-Urkunde einer Schulung auf Grundlage von VDI-MT 2047 Blatt 4) durchgeführt werden.

Die Hygiene-Gefährdungsbeurteilung umfasst die Schritte

a) Risikoanalyse und

b) Risikobewertung.

Bei der Risikoanalyse werden Gefährdungen identifiziert und das Risiko hinsichtlich des potenziellen Schadensausmaßes und der Eintrittswahrscheinlichkeit für die Gefährdungen betrachtet.

Bei der Risikobewertung wird auch eine Priorisierung von Risiken hinsichtlich ihrer potenziellen Auswirkungen auf die hygienische Sicherheit und die daraus abzuleitenden Maßnahmen durchgeführt.

Ziel ist es, eine Verdunstungskühlanlage mit möglichst geringem hygienischem Risiko zu betreiben. Dazu ist es notwendig, die Verdunstungskühlanlage vollständig zu dokumentieren. Die Dokumentation, z. B. in Form eines Betriebshandbuchs, beinhaltet mindestens folgende Angaben:

- Anlagenschema
- technische Daten
- eingesetzte Werkstoffe [...]
- Behandlungsprogramme
- Betriebsweise
- Reinigungs- und Instandhaltungsintervalle
- Wasserbeschaffenheit
- Bewertung des Aufstellortes im Hinblick auf mögliche Exposition

Auf Grund des hohen Stellenwerts der Hygiene-Gefährdungsbeurteilung ist aus Sicht der Autoren eine eintägige VDI-Schulung in der Regel nicht ausreichend, um eine qualitativ hochwertige Hygiene-Gefährdungsbeurteilung erstellen zu können, selbst wenn alle oben genannten Punkte berücksichtigt werden. Der Unterschied zwischen „Gefährdung“ und „Risiko“ hinsichtlich des Betriebs von Verdunstungskühlanlagen muss vom Ersteller verstanden werden. Dies zeigt auch die Praxis von zahlreichen Sachverständigenüberprüfungen.

Wichtiger Bestandteil der Gefährdungsbeurteilung ist eine sorgfältige Begehung inkl. Fotodokumentation der gesamten Verdunstungskühlanlage. Diese Begehung sollte möglichst bei der Rohwasserübergabestelle bzw. Rohwassergewinnung beginnen und den gesamten Verlauf bis hin zur Nachspeisung in den Verdunstungskühler bzw. Kühlturm berücksichtigen. Häufig findet man Verbindungen mit Abwasserleitungen ohne freien Auslauf (z.B. bei Rückspülfiltern, Enthärtungsanlagen, Absalzanlagen), die zu Rückverkeimungen führen können, nicht durchströmte Notumgehungen oder vorbereitete Anschlussleitungen für noch nicht existierende Verbraucher oder Stagnationsbereiche im Bereich von redundanten Pumpen. Eine detaillierte Begutachtung des Verdunstungskühlers bzw. Kühlturms mit all seinen Bereichen (Wanne, Waben/Rohrbündel/Lamellen, Düsen, Tropfenabscheider, Wandungen, Schalldämpfern) ist ebenfalls von entscheidender Bedeutung. Nicht selten findet man hier mineralische Ablagerungen, Korrosionen oder Biofilme sowie beschädigte Bauteile. Insbesondere der Füllkörper mit einer spezifischen Oberfläche von bis zu 250 m^2 pro m^3 Füllkörpermaterial ist hier nicht zu unterschätzen. Im Rahmen dieser Begehung durch eine erfahrene hygienisch fachkundige Person bietet es sich auch an, die Betreiber einzuweisen, worauf sie im Rahmen ihrer regelmäßigen Inspektionen (s. Kapitel 9.3.1) achten sollen und in welcher Form die Dokumentation hierzu erfolgen könnte.

Das nachfolgende Bild 58 stellt schematisch einen offenen Kühlkreislauf mit möglichen Risikobereichen dar, die stichpunktartig aufgezählt werden.

- Zusatzwasserqualität
- Ansaugung und Einwaschen von Luftverunreinigungen, Nährstoffe
- Eindickung des Nutzwassers
- Biofilmausbildung bei günstigem Temperaturbereich für Legionellen, große Oberflächen
- mikrobiologische Vermehrung, Stoffwechsel und Zerfall von Mikroorganismen, Geruchsbildung
- Lichteinfall
- Austrag von gasförmigen, flüssigen und festen Aerosolen
- Werkstoffe mit Rost, Ablagerungen von Kalk und Schmutz
- Stagnationsbereiche, Teilbetrieb
- Eintrag durch Produkte, Prozesseinbrüche ...

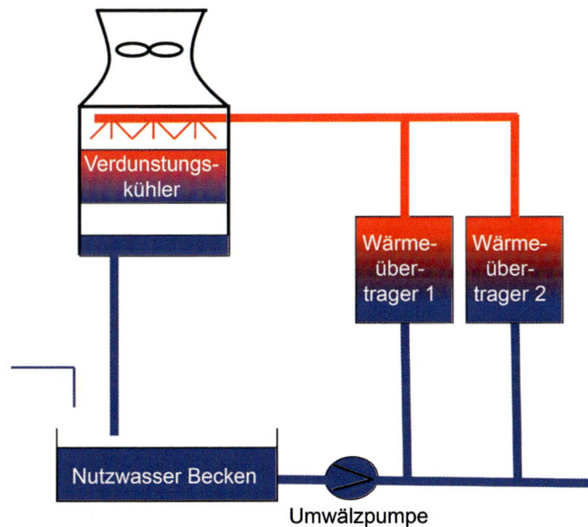

Bild 58: Hygienische Risikobereiche innerhalb einer Verdunstungskühlanlage

Die Hygiene-Gefährdungsbeurteilung stellt die wichtigste Grundlage für zahlreiche weitere Dokumente dar, wie Sollwerte für die Zusatz- und Nutzwasserqualität, Parameter für physikalisch/chemische und mikrobiologische

Untersuchungen, Instandhaltungsplan und Maßnahmenplan. Bei der Hygiene-Gefährdungsbeurteilung wird auch die Auswahl und die Position der gewählten Probenahmestellen für Nutzwasser und Zusatzwasser bewertet und die Inhalte, die im Betriebstagebuch zu dokumentieren sind. Außerdem beschreibt die Hygiene-Gefährdungsbeurteilung eventuelle Mängel, die bei der Vor-Ort-Begehung festgestellt wurden, und gibt auf Grund der Eintrittswahrscheinlichkeit sowie möglicher Folgen eine Priorisierung vor und bestimmt die Verantwortlichkeiten zur Umsetzung.

In der VDI 2047 wird ebenso wie in der 42. BImSchV gefordert, dass die Hygiene-Gefährdungsbeurteilung bei einer Änderung der Anlage unverzüglich zu aktualisieren ist, und zwar noch vor der Wiederinbetriebnahme. In der BioStoffV wird eine Überprüfung der Aktualität und evtl. Aktualisierung der Gefährdungsbeurteilung mind. alle 2 Jahre gefordert. Diese regelmäßige Überprüfung (und Dokumentation) der Gefährdungsbeurteilung ist mind. alle 2 Jahre grundsätzlich zu empfehlen, auch für die Hygiene-Gefährdungsbeurteilung.

Praxisbeispiel A: EGF EnergieGesellschaft Frankenberg mbH, Frankenberg:

Das im Anhang dargestellte Betriebstagebuch der EGF zeigt in der Dokumentenhistorie die unterschiedlichen Revisionen der Hygiene-Gefährdungsbeurteilung mit Angabe der Änderungen. Hier erfolgte sogar eine jährliche Aktualisierung.

Die Erfahrung, insbesondere aus der Sachverständigentätigkeit der Autoren, hat Folgendes gezeigt:

– Bedingt durch die VDI 2047 Blatt 2 und verstärkt noch durch die 42. BImSchV haben viele Betreiber inzwischen eine (Hygiene-)Gefährdungsbeurteilung entweder selbst erstellt oder durch eine externe hygienisch fachkundige Person erstellen lassen.

– Die Qualität der Hygiene-Gefährdungsbeurteilungen ist sehr unterschiedlich und reicht von zweiseitigen Tabellen ohne wirkliche Berücksichtigung hygienisch relevanter Themen bis hin zu seitenstarken Ausarbeitungen, die allein schon auf Grund der Dicke des Dokuments umfassender sind und in der Regel auch eine Bilddokumentation beinhalten. Aber auch bei diesen umfangreicheren Hygiene-Gefährdungsbeurteilungen gibt es eine große Bandbreite an Ausführungsqualitäten. Manche nutzen die im Internet frei verfügbare Vorlage einer Behörde, die dazu gedacht ist, die Überprüfung des ordnungsgemäßen Betriebs gem. § 14 der 42. BImSchV zu überprüfen, andere erstellen eine Gefährdungsbeurteilung gem. ArbSchG/BetrSichV, obwohl der Betreiber eine „Hygiene-Gefährdungsbeurteilung“ verlangt.

- Häufig berufen sich Betreiber, die keine Gefährdungsbeurteilung für Ihre Verdunstungskühlanlage haben, auf die 42. BImSchV, die eine solche schließlich nur fordert vor der Inbetriebnahme einer Neuanlage bzw. der Wiederinbetriebnahme einer geänderten Bestandsanlage. Auf diesen Zusammenhang wurde bereits in Kapitel 5.2 eingegangen.

Eine gute Hygiene-Gefährdungsbeurteilung muss für den Betreiber gut lesbar, erfassbar und umsetzbar sein, wird fortlaufend aktualisiert und ist für die Sachverständigenprüfung eine gute Grundlage. Wer die Hygiene-Gefährdungsbeurteilung jedoch ausschließlich als notwendige Betriebsaufgabe umsetzt, nutzt die zentrale Aufgabe dieses Dokumentes nicht richtig. Betreiber, die sich im Zuge der Hygiene-Gefährdungsbeurteilung sehr intensiv mit dem Betrieb des Systems auseinandersetzen, sind besser aufgestellt. Hier wurden bereits Optimierungen mit Stagnationsminimierung und Filtration umgesetzt und ein Maßnahmen- und Instandhaltungsplan erstellt.

Im Anhang wird dem Leser eine (fast) vollständige Hygiene-Gefährdungsbeurteilung als Beispiel zur Verfügung gestellt.

9.3 Hygienekontrollen

VDI 2047 Blatt 2:

9.3 Hygienekontrollen

Ziel der Hygienekontrollen ist es, durch regelmäßige Inspektionen sowie mikrobiologische und chemisch-physikalische Untersuchungen des Nutzwassers Hygienemängel frühzeitig zu erkennen und zu beheben.

Über festgelegte Hygienekontrollen können Abweichungen festgestellt werden, und darauf kann der Betreiber reagieren. Es gibt Betreiber, die ein wöchentliches Intervall für die Hygienekontrollen umsetzen, um früh auf Abweichungen reagieren zu können. Einige Betreiber führen sogar tägliche Kontrollen durch. Je kürzer eine Anlage mit Abweichungen betrieben wird, umso geringer werden die daraus resultierenden Störungen. Durch zeitlich engmaschige Hygienekontrollen wird eine vorbeugende Instandhaltung für die Anlage erreicht. Die VDI 2047 gibt kein konkretes Intervall für diese Kontrolle vor, benennt 14-tägig als Beispiel.

42. BImSchV:

§ 4 (2) Der Betreiber hat

1. zur Sicherstellung der hygienischen Beschaffenheit des Nutzwassers regelmäßig mindestens zweiwöchentliche betriebsinterne Überprüfungen chemischer, physikalischer oder mikrobiologischer Kenngrößen des Nutzwassers durchzuführen,

Die 42. BImSchV legt einen maximalen Abstand von 14 Tagen fest, welches bei erhöhten mikrobiologischen Belastungen auf ein wöchentliches Intervall zu reduzieren ist. Das gewählte ‚oder' in der Aufzählung der Parameter chemisch, physikalisch oder mikrobiologisch sorgt dafür, dass dies als eine Art Auswahlmöglichkeit verstanden wird. Einige Betreiber haben die Messung der elektrischen Leitfähigkeit als ausreichend eingestuft und diese 14-tägig dokumentiert. Die ausschließliche Erfassung der elektrischen Leitfähigkeit im Nutzwasser kann kein ausreichender Indikator für eine Hygienekontrolle sein. Dies wurde im LAI-Auslegungsfragenkatalog klargestellt.

LAI, 08.09.2020, Nummer 5.2.3.

[...] Gibt es zur Prüfung der hygienischen Beschaffenheit des Nutzwassers alternative Methoden zu Dip-Slides (Befürchtung von Gefährdung für die Mitarbeiter)? Stehen die Vorgaben der Biostoffverordnung der Verwendung von Dip-Slides entgegen (Anwendung bei Raumtemperatur anstatt Wärmeschrank)? Dip-Slides bei Anwendung mit Raumtemperatur zeigen jedoch erst nach längerer Zeit ein Ergebnis, nachdem zwischenzeitlich bereits ein Wasserwechsel fällig war. Ist die Nutzung dieser Art von Dip-Slides sinnvoll bzw. zulässig?

Nach der Verordnung sind durch regelmäßige mindestens zweiwöchentliche betriebsinterne Überprüfungen chemischer, physikalischer oder mikrobiologischer Kenngrößen die hygienische Beschaffenheit des Nutzwassers sicherzustellen. Diese Überprüfung lässt sich durch Nutzung von Dip-Slides entsprechend der einschlägigen technischen Regelwerke (z.B. VDI 2047 Bl. 2) durchführen. Allerdings sind durch die Verordnung grundsätzlich auch andere Methoden zur betriebsinternen Überprüfung chemischer, physikalischer oder mikrobiologischer Kenngrößen zulässig, soweit diese zuverlässige Rückschlüsse auf die hygienische Beschaffenheit des Nutzwassers ermöglichen. [...]

In den Kapiteln 9.3.2.2 und 9.3.3 wird noch einmal konkret auf die Auswahl der betriebsinternen Kontrollen eingegangen. Diese Kontrollen sollen den aktuellen Hygienezustand des Nutzwassers erfassen.

Betreiber können letztendlich alle Maßnahmen der Hygienekontrolle in einem Instandhaltungsplan zusammenfassen und diesen als Ergebnis der Hygiene-Gefährdungsbeurteilung dokumentieren. Treten bei den Kontrollen keinerlei Abweichungen auf und sind alle erfassten Messwerte im Sollbereich, sind höhere Belastungen im System unwahrscheinlich. Kommt es bei Laborergebnissen dennoch zur Feststellung höherer Belastung im System, liegt dies ggf. an vorhandenen Stagnationsbereichen mit Biofilmen, oder es deutet darauf hin, dass der Umfang der Kontrollen unzureichend ist und angepasst werden sollte. Dazu ist dann die Hygiene-Gefährdungsbeurteilung anzupassen.

Praxisbeispiel A: EGF EnergieGesellschaft Frankenberg mbH, Frankenberg:

Neben der regelmäßigen Erfassung der mikrobiologischen Belastung über Dip-Slides setzt der Betreiber auf zwei weitere Parameter, die eine hilfreiche Indikatorfunktion bieten:

- Erfassung der Biofilmbelastung und
- Zehrung des eingesetzten oxidativen Biozids über die GLT

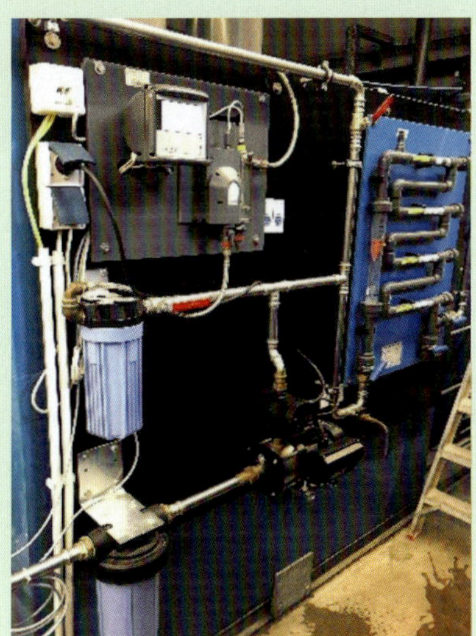

Bild 59: Bypassmessstrecke mit Online-Überschussmessung und Teststrecke Korrosion und Biofilm

Die Teststrecke bietet die Möglichkeit, sowohl Metallcoupons zur Bewertung des Korrosionsverhaltens (sehr sinnvoll bei erhöhter Zugabe oxidativer Biozide) als auch Biofilmcoupons einzusetzen, um die Biofilmbelastung mit einem Belastungswert zu erfassen. Dabei wird der über eine gewisse Zeit im System eingesetzte Coupon mit einer Farblösung beaufschlagt (wurde früher so ähnlich zur Erfassung von Zahnbelägen mit einer Kautablette eingesetzt). Über die Intensität der sich einstellenden Rotfärbung werden die vorhandenen Beläge aufgezeigt.

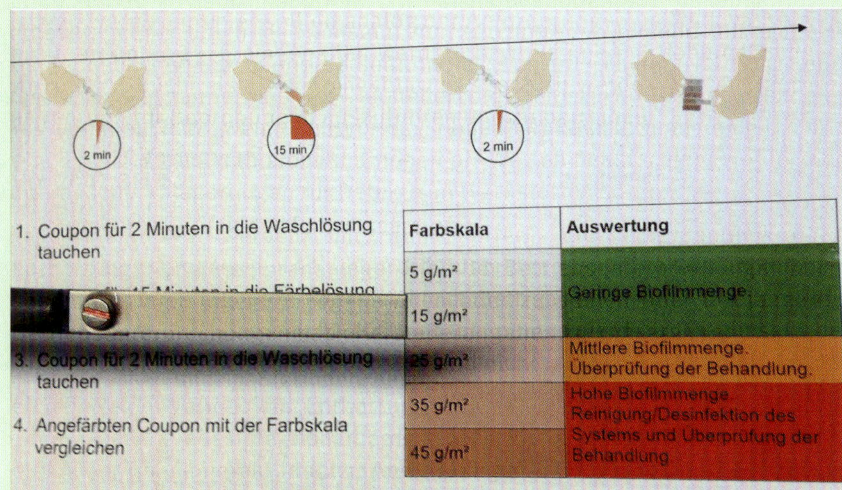

Bild 60: Auswertung des Biofilmcoupons

Über Biofilmcoupons können die Belastungen an Biofilmen messtechnisch in g/m² Oberfläche gemessen werden. Bei erhöhten Belastungen kann der Betreiber darauf reagieren. Hierfür setzt der Betreiber einen zusätzlichen Dispergator für Biofilme und zusätzliche Biziddosierungen manuell ein.

Anhand der dokumentierten Überschussverläufe des oxidativen Biozids werden Anpassungen der Dosierhöhe vorgenommen. Der Instandhaltungsplan mit all diesen Kontrollen ist als Anhang beigefügt.

In Kapitel 8.6 wurden bereits die Möglichkeiten der MSR-Technik kommentiert. Je mehr Messwerte online erfasst werden, umso mehr Entlastungen sind für den Betreiber bei der 14-täglichen Kontrolle möglich. Es gibt Betreiber, die durch den Einsatz derartiger Erfassungssysteme (Wasserdatenmanagement) neben der Erfassung und Bewertung des Biozidüberschusses keine weitere Kontrolle mittels Dip-Slides mehr durchführen. Solange nicht auf die regelmäßige Kontrolle der Onlinemesswerte verzichtet wird, ist dies eine Möglichkeit für den Betreiber. Anstelle der Dip-Slides kann die Erfassung der Zehrung des oxidativen Biozids als mikrobiologischer Parameter für die betreiberseitigen Kontrollen in der Hygiene-Gefährdungsbeurteilung definiert werden.

Einige Betreiber führen als mikrobiologischen Parameter Legionellen-Schnelltests durch. Diese detektieren jedoch in vielen Fällen nur *Legionella pneumophila* Serogruppe 1 und lassen daher keine Rückschlüsse auf die Belastung mit *Legionella* spp. zu. Die Prüf- und Maßnahmenwerte aus der 42. BImSchV und der VDI 2047 gelten jedoch für *Legionella* spp. Eine Vergleichbarkeit mit dem Standardverfahren zum Nachweis von Legionellen gemäß DIN EN ISO 11731 und UBA-Empfehlung ist nicht gegeben. Die Schnelltests finden aufgrund des abweichenden Nachweisprinzips nicht nur vermehrungsfähige (kultivierbare) Legionellen, sondern auch tote und nicht kultivierbare (VBNC) Legionellen. Die Schnelltests können also lediglich als eigenständige Zusatzinformation zum Standardnachweis dienen.

Welche Parameter auszuwählen sind (Umfang und die Häufigkeit der Hygienekontrollen) hat der Betreiber in der Hygiene-Gefährdungsbeurteilung festzulegen. Dabei sollten sich verschiedene Bereiche (Inspektionen, Messwerterfassung, Eigenanalytik und Laboranalytik) zu einer vorbeugenden Hygienekontrolle ergänzen.

9.3.1 Inspektionen

Das nachfolgende Bild 61 zeigt deutlichen Biofilmbelag an den Waben eines Verdunstungskühlers. Um solch einen Zustand frühzeitig zu erkennen, sind regelmäßige Inspektionen der relevanten Anlagenbereiche erforderlich. Für diese Durchführung sind wiederum geeignete Revisionsöffnungen in allen relevanten Bereichen des Verdunstungskühlers erforderlich, und es muss ein sicherer Zugang möglich sein.

Bild 61: Biofilm an den Wabeneinbauten eines Verdunstungskühlers

Dies wird daher auch in der 42. BImSchV gefordert:

42. BImSchV:

§ 3 Allgemeine Anforderungen

(2) Der Betreiber hat dafür zu sorgen, dass Anlagen so ausgelegt und errichtet werden, dass insbesondere [...]

8. Vorkehrungen für die Durchführung regelmäßiger Instandhaltungen getroffen werden.

Wenn die Voraussetzungen vorhanden sind oder auf Grund einer Hygiene-Gefährdungsbeurteilung nachträglich geschaffen wurden, alle Bereiche der Verdunstungskühlanlage, insbesondere des Verdunstungskühlers selbst, zu inspizieren, sollen regelmäßige Intervalle definiert werden, in denen die Inspektionen durchgeführt werden. Hierzu kann die Tabelle 1 aus der VDI 2047 Blatt 2 bzw. Blatt 3 herangezogen werden, welche sich in einer erweiterten Form im Anhang befindet.

9.3.2 Mikrobiologische Untersuchungen

VDI 2047 Blatt 2:

9.3.2 Mikrobiologische Untersuchungen

Die mikrobiologischen Untersuchungen unterteilen sich in regelmäßige Laboruntersuchungen und betriebsinterne Kontrollen.

9.3.2.1 Regelmäßige Laboruntersuchungen

42. BImSchV:

§ 3 Allgemeine Anforderungen

(8) Der Betreiber hat die Laboruntersuchungen nach dieser Verordnung und die dafür erforderlichen Probenahmen jeweils von einem akkreditierten Prüflaboratorium durchführen zu lassen; die Probenahme und die Untersuchung zur Bestimmung der Legionellen sind nach genormten Verfahren, unter Berücksichtigung gegebenenfalls vorliegender Empfehlungen des Umweltbundesamtes, durchzuführen.

Sowohl in der 42. BImSchV als auch in der Richtlinie VDI 2047 (Blatt 2 und Blatt 3) wird die Akkreditierung des mikrobiologischen Labors nach DIN EN ISO/IEC 17025 gefordert. Dabei erstreckt sich die Akkreditierung von der Vorbereitung des Probenahmeprotokolls, über die Probenahme vor Ort durch einen in das QM-System des Labors eingebundenen geschulten Probenehmer, den fachgerechten Transport unter Berücksichtigung vorgegebener Zeiten und Temperaturen, die eigentliche Analytik im Labor bis hin zur Erstellung des abschließenden Prüfberichts.

Der Betreiber muss sich bereits vor Auftragsvergabe vergewissern, ob das von ihm vorgesehene Labor für die Probenahme und mikrobiologische Untersuchungen von Nutzwasser gemäß § 3 Absatz 8 der 42. BImSchV akkreditiert ist. Hierzu kann sich der Betreiber die aktuelle Akkreditierungsurkunde des Labors vorlegen lassen oder selbst auf den Internetseiten der Deutschen Akkreditierungsstelle (www.dakks.de) recherchieren.

9.3.2.1.1 Probenahme

Da eine nicht fachgerechte Probenahme später im Labor nicht mehr korrigiert werden kann, werden an den Probenehmer hohe Anforderungen gestellt. Der Probenehmer muss über die entsprechenden Fachkenntnisse und ausreichend

Erfahrung verfügen. Dazu gehören u. a. eine Trinkwasserprobenehmerschulung und eine Schulung nach VDI-MT 2047 Blatt 4 sowie der Nachweis über regelmäßige Probenahmen. Mittlerweile werden vereinzelt komplette Probenehmerschulungen für die Probenahme aus Anlagen im Anwendungsbereich der 42. BImSchV angeboten. Anforderungen an die Probenehmerschulung sind in der UBA-Empfehlung (Empfehlung des Umweltbundesamtes zur Probenahme und zum Nachweis von Legionellen in Verdunstungskühlanlagen, Kühltürmen und Nassabscheidern vom 06. 03. 2020) definiert. Der Probenehmer ist für die fachgerechte Durchführung der Probenahme vor Ort verantwortlich. Hierzu gehört z. B. auch das Erkennen einer nicht geeigneten Probenahmestelle.

VDI 2047 Blatt 2:

9.3.2.1 Regelmäßige Laboruntersuchungen

Die Probe wird vorzugsweise aus dem Nutzwasser zwischen laufender Pumpe und Versprühung/Berieselung entnommen. An dieser Stelle ist eine möglichst totraumarme Probenahmearmatur (desinfizierbar, vorzugsweise abflammbar) vorzusehen. Vor der Probenahme ist das Wasser mindestens 30 s ablaufen zu lassen.

Wichtiger Hinweis 1: Die Probenahme muss so erfolgen, dass sie nicht durch Bioziddosierung verfälscht wird. Die Probenahmestelle muss in Strömungsrichtung vor der Bioziddosierstelle liegen.

Ist eine Probenahme an dieser Stelle nicht möglich, so kann verrieseltes Nutzwasser oder eine Schöpfprobe aus der Nutzwasserwanne entnommen werden.

Bereits in der an diesen Text anschließenden Anmerkung schreibt die VDI 2047 Blatt 2, dass die Schöpfprobe und das Auffangen von verrieseltem Wasser nicht als „erste Wahl" der Probenahmeart gelten. Auch die UBA-Empfehlung geht detailliert auf die Probenahme und die Probenahmestellen ein.

UBA-Empfehlung

C.2 Probenahmestellen und Art der Probenahme

C.2.1 Verdunstungskühlanlagen und Kühltürme

[...] Ferner ist darauf zu achten, dass an der Probenahmestelle repräsentativ Kühlwasser beprobt wird. Die Probenahmestelle sollte daher nicht in der Nähe des Eintritts des Zusatzwassers liegen. Die Durchführung der

Probenahme erfolgt wie eine Probenahme aus Entnahmearmaturen nach DIN EN ISO 19458 Zweck a. Es ist auch eine Probenahme an Dauerläufern möglich.

Die Festlegung der Probenahmestellen sollten ebenfalls in der Hygiene-Gefährdungsbeurteilung erfolgen.

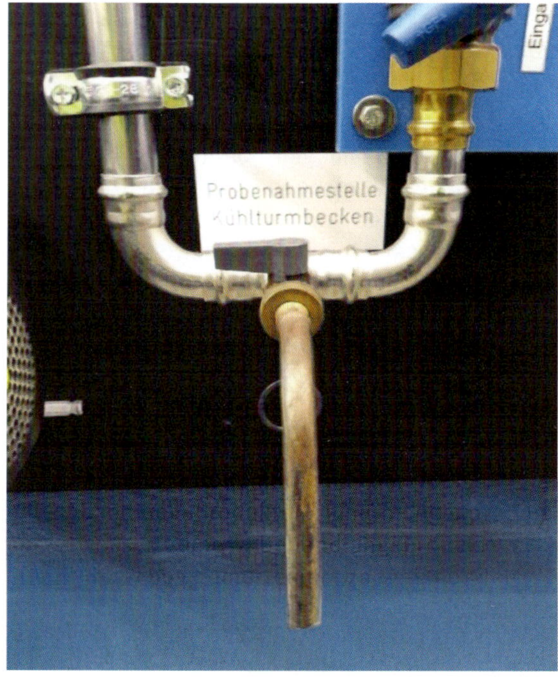

Bild 62: Abflammbare (= thermisch desinfizierbare) Probenahmestelle mit Kennzeichnung

Neben dem Ort der Probenahmestelle spielt der Zeitpunkt der Probenahme eine wichtige Rolle. Da die Probenahme den „Normalbetrieb" widerspiegeln soll, darf die Probe beispielsweise nicht kurz nach einer Bioziddosierung erfolgen, sondern der Zeitpunkt sollte möglichst lange nach der letzten Bioziddosierung gewählt werden. Daher ist es wichtig, dass der Betreiber dem Labor die regelmäßigen Dosierzeiten bereits zur Vorbereitung des Probenahmeprotokolls mitteilt, damit Betreiber und Labor ein geeignetes Zeitfenster für die Probenahme festlegen können. Der Zeitpunkt der letzten und der nächsten Bioziddosierung müssen ebenso wie das eingesetzte Biozid und dessen Dosierkonzentration bekannt sein und im Prüfbericht dokumentiert werden. Außerdem sind die Angabe des eingesetzten Inaktivierungsmittels sowie die Zeiten der Probenahme und des Eingangs im Labor zu dokumentieren. Die Mindestinhalte für den Prüfbericht sind in der UBA-Empfehlung im Anhang 4 aufgelistet. Dabei ist eine eindeutige und dauerhafte Kennzeichnung der Probenahmestelle vorgeschrieben. Gerade bei mehreren Verdunstungskühlanlagen ist es zielführend neben den Angaben Zusatz- oder Nutzwasser, die Bezeichnung der Verdunstungskühlanlage und die Anlagen-ID entsprechend der Anmeldung im KaVKA-Portal bei der Kennzeichnung der Probenahmestelle zu berücksichtigen und diese auch genauso im Prüfbericht des Labors zu übernehmen.

9.3.2.1.2 Laboranalytik

Da es bei Nutzwasser aus Verdunstungskühlanlagen, Kühltürmen und Nassabscheidern vermehrt zur Beeinflussung durch sogenannte Begleitflora (z. B. durch Schimmelpilze, schwärmende Bakterien und *Pseudomonas aeruginosa*) kommen kann, sind diese Proben, verglichen mit Trinkwasser, schwieriger zu analysieren. Da gezielt nach Legionellenkolonien untersucht werden soll, ist es von besonderer Bedeutung, die Proben so vorzubereiten, dass störende andere Organismen möglichst abgetötet werden, die Legionellen aber erhalten bleiben. Hierzu sind in der UBA-Empfehlung Verfahren zur Probenvorbereitung und -behandlung beschrieben, wie Membranfiltration nach Wärmebehandlung oder mit Säurebehandlung sowie direkte Ausplattierung als Originalprobe, nach Wärmebehandlung bzw. mit Säurebehandlung. Bei diesen unterschiedlichen Ansätzen werden unterschiedliche Volumina aus der Originalprobe verwendet. Diese reichen von 0,1 ml (oder 2 × 0,05 ml) über 1 ml bis 20 ml. Ziel der Untersuchung dieser verschiedenen Ansätze ist eine optimale Wiederfindung der Legionellen bei gleichzeitig möglichst geringer Messunsicherheit. Sollten in einer Probe alle standardmäßig vorgesehenen Ansätze nicht auswertbar sein, beschreibt die UBA-Empfehlung Möglichkeiten für weitere Ansätze. Auf die genaue Auswertung der Ansätze und die Ergebnisausgaube wird in diesem Kommentar nicht genauer eingegangen. Diese ist im Anhang 2 der UBA-Empfehlung beschrieben und mit Beispielen erläutert.

9.3.2.1.3 Prüfbericht

Wichtig für das Verständnis des Endergebnisses und der sich daraus ergebenden textlichen Bemerkungen im Prüfbericht ist, dass das Ergebnis immer in KBE Legionellen pro 100 ml angegeben wird und somit je nach Ansatz mit 5, 100 oder sogar 1.000 multipliziert werden muss. Hierbei sind statistische Ungenauigkeiten also ganz normal, und so kommen z. B. folgende Textbausteine zustande:

UBA-Empfehlung:

Anhang 1 – Tabelle 2 (Bsp. Volumen Originalprobe im Ansatz 20 ml)

Es wurden keine Legionellenkolonien in 20 ml nachgewiesen. Da nur 20 ml filtriert wurden, liegt bei dem berechneten Endergebnis pro 100 ml eine stark erhöhte Messunsicherheit vor. Beurteilung im Prüfbericht: keine Überschreitung der Prüfwerte.

Solch ein Befund würde zahlenmäßig als < 5 KBE/100 ml angegeben werden, weil in 20 ml keine Legionellenkolonie gefunden wurde (also < 1 KBE/20 ml, erweitert mit 5 $\Rightarrow < 5$ KBE/100 ml).

Für den Laien sicherlich schwieriger zu verstehen sind Ergebnisse mit sehr kleinen Volumina oder einem Befund von nur einzelnen Legionellenkolonien.

UBA-Empfehlung:

Anhang 1 – Tabelle 2 (Bsp. Volumen Originalprobe im Ansatz 0,1 ml)

Es war nur ein Ansatz mit geringem Volumen der Originalprobe auswertbar, und in diesem Ansatz wurden keine Legionellenkolonien nachgewiesen. Daher liegt eine sehr hohe Messunsicherheit vor, und die Angabe eines exakten quantitativen Endergebnisses pro 100 ml ist nicht möglich. Die Legionellenkonzentration liegt im Bereich von $< 10^3$ KBE/100 ml. Beurteilung im Prüfbericht: Da nicht entschieden werden kann, ob Prüfwert 1 überschritten ist, müssen vom Betreiber nicht die bei Überschreitung geforderten Maßnahmen ergriffen werden.

Hier gilt analog dem ersten Beispiel: keine Legionellenkolonie je 0,1 ml (also < 1 KBE/0,1 ml, erweitert mit 1.000 $\Rightarrow < 1.000$ KBE/100 ml).

In der Praxis findet man trotz der Akkreditierung der Laboratorien häufig nicht vollständig UBA-konforme Prüfberichte oder solche, die für Dritte gar nicht eindeutig einer Anlage zugeordnet werden können. Der Betreiber muss sich daher die Prüfberichte genau ansehen und darauf achten, dass die folgenden, in der UBA-Empfehlung vorgeschriebenen Mindestinhalte auch tatsächlich in seinem Prüfbericht enthalten sind und falls nicht, dies vom Labor verlangen. Damit das Labor den Prüfbericht aber UBA-konform erstellen kann, ist es erforderlich, dass dieses auch alle erforderlichen Angaben durch den Betreiber erhalten hat.

UBA-Empfehlung

Anhang 4 – Mindestinhalte für den Prüfbericht

Auftraggeber	Betreiber
Name:	Name:
Anschrift:	Anschrift:
Ansprechpartner:	Ansprechpartner:
Telefonnummer:	Telefonnummer:
E-Mail-Adresse:	E-Mail-Adresse:

Anlage

Anlagenbezeichnung des Betreibers

AnlagenID gemäß KaVKA-42.BV-Registrierung

Anlagenart

Art der Probe: Kühlwasser, Waschwasser, Zusatzwasser

Bezeichnung der Probenahmestelle

Ort innerhalb der Anlage (eindeutige Identifizierbarkeit, Kennzeichnung)

Art der Probenahmestelle (z.B. offene Kühltasse, Bypass mit Entnahmeventil)

Anlass der Untersuchung

Laboruntersuchung (nach § 3 (8) 42. BImSchV)

Zusätzliche Laboruntersuchung (nach § 6 (1), § 8 (1) oder § 9 (1) 42. BImSchV)

Nachprobe (nach UBA-Empfehlung)

Sonstiger Anlass

Probenahme: nach DIN EN ISO 19458 (K 19):2006-12 und UBA-Empfehlung vom 06.03.2020, Abschnitte C und D

Probenehmer: Name und Organisationszugehörigkeit

Datum und Zeitpunkt der Probenahme

Betriebszustand der Anlage während der Probenahmen; wie vom Betreiber angegeben

Art der eingesetzten Biozide (Angabe des Wirkstoffs/Wirkstoffe)

Art der Bioziddosierung (z. B. manuell, automatisch)

Dosierkonzentration

Zeitpunkt der letzten Bioziddosierung

Zeitpunkt der nächsten Bioziddosierung und/oder Dosierintervall

Art der Probenahme gemäß DIN EN ISO 19458 (K 19):2006-12

Temperatur des Wassers bei der Probenahme

Auffälligkeiten während der Probenahme, die das Ergebnis beeinflussen können

Art und Konzentration des verwendeten Inaktivierungsmittels

Kommentar zu nicht erfolgter Inaktivierung (falls notwendig)

Abweichungen/Auffälligkeiten beim Transport oder der Lagerung bis zum Ansatz der Probe

Datum und Zeitpunkt des Probeneingangs

Datum Probenansatz/Datum Ende der Analyse oder Untersuchungszeitraum von tt.mm.jjjj bis tt.mm.jjjj

9.3.2.1.4 Analyseumfang und -häufigkeit

Die 42. BImSchV sowie die VDI 2047 Blatt 2 fordern für Verdunstungskühlanlagen mindestens alle 3 Monate mikrobiologische Laboruntersuchungen auf die Parameter Allgemeine Koloniezahl und Legionellen.

42. BImSchV:

§ 4 Ermittlung des Referenzwertes, betriebsinterne Überprüfungen und Laboruntersuchungen in Verdunstungskühlanlagen und Nassabscheidern

(2) Der Betreiber hat [...]

2. zur Überprüfung der Einhaltung des Referenzwertes mindestens alle drei Monate Laboruntersuchungen des Nutzwassers auf den Parameter allgemeine Koloniezahl durchführen zu lassen.

(3) Der Betreiber hat regelmäßig alle drei Monate Laboruntersuchungen des Nutzwassers auf den Parameter Legionellen durchführen zu lassen.

Während in der 42. BImSchV der Parameter *Pseudomonas aeruginosa* gar nicht erwähnt wird, empfiehlt die VDI 2047 Blatt 2 seine Bestimmung als zusätzlichen, optionalen Parameter.

VDI 2047 Blatt 2:

9.3.2.1 Regelmäßige Laboruntersuchungen

[...] Die Untersuchung auf *Pseudomonas aeruginosa* liefert weitere wichtige Informationen und sollte als zusätzlicher Parameter bestimmt werden.

Für Kühltürme wird nur die Untersuchung auf Legionellen gefordert, dafür jedoch in einem monatlichen Intervall.

42. BImSchV:

§ 7 Betriebsinterne Überprüfungen und Laboruntersuchungen in Kühltürmen

(2) Der Betreiber hat regelmäßig mindestens monatlich Laboruntersuchungen des Nutzwassers auf den Parameter Legionellen durchführen zu lassen.

9.3.2.1.5 Maßnahmen bei Überschreitung von Prüf- oder Maßnahmenwerten

Die Begriffe Prüfwert und Maßnahmenwert beziehen sich im Sinne der 42. BImSchV ausschließlich auf den Parameter Legionellen. Die VDI 2047 Blatt 2, Tabelle 4 und Blatt 3, Tabelle 2 definieren für die gleichen Legionellenkonzentrationen wie die 42. BImSchV, Anlage 1 bestimmte Maßnahmen, die auf den ersten Blick vergleichbar sind, sich im Detail leicht unterscheiden.

Die Prüf- und Maßnahmenwerte sind wie folgt definiert:

42. BImSchV:

Anlage 1 Prüfwerte und Maßnahmenwerte für die Konzentration von Legionellen im Nutzwasser

Art der Anlage	Prüfwert 1	Prüfwert 2	Maßnahmenwert
	Legionellenkonzentration [KBE *Legionella* spp. je 100 ml]		
Verdunstungskühlanlangen	100	1.000	10.000
Kühltürme	500	5.000	50.000

Die 42. BImSchV schreibt über die Maßnahmen der VDI 2047 hinaus in den §§ 6, 8, 9 und 10 weitere Dokumentations- und Informationspflichten vor. Eine Nichtbeachtung stellt eine Ordnungswidrigkeit gem. 42. BImSchV § 19 dar. Die VDI 2047 geht in Blatt 2, Tabelle 4 bzw. Blatt 3, Tabelle 2 dafür konkreter auf mögliche technische Maßnahmen ein. Um im Falle einer erhöhten mikrobiologischen Belastung richtig und verantwortungsvoll mit der erforderlichen Sicherheit handeln zu können, empfiehlt es sich, im Rahmen der Hygiene-Gefährdungsbeurteilung einen Maßnahmenplan für Prüf- und Maßnahmenwertüberschreitungen zu erstellen, der neben den Vorschriften der 42. BImSchV und den Regelungen der VDI 2047 auch anlagenspezifische Themen berücksichtigt. Ein solches Beispiel befindet sich im Anhang.

Anhand eines fiktiven, aber praxisnahen Beispiels sind im Folgenden die Laborergebnisse einer Verdunstungskühlanlage über einen Zeitraum von 1 ¼ Jahren dargestellt:

Laborergebnisse Nutzwasser für *Legionella* spp. in KBE/100 ml			
Datum	Ergebnis	Bewertung	Art der Untersuchung
02.01.2020	2	≤ PW 1	Regelm. Laborunters. alle 3 Monate
01.04.2020	120	> PW 1	Regelm. Laborunters. alle 3 Monate
17.04.2020	75	≤ PW 1	Unverz. zusätzliche Laborunters.
01.07.2020	28.000	> MW	Regelm. Laborunters. alle 3 Monate
16.07.2020	100	≤ PW 1	Unverz. zusätzliche Laborunters.
03.08.2020	1.180	> PW 2	Regelm. Laborunters. monatlich
01.09.2020	80	≤ PW 1	Regelm. Laborunters. monatlich
01.10.2020	65	≤ PW 1	Regelm. Laborunters. monatlich
02.11.2020	2	≤ PW 1	Regelm. Laborunters. monatlich
02.01.2021	30	≤ PW 1	Regelm. Laborunters. alle 3 Monate
01.04.2021	5	≤ PW 1	Regelm. Laborunters. alle 3 Monate

Anhand der Zeitskala ist das regelmäßige 3-monatliche Intervall zu erkennen. Die schwarzen Punkte stellen die routinemäßigen Untersuchungen (3-monatliches oder im Bedarfsfall monatliches Intervall) dar, die roten Punkte die vorgeschriebenen unverzüglichen zusätzlichen Untersuchungen bei einer Prüf- oder Maßnahmenwertüberschreitung.

Der Begriff „unverzüglich“ ist dabei zu verstehen als „so schnell als möglich, ohne schuldhafte Verzögerung“. Eine zusätzliche Untersuchung erst 4 Wochen nach Erhalt des Ergebnisses der letzten Untersuchung ist nicht mehr unverzüglich!

Die Farbbereiche grün, gelb, orange und rot stehen für ≤ 100 KBE/100 ml *Legionella* spp, 101 bis ≤ 1.000 (Prüfwert 1-Überschreitung), 1.001 bis ≤ 10.000 (Prüfwert 2-Überschreitung) und > 10.000 KBE/100 ml (Maßnahmenwertüberschreitung).

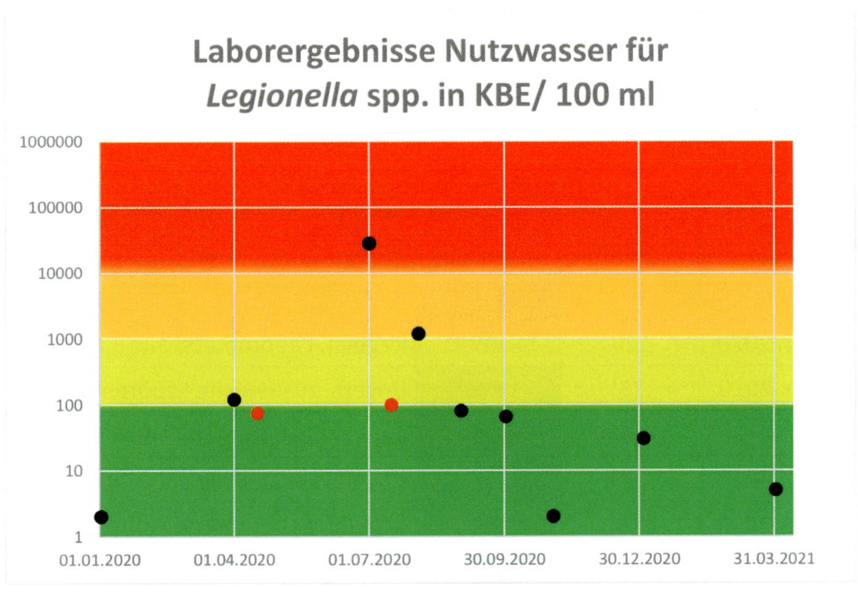

Bild 63: Analyseverlauf Legionellen in logarithmischer Darstellung

Die erste routinemäßige Untersuchung (02.01.2020) ergab 2 KBE/100 ml. Somit ist die nächste Untersuchung nach spätestens 3 Monaten erforderlich.

Die Probenahme hierzu erfolgte am 01.04.2020, das Ergebnis ergab mit 120 KBE/100 ml eine Prüfwert-1-Überschreitung. Der Prüfzeitraum war am 15.04.2020 abgeschlossen, und der Betreiber beauftragte unverzüglich das Labor für die zusätzliche Untersuchung gem. 42. BImSchV § 6 Absatz (1), welche bereits 2 Tage nach Erhalt des Prüfberichts am 17.04.2020 durchgeführt wurde. Da das Ergebnis mit 75 KBE/100 ml wieder unterhalb von Prüfwert 1 lag, muss der Betreiber laut 42. BImSchV neben der bereits durchgeführten unverzüglichen zusätzlichen Untersuchung lediglich die Ergebnisse der Laboruntersuchungen, mit Datum Probenahme und Datum Prüfbericht sowie den möglichen Ursachen und durchgeführten Maßnahmen im Betriebstagebuch dokumentieren, sonst keine weiteren besonderen Maßnahmen durchführen. Die nächste Probenahme ist erst wieder nach 3 Monaten nach der ursprünglichen routinemäßigen Probenahme durchzuführen, hier am 01. 07. 2020.

42. BImSchV:

§ 6 Maßnahmen bei einer Überschreitung der Prüfwerte in Verdunstungskühlanlagen [...]

(1) Wird bei einer Laboruntersuchung nach § 4 Absatz 3 eine Überschreitung der in Anlage 1 genannten Prüfwerte 1 oder 2 festgestellt, hat der Betreiber unverzüglich eine zusätzliche Laboruntersuchung auf den Parameter Legionellen durchführen zu lassen.

(2) Bestätigt die zusätzliche Laboruntersuchung nach Absatz 1 eine Überschreitung des in Anlage 1 genannten Prüfwertes 1, hat der Betreiber unverzüglich

1. Untersuchungen auf Aufklärung der Ursachen durchzuführen,
2. die erforderlichen Maßnahmen für einen ordnungsgemäßen Betrieb zu ergreifen,
3. betriebsinterne Untersuchungen wöchentlich durchzuführen und
4. Laboruntersuchungen auf die Parameter allgemeine Koloniezahl und Legionellen monatlich durchführen zu lassen.

(3) Bestätigt die zusätzliche Untersuchung nach Absatz 1 eine Überschreitung des in Anlage 1 genannten Prüfwertes 2, hat der Betreiber unverzüglich

1. die Pflichten nach Absatz 2 zu erfüllen und
2. technische Maßnahmen nach dem Stand der Technik, insbesondere Sofortmaßnahmen zur Verminderung der mikrobiellen Belastung, zu ergreifen, um die Legionellenkonzentration im Nutzwasser unter den in Anlage 1 genannten Prüfwert 2 zu reduzieren.

(4) Der Betreiber hat die zusätzliche Laboruntersuchung nach Absatz 1 nach deren Veranlassung sowie die Ergebnisse der Laboruntersuchung und die Ergebnisse der Untersuchungen jeweils nach deren Vorliegen sowie die gegebenenfalls ergriffenen Maßnahmen nach den Absätzen 2 oder 3 jeweils nach deren Durchführung unverzüglich im Betriebstagebuch zu dokumentieren.

(5) Wird bei drei aufeinanderfolgenden Untersuchungen nach Absatz 2 Nummer 4 festgestellt, dass die in Anlage 1 genannten Prüfwerte 1 eingehalten werden, gelten ab dem Zeitpunkt der letzten Probenahme wieder die Prüfintervalle nach § 4 Absatz 2 und 3.

Das Ergebnis der Probenahme vom 01.07.2020 ergab mit 28.000 KBE/100 ml eine Maßnahmenwert-Überschreitung. Der Prüfzeitraum war am 15.07.2020 abgeschlossen, und der Betreiber beauftragte unverzüglich das Labor für die zusätzliche Untersuchung gem. 42. BImSchV § 9 Absatz (1) Satz 3, welche bereits 1 Tag nach Erhalt des Prüfberichts am 15.04.2020 durchgeführt wurde. Neben der unverzüglichen zusätzlichen Untersuchung sind ebenfalls sofort folgende Maßnahmen vorgeschrieben:

42. BImSchV:

§ 9 Maßnahmen bei einer Überschreitung der Maßnahmenwerte

(1) Wird bei einer Laboruntersuchung nach § 4 Absatz 3 oder § 7 Absatz 2 eine Überschreitung der in Anlage 1 genannten Maßnahmenwerte festgestellt, hat der Betreiber unverzüglich

1. eine Untersuchung zur Differenzierung der nachgewiesenen Legionellen nach

   a) Legionella pneumophila – Serogruppe 1,

   b) Legionella pneumophila – andere Serogruppen und

   c) andere Legionellenarten (*Legionella non-pneumophila*)

   durch ein akkreditiertes Prüflaboratorium durchführen zu lassen,

2. bei Verdunstungskühlanlagen [...] die Pflichten nach § 6 Absatz 2 Nummer 1 bis 4 und § 6 Absatz 3 Nummer 2 zu erfüllen oder bei Kühltürmen die Pflichten aus § 8 Absatz 2 zu erfüllen sowie

3. eine zusätzliche Laboruntersuchung auf den Parameter Legionellen durchführen zu lassen.

(2) Bestätigt die zusätzliche Laboruntersuchung nach Absatz 1 Nummer 3 eine Überschreitung der in Anlage 1 genannten Maßnahmenwerte, hat der Betreiber unverzüglich zusätzliche Gefahrenabwehrmaßnahmen, insbesondere zur Vermeidung der Freisetzung mikroorganismenhaltiger Aerosole, zu ergreifen.

(3) Der Betreiber hat die Untersuchung zur Differenzierung der Legionellen nach Absatz 1 Nummer 1 und die zusätzliche Laboruntersuchung nach Absatz 1 Nummer 3 jeweils nach deren Veranlassung, die jeweiligen Ergebnisse nach deren Vorliegen sowie die gegebenenfalls ergriffenen Gefahrenabwehrmaßnahmen nach Absatz 2 nach deren Durchführung unverzüglich im Betriebstagebuch zu dokumentieren.

Zusätzlich zu den Maßnahmen nach § 9 ist bei einer Maßnahmenwertüberschreitung immer unverzüglich die Behörde zu informieren. Dies ist in der 42. BImSchV im § 10 Informationspflichten, in Zusammenhang mit Anlage 3 Teil 1 (unverzügliche sofortige Information) und Teil 2 (erweiterte Information innerhalb von vier Wochen) geregelt und erfolgt über das Online-Portal KaVKA. Je nach Situation, z. B. extrem hohe Legionellenkonzentration, wiederholte Maßnahmenwertüberschreitungen, besonders sensibler Standort oder gar gehäufte Legionellenerkrankungen im Umkreis kann die Behörde weitergehende Maßnahmen festlegen (vgl. Kap. 6).

Da im § 9 Absatz (1) Satz 2 bei einer Maßnahmenwertüberschreitung bei Verdunstungskühlanlagen „die Pflichten nach § 6 Absatz 2 Nummer 1 bis 4 und § 6 Absatz 2 Nummer 2“ einzuhalten sind, sind diese auch einzuhalten, wenn die zusätzliche Untersuchung unterhalb des Prüfwertes 1 liegen würde, d. h. bei einer Maßnahmenwertüberschreitung sind immer mindestens 3 aufeinanderfolgende Laboruntersuchungen unterhalb Prüfwert 1 erforderlich, um wieder in ein 3-monatliches Intervall für die Laboruntersuchungen bzw. ein 14-tägiges Intervall für die betriebsinternen Untersuchungen zu kommen.

Dies ist in dem vorliegenden Beispiel bei der unverzüglichen zusätzlichen Probenahme vom 16. 07. 2020 mit einem Ergebnis von 100 KBE/100 ml (also keine Prüfwert-1-Überschreitung) der Fall. Für den Betreiber gelten jetzt nicht die Anforderungen des § 9 Absatz (2), alle anderen wohl. Ab dem 01. 07. 2020 müssen monatliche Laboruntersuchungen auf Allgemeine Koloniezahl und Legionellen durchgeführt werden sowie die betriebsinternen Untersuchungen in einem wöchentlichen Intervall.

Die erste monatliche Laboruntersuchung mit Probenahme am 03. 08. 2020 ergab mit 1.180 KBE/100 ml eine Prüfwert-2-Überschreitung. Da sich der Betreiber bereits im monatlichen Intervall befindet, ist keine weitere unverzügliche zusätzliche Untersuchung erforderlich. Erst, nachdem die folgenden drei monatlichen Laboruntersuchungen vom 01. 09., 01. 10. und 02. 11. 2020 unterhalb des Prüfwerts 1 lagen, kommt der Betreiber wieder in das 3 monatliche Intervall für die mikrobiologischen Laboruntersuchungen und für das 14-tägige

Intervall für die betriebsinternen Überprüfungen. Dass er, wie in diesem Fall, die erste Laboruntersuchung nach den 3 aufeinanderfolgenden Prüfwert-1-Unterschreitungen am 02.01.2021 bereits nach 2 Monaten durchgeführt hat, kann z. B. daran liegen, dass er noch andere Verdunstungskühlanlagen betreibt und bei allen möglichst den gleichen Rhythmus hinsichtlich der Probenahme haben möchte.

Die 42. BImSchV beschreibt hinsichtlich der Analytik und der Häufigkeit 2 Besonderheiten:

42. BImSchV:

§ 15 Zulassung von Ausnahmen

[...]

(2) Die zuständige Behörde soll auf Antrag des Betreibers zulassen, dass abweichend von den Anforderungen nach Abschnitt 3 Verdunstungskühlanlagen [...] die Anforderungen nach Abschnitt 4 einzuhalten haben, mit der Maßgabe, dass die in Anlage 1 genannten Prüfwerte für Verdunstungskühlanlagen [...] anzuwenden sind.

Gerade, wenn sich eine Verdunstungskühlanlage an einem besonders sensiblen Standort befindet, z. B. Stadtmitte, Nähe zu Fußgängerzone, Krankenhäusern, Altenheimen und/oder wiederholte Prüfwert-1-Überschreitungen festgestellt werden und der Betreiber dann ohnehin im monatlichen Intervall ist, hat der Betreiber die Möglichkeit, einen formlosen schriftlichen Antrag auf Ausnahme gem. § 15 Absatz (2) zu stellen und die Behörde soll diesem stattgeben (Unterschied zu Absatz (1): Bei Anträgen anderer Art heißt es „kann"). Nachdem dem Antrag stattgegeben wurde, muss der Betreiber sein Nutzwasser nur auf Legionellen untersuchen und nicht auf Allgemeine Koloniezahl. Somit entfällt die nachfolgend beschriebene Referenzwertermittlung, und es sind bei einer Prüfwert-1-Überschreitung keine besonderen Maßnahmen zu befolgen. Erst bei einer Prüfwert-2-Überschreitung werden dann Maßnahmen gem. 42. BImSchV, § 8 erforderlich.

Die zweite Besonderheit hinsichtlich des Intervalls zwischen zwei Laboruntersuchungen betrifft Verdunstungskühlanlagen mit regelmäßig geringen Belastungen $<$ Prüfwert 1:

42. BImSchV:

§ 4 Ermittlung des Referenzwertes, betriebsinterne Überprüfungen und Laboruntersuchungen in Verdunstungskühlanlagen und Nassabscheidern

[...]

(4) Werden die in Anlage 1 genannten Prüfwerte 1 in zwei aufeinanderfolgenden Jahren bei keiner Laboruntersuchung nach Absatz 3 überschritten, können die regelmäßigen Laboruntersuchungen nach Absatz 3 alle sechs Monate durchgeführt werden. Dabei muss immer eine Laboruntersuchung zwischen dem 1. Juni und dem 31. August durchgeführt werden.

Weitere Informationen zur Einordnung der Legionellenkonzentrationen finden sich im Kapitel 6 „Gesundheitliche Risiken“.

9.3.2.1.6 Allgemeine Koloniezahl, Referenzwert und Maßnahmen

VDI 2047 Blatt 2:

9.3.2.1 Regelmäßige Laboruntersuchungen

Allgemeine Koloniezahl

Die Bestimmung der allgemeinen Koloniezahl erfasst die aeroben und fakultativ anaeroben, heterotrophen Bakterien und dient zur Überwachung des mikrobiologischen „Normalzustands“ des Nutzwassers. Für jedes Nutzwassersystem existiert ein Normalzustand (Referenzwert) hinsichtlich der allgemeinen Koloniezahl.

Die 42. BImSchV fordert für Verdunstungskühlanlagen nach Abschnitt 3 der Verordnung die regelmäßige Untersuchung der Allgemeinen Koloniezahl sowie die Ermittlung des Referenzwertes. Da die Laboruntersuchungen auf Allgemeine Koloniezahl grundsätzlich für 2 Temperaturen (22 °C und 36 °C) durchgeführt werden, muss für jede der beiden Temperaturen ein eigener Referenzwert ermittelt werden!

42. BImSchV:

§ 4 Ermittlung des Referenzwertes, betriebsinterne Überprüfungen und Laboruntersuchungen in Verdunstungskühlanlagen [...]

(1) Nach der Inbetriebnahme oder der Wiederinbetriebnahme einer Verdunstungskühlanlage [...] ist der Referenzwert des Nutzwassers aus mindestens sechs aufeinanderfolgenden Laboruntersuchungen auf den Parameter allgemeine Koloniezahl zu bestimmen. Bei bestehenden Anlagen, für die bei Inkrafttreten dieser Verordnung noch kein Referenzwert entsprechend Satz 1 bestimmt wurde, ist der Referenzwert aus den ersten sechs Laboruntersuchungen nach dem 19. August 2017 zu bestimmen. Die Sätze 1 und 2 finden keine Anwendung bei Anlagen, die bestimmungsgemäß an nicht mehr als 90 aufeinanderfolgenden Tagen im Jahr in Betrieb sind. Als Referenzwert heranzuziehen ist die bei der Erstuntersuchung nach § 3 Absatz 7 ermittelte Konzentration der allgemeinen Koloniezahl, jedoch nicht mehr als 10 000 KBE/Milliliter,

1. bis zur Bestimmung des Referenzwertes nach Satz 1 oder 2,
2. bei Anlagen, die bestimmungsgemäß an nicht mehr als 90 aufeinanderfolgenden Tagen im Jahr in Betrieb sind, oder
3. bei Anlagen, für die der Betreiber erklärt, auf die Bestimmung des Referenzwertes nach Satz 1 oder 2 zu verzichten.

Der Betreiber hat unverzüglich nach der Inbetriebnahme oder der Wiederinbetriebnahme die Art der Bestimmung des Referenzwertes nach den Sätzen 1 bis 3 festzulegen und im Betriebstagebuch zu dokumentieren. In den Fällen der Sätze 1 und 2 hat der Betreiber nach Vorliegen des Ergebnisses der sechsten Laboruntersuchung unverzüglich die Höhe des Referenzwertes im Betriebstagebuch zu dokumentieren.

Neben der „ordentlichen“ Bestimmung der Referenzwerte kann ein Betreiber demnach erklären, dass er auf die Bestimmung des Referenzwertes verzichtet. Eine offizielle Erklärung und Dokumentation im Betriebstagebuch hierfür ist erforderlich. Wird ohne weiteres Vorgehen kein Referenzwert ermittelt, handelt der Betreiber ordnungswidrig.

Bei Anlagen, die bestimmungsgemäß an nicht mehr als 90 aufeinanderfolgenden Tagen im Jahr in Betrieb sind, ist keine Referenzwertbestimmung erforderlich. Hierzu ist keine Erklärung gegenüber der Behörde nötig.

Bei den beiden beschriebenen „Sonderfällen“ sowie bei Verdunstungskühlanlagen, bei denen noch keine 6 aufeinanderfolgende Laboruntersuchungen vorliegen, gilt die Erstuntersuchung nach dem 19. August 2017 (Inkrafttreten der 42. BImSchV) als vorläufiger Referenzwert. Lag die Allgemeine Koloniezahl bei der Erstuntersuchung über 10.000 KBE/ml, wird der Referenzwert vorläufig mit 10.000 KBE/ml festgelegt, lag er unter 10.000 KBE/ml, gilt der Wert der ersten Laboruntersuchung als vorläufiger Referenzwert. Eine pauschale Festlegung mit 10.000 KBE/ml, wie sie in vielen Regelwerken vorzufinden ist, ist somit gemäß 42. BImSchV nicht zulässig (auch nicht als Orientierungswert, wie es in der VDI 2047 Blatt 2 als Anmerkung unter Tabelle 3 steht).

Die 42. BImSchV gibt außer den oben aufgeführten Angaben keine weiteren Details zur Bestimmung der Referenzwerte. In der VDI 2047 Blatt 2 findet man hierzu zwei Einschränkungen:

VDI 2047 Blatt 2:

9.3.2.1 Regelmäßige Laboruntersuchungen

Allgemeine Koloniezahl

Die Nachweismethode muss vor Bestimmung dieses Normalzustandes festgelegt werden. **Ein Wechsel der Methode erfordert eine Neubestimmung des Normalzustands.** Dieser ist über mindestens sechs wiederholte Bestimmungen (Empfehlung: monatlich) zu ermitteln. [...] **Dieser Normalzustand darf nur aus Werten aus einem Zeitraum ermittelt werden, währenddessen die Legionellenkonzentration unter 1.000 KBE/100 ml liegt.**

Die Methode der Bestimmung der Allgemeinen Koloniezahl findet man im Prüfbericht. Diese kann bis Ende 2018 sowohl TrinkWV als auch DIN EN ISO 6222 gewesen sein. Inzwischen sollten alle Prüflaboratorien auf die Bestimmung nach DIN EN ISO 6222 umgestellt haben. Außerdem fordert die VDI 2047 Blatt 2, dass keine Werte herangezogen werden dürfen, in denen es eine Prüfwert-2-Überschreitung gab. Das bedeutet, dass mindestens 6 aufeinanderfolgende Untersuchungen nach der Methode DIN EN ISO 6222 während eines Zeitraums ohne Prüfwert-2-Überschreitung vorliegen müssen, bis überhaupt eine ordentliche Referenzwertermittlung möglich ist.

Die Berechnung der Referenzwerte erfolgt gemäß Auslegungsfragenkatalog der LAI, Nummer 5.1.1 als Median. Der Median bietet gegenüber dem Mittelwert den Vorteil, dass extreme Ausreißer „herausgefiltert“ werden.

Praxisbeispiel A: EGF EnergieGesellschaft Frankenberg mbH, Frankenberg:

Datum Probenahme	*Legionella* spp. (KBE/ 100 ml)	Inter-preta-tion	allg. Koloniezahl 20/22 °C (KBE/ml)	Inter-preta-tion	allg. Koloniezahl 36 °C (KBE/ml)	Inter-preta-tion	Datum Ergebnis
22.01.2018	5	OK	22	OK	330	OK	20.02.2018
23.04.2018	5	OK	7.400	OK	2.760	OK	14.05.2018
01.08.2018	5	OK	10	OK	12	OK	30.08.2018
23.11.2018	5	OK	35	OK	6	OK	19.12.2018
25.03.2019	5	OK	108	OK	89	OK	17.04.2019
24.06.2019	5	OK	304	OK	252	OK	02.08.2019
23.09.2019	5	OK	10.800	OK	6.800	OK	26.09.2019
17.12.2019	1.000	> PW1*	452	OK	192	OK	17.01.2020

Die 6 grau hinterlegten Werte wurden für die Referenzwertbestimmung herangezogen, weil das Labor bis einschließlich April 2018 die Allgemeine Koloniezahl noch nach TrinkWV bestimmt hat und ab der Messung vom 01.08.2018 nach DIN EN ISO 6222. Es gab in dem Zeitraum keine Prüfwert-2-Überschreitung. Die zusätzliche Untersuchung nach der Prüfwert-1-Überschreitung bestätigte die Überschreitung nicht (was allerdings für den Referenzwert ohne Belang ist).

Die Bestimmung erfolgte als Median und ergab 206 KBE/ml für 22 °C und 141 KBE/ml für 36 °C. Verwendet man statt des Medians den Mittelwert, so würden auf Grund der beiden „Ausreißer“ sich Werte von 1.952 KBE/ml und 1.225 KBE/ml ergeben.

Eine signifikante Abweichung von dem Referenzwert kann ein Hinweis für eine mögliche Störung in der Verdunstungskühlanlage sein. Allerdings sind Schwankungen infolge Jahreszeit, Temperatur, äußeren Einflüssen etc. normal. Daher empfiehlt es sich, die Daten zur Ermittlung des Referenzwerts über einen längeren Zeitraum zu bestimmen, der saisonale Schwankungen berücksichtigt. Die 42. BImSchV und die VDI 2047 Blatt 2 fordern ein Handeln ab einer mehr als 100-fachen Überschreitung des Referenzwertes.

42. BImSchV:

§ 5 Maßnahmen bei einem Anstieg der Konzentration der allgemeinen Koloniezahl

(1) Ist aufgrund einer Laboruntersuchung nach § 4 Absatz 2 Nummer 2 ein Anstieg der Konzentration der allgemeinen Koloniezahl um den Faktor 100 oder mehr gegenüber dem Referenzwert festzustellen, hat der Betreiber unverzüglich

1. Untersuchungen zur Aufklärung der Ursachen durchzuführen und
2. die erforderlichen Maßnahmen für einen ordnungsgemäßen Betrieb, insbesondere Sofortmaßnahmen zur Verminderung der mikrobiellen Belastung, zu ergreifen.

(2) Der Betreiber hat die ermittelten Ursachen und die gegebenenfalls ergriffenen Maßnahmen jeweils nach deren Durchführung unverzüglich im Betriebstagebuch zu dokumentieren.

Eine Informationspflicht gegenüber der Behörde wie bei einer Maßnahmenwertüberschreitung der Legionellen gilt hier nicht!

Die VDI 2047 Blatt 2 sieht im Unterschied zur 42. BImSchV u. a. eine Nachbeprobung und bei Bestätigung eine Stoßdosierung Biozid vor.

VDI 2047 Blatt 2:

Tabelle 3: Maßnahmen bei Veränderung der allgemeinen Koloniezahl

Allgemeine Koloniezahl: Veränderung	Maßnahmen
keine	keine
≥ 100-fach	Nachbeprobung und bei Bestätigung sofortige Stoßdosierung Biozid Ursachenermittlung unter Einbeziehung einer Inspektion (siehe Tabelle 1 und Abschnitt 9.3.1) und Mängelbeseitigung, gegebenenfalls Anpassung der Betriebsweise gegebenenfalls Erweiterung der Probenahmestellen (siehe Abschnitt 9.2)

Der letzte Punkt, Erweiterung der Probenahmestellen, kann bei der Ursachenuntersuchung wertvolle Hinweise geben. So wurden durch Erweiterung der Probenahmestellen, z. B. des Rohwassers, des Zusatzwassers (vor und nach der Enthärtungsanlage), im Nutzwasser vor und hinter dem Sandfilter etc. durchaus schon die Quellen der Belastung gefunden.

VDI 2047 Blatt 2:

9.3.2.1 Regelmäßige Laboruntersuchungen

Bei Überschreitung eines Maßnahmenwerts[6] sind zusätzlich zu den oben beschriebenen Maßnahmen mikrobiologische Untersuchungen des Roh- und Zusatzwassers durchzuführen. Des Weiteren sind die physikalisch-chemischen Prozessparameter auf Auffälligkeiten zu überprüfen (siehe Abschnitt 9.3.3).

Demnach ist bereits bei einer Überschreitung des Prüfwertes 1 bei der unverzüglichen zusätzlichen Untersuchung des Nutzwassers zeitgleich auch eine Kontrolle des Zusatzwassers und bei einer eingesetzten Wasseraufbereitung auch des Rohwassers sinnvoll und oft zielführend. Auch die Umsetzung dieser Maßnahme sollte mit im Maßnahmenplan betrachtet und definiert werden.

9.3.2.2 Betriebsinterne Kontrollen

Die Allgemeine Koloniezahl kann durch den Betreiber selbst mittels Eintauchnährböden, sog. Dip-Slides, im Rahmen der 14-tägigen betriebsinternen Kontrollen bestimmt werden. Auch hier ist die Ermittlung eines Referenzwertes zielführend, um Veränderungen rechtzeitig zu bemerken. Die Bestimmung erfolgt bei den betriebsinternen Kontrollen üblicherweise nur bei einer Temperatur. Hier wird der zuvor mit dem Nutzwasser benetzte Dip-Slide entsprechend der Beschreibung des Herstellers bzw. des Anhangs C der VDI 2047 Blatt 2 in einem dafür geeigneten Inkubator (Brutschrank) bei einer Temperatur von $30 \pm 2\,°C$ über einen Zeitraum von 44 ± 4 Stunden bebrütet und anschließend, in der Regel in 10er-Potenzen, anhand von Vergleichsbildern ausgewertet.

6 Der Begriff „Maßnahmenwert" bezieht hier, im Unterschied zur Nomenklatur der 42. BImSchV, alle untersuchten mikrobiologischen Parameter mit ein. Dies wird häufig in den Prüfberichten der akkreditierten Prüflaboratorien nicht richtig dargestellt.

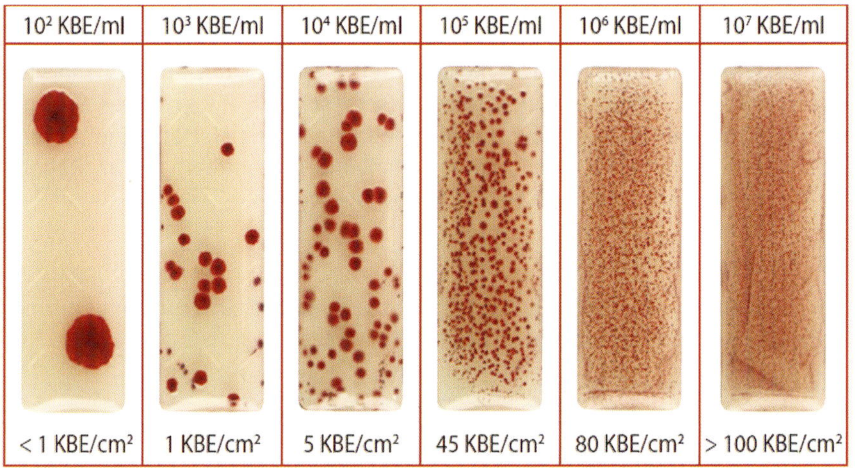

Bild 64: Auswertungstableau Allgemeine Koloniezahl (Quelle: Schülke)

Da es sich bei den Eintauchnährmedien um eine Feldmethode mit Abschätzung der Keimzahl mit einem abweichenden Nährmedium sowie einer abweichenden Bebrütungstemperatur und -dauer handelt, sind die Ergebnisse nicht mit denen der Untersuchung auf Allgemeine Koloniezahl im Labor gemäß DIN EN ISO 6222 vergleichbar.

9.3.3 Chemische und chemisch-physikalische Untersuchungen

VDI 2047 Blatt 2:

9.3.3 Chemische und chemisch-physikalische Untersuchungen

Ablagerungen an Oberflächen von wasserführenden Systemen sollen vermieden werden, da sie den Wärmeübergang beeinflussen, Korrosionsschäden hervorrufen und zur Ausbildung von Biofilmen beitragen können.

Im Rahmen der Hygiene-Gefährdungsbeurteilung sollen daher durch eine hygienisch fachkundige Person das Zusatzwasser und Nutzwasser chemisch und chemisch-physikalisch untersucht und Sollwerte festgelegt werden. Je nach Wasserqualität, Wasseraufbereitung und Wasserbehandlung sollen sinnvolle Parameter für die betriebsinternen Untersuchungen festgelegt werden. Eine pauschale Aussage kann hierzu nicht getroffen werden. Die folgende Aussage in der 42. BImSchV, insbesondere das „oder“, hat mancher Betreiber ausgenutzt und z. B. „nur“ die Allgemeine Koloniezahl mittels Dip-Slides als mikrobiologische Kenngröße untersucht. Da diese überhaupt keine Aussage über mineralische Ablagerungen oder Korrosionen zulässt, kann durch diese nicht ausreichende Überwachung des Nutzwassers schnell ein größerer Schaden entstehen, dessen Beseitigung um ein Vielfaches teurer ist als eine umfangreichere betriebsinterne Untersuchung sinnvoller Parameter, die im Rahmen der Hygiene-Gefährdungsbeurteilung festgelegt wurden.

42. BImSchV:

§ 4 Ermittlung des Referenzwertes, betriebsinterne Überprüfungen und Laboruntersuchungen in Verdunstungskühlanlagen [...]

(2) Der Betreiber hat

1. zur Sicherstellung der hygienischen Beschaffenheit des Nutzwassers regelmäßig mindestens zweiwöchige betriebsinterne Überprüfungen chemischer, physikalischer oder mikrobiologischer Kenngrößen des Nutzwassers durchzuführen,

[...]

Welche chemischen und chemisch-physikalischen Parameter konkret untersucht werden sollen, hängt von verschiedenen Faktoren ab.

Bei einem nicht ganz härtefreien Zusatzwasser können z. B. folgende Parameter sinnvoll sein:

- Elektrische Leitfähigkeit (über das Verhältnis Leitfähigkeit im Nutzwasser/Leitfähigkeit im Zusatzwasser kann unter optimalen Bedingungen vereinfacht die Eindickungszahl bestimmt werden)
- pH-Wert (ist bei metallischen Werkstoffen ein wichtiger Parameter zur Korrosionsvorbeugung, Besonderheiten bei Aluminium und verzinktem Stahl sind zu beachten)
- Gesamthärte in Verbindung mit Säurekapazität KS 4,3 und dazu
- Konzentration des Konditionierungsmittels (eine Härtestabilisierung kann mittels geeigneter Konditionierungsmittel nur bis zu einer bestimmten Karbonathärte erfolgen und nur dann, wenn ausreichend Härtestabilisator im System vorhanden ist; zu viel Härtestabilisator kann mikrobiologisches Wachstum fördern!)
- Je nach verwendeten Werkstoffen kann eine regelmäßige Überwachung der Metallionenkonzentration (z. B. Eisen, Zink) ein Anzeichen für Korrosion geben

– Freies Chlor (beim Einsatz Chlorhaltiger Biozide zur Feststellung der Zehrung in Abhängigkeit der mikrobiologischen Belastung; zu hohe Chlorkonzentrationen können jedoch Korrosionen fördern)

Im Kapitel 8.6 wurde bereits auf Online-Messverfahren eingegangen. Gerade bei den mittels Sonden messbaren Größen, wie elektrische Leitfähigkeit, pH-Wert und freies Chlor können diese Systeme bei regelmäßiger Wartung und Kalibrierung der Messsonden die betriebsinternen Untersuchungen automatisieren.

9.4 Betreiberseitige Maßnahmen und Dokumentation

Aufgrund der vielfältigen Anforderungen zur Dokumentation in der 42. BImSchV ist es aus Sicht der Autoren zielführend, im Kapitel ‚Betrieb und Instandhaltung‘ ein zusätzliches Unterkapitel 9.4 mit dem Titel ‚Betreiberseitige Maßnahmen und Dokumentation‘ zu ergänzen.

Das zentrale Dokument für den Betrieb ist das Betriebstagebuch. Dieses Dokument ist grundsätzlich aktuell zu halten. Es kann als Zustandsdokumentation für das System eingestuft werden und sollte möglichst viele Informationen und Zustände beinhalten. Was nicht dokumentiert ist, kann nicht mehr nachvollzogen werden bzw. – aus Sicht der Qualitätssicherung – muss als nicht stattgefunden eingestuft werden. Das Betriebstagebuch ist auf Verlangen der Behörde vorzulegen, daher ist es sinnvoll, dieses zentral zu pflegen. Mit einer vollständigen Dokumentation im Betriebstagebuch kann sich ein Betreiber selbst entlasten und mögliche Vorwürfe im Hinblick auf Fahrlässigkeit entkräften.

Die Hygiene-Gefährdungsbeurteilung regelt die Inhalte, die im Betriebstagebuch dokumentiert werden. Über die Hygiene-Gefährdungsbeurteilung sind auch der Instandhaltungsplan und der Maßnahmenplan zu erstellen. Diese vier Dokumentenbereiche sind nicht als einmalig festgelegte Dokumente zu betrachten, sondern entwickeln sich im Laufe der Betriebszeit weiter.

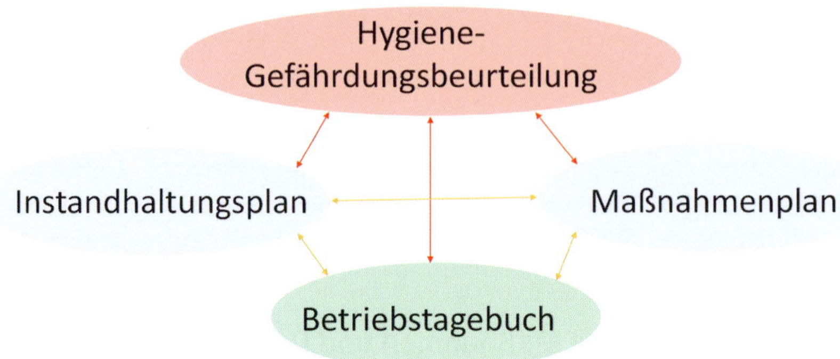

Bild 65: Zusammenhang Hygiene-Gefährdungsbeurteilung, Instandhaltungsplan, Maßnahmenplan und Betriebstagebuch

Bild 65 zeigt den gegenseitigen Einfluss der Dokumentenbereiche. Jede festgestellte Abweichung und jede umgesetzte Maßnahme beeinflusst die Dokumente und führt ggf. zu erforderlichen Ergänzungen oder Überarbeitungen einzelner oder sogar aller Dokumentenbereiche. Werden immer wieder Belastungen festgestellt, ist dies in der Hygiene-Gefährdungsbeurteilung zu bewerten und führt zu einer Anpassung der Fahrweise und des Instandhaltungsplanes.

Mit zunehmenden Betriebserfahrungen und Umgang bei Abweichungen werden diese Dokumente somit objektbezogen immer wertvoller für einen sicheren Betrieb. Der jeweils aktuelle Stand dieser Dokumente und auch deren Entwicklung sollte im Betriebstagebuch in einem Bereich ‚Dokumentenhistorie' hinterlegt werden. Wie das konkret aussehen kann, ist aus den im Anhang beigefügten Dokumenten zu entnehmen, hier steht im Betriebstagebuch der Bereich Dokumentenhistorie zur Verfügung.

Einige Betreiber erfassen regelmäßig verschiedene Zustände zusätzlich mit Bildern, sodass Veränderungen über die Zeit dokumentiert sind. Die Bilddokumentation ist eine gute Möglichkeit, jedoch keine zwingende Vorgabe.

Der Maßnahmenplan wird inzwischen bei vielen Betreibern umgesetzt, meist jedoch ausschließlich als Maßnahmenplan bei durch Laboranalysen festgestellten Überschreitungen von mikrobiologischen Belastungen. Das Thema ist jedoch komplexer, denn der Maßnahmenplan besteht aus einer Summe verschiedener Maßnahmenpläne. Für alle möglichen Abweichungen und Betriebszustände sind Maßnahmen zu definieren und zu dokumentieren. Dies ist im Hinblick auf die Delegation der Betreiberverantwortung ein wichtiges Detail. Es sind Maßnahmen für eine Wiederinbetriebnahme oder ein Wiederanfahren zu definieren (Checkliste nach Anlage 2 der 42. BImSchV). Auch für Abweichungen, die bei Inspektionen festgestellt werden können, ist ein Maßnahmenplan zu erstellen, der überwiegend reaktive Reinigungsarbeiten beinhaltet. Wenn Ablagerungen im System festgestellt werden, sollten diese entfernt werden.

Das Thema Reinigung ist für die Instandhaltung ein wichtiges Thema, und gerade beim Betrieb von Verdunstungskühlanlagen findet ein permanenter Eintrag an Belastungen über die Luft statt. Je nach Aufstellungsort und Betriebsweise sind Reinigungen unabdingbar und reduzieren die Belastungssituation im System. Eine angepasste und objektbezogene Wasseraufbereitung und Wasserbehandlung minimieren mögliche Störungen im Bereich mineralische Ablagerung, Korrosion und mikrobiologisches Wachstum. Die Störungen können jedoch nicht zu 100 % ausgeschlossen werden. Es kann dennoch zur Ausbildung von Belägen kommen. Der Betrieb eines Filtrationssystems kann als eine Art Dauerreinigungsmaßnahme angesehen werden, aber auch mit einer feinen Bypassfiltration sind Ablagerungen in einigen Bereichen nicht vollständig zu vermeiden. Daher sind Inspektionen wichtige Kontrollarbeiten, um den tatsächlichen Zustand regelmäßig zu erfassen.

Bild 66: Geringe Ablagerungen im Bereich der Auflageflächen der Tropfenabscheider eines Zweikreiskühlers, die regelmäßig zu entfernen sind

Einfache Beläge können durch mechanische Reinigungen (z. B. mit einem scharfen Wasserstrahl oder ggf. einem Hochdruckreiniger) entfernt werden, stärkere Beläge benötigen den Einsatz von Reinigungsmitteln. Bei diesen Arbeiten sind bestehende Risiken zu betrachten, und es ist zu prüfen, ob diese Arbeiten von dem eigenen Instandhaltungspersonal umgesetzt oder an eine Fachfirma vergeben werden. Aluminiumregister können beispielsweise durch den Einsatz von Hochdruckreinigern erheblich beschädigt werden, sodass die Lamellenbereiche nicht mehr richtig durchströmt werden. Das durchführende Personal sollte entsprechend qualifiziert sein (siehe Kapitel 10). Bei chemisch-wasserseitigen Reinigungen sollte auf eine Fachfirma zurückgegriffen werden, die die chemischen Produkte auswählt und die Reinigung fachgerecht durchführt. Oft werden derartige Reinigungen zur Belagsminimierung regelmäßig und vorbeugend durchgeführt. Als Vergleich kann hier die Zahnhygiene angeführt werden. Hier sind regelmäßige Zahnreinigungen bewährte Praxis, um vorhandene Ablagerungen zu entfernen und mikrobiologische Belastungen zu minimieren. Wer diesen Reinigungen nicht regelmäßig nachkommt, riskiert Schmerzen und hohe Kosten.

Die durchgeführten Reinigungsmaßnahmen sind wiederum im Betriebstagebuch zu dokumentieren, und je nach Stärke der Belastungen ist das Inspektionsintervall und damit oft auch das Maßnahmenintervall anzupassen. Bei gravierenden Ablagerungen ist die Hygiene-Gefährdungsbeurteilung zu überprüfen und die Fahrweise im System samt Wasserbehandlung anzupassen.

10 Qualifikation und Schulung von Personal

VDI 2047 Blatt 2

10 Qualifikation

Der Betreiber der Anlage hat sicherzustellen, dass alle mit Arbeiten an dem betroffenen Kühlsystem beauftragte Personen (eigenes und Fremdpersonal) über geeignete Qualifikationen für Ihre Tätigkeit verfügen. Aufgrund der Bedeutung der Anforderungen, die sich aus dieser Richtlinie ergeben, müssen alle an der Anlage tätigen und für die Anlage verantwortlichen Mitarbeiter zusätzlich die nötigen Kenntnisse in Kühlturmhygiene nachweisen können, z.B. durch eine VDI-Urkunde einer Schulung auf Grundlage der VDI-MT 2047 Blatt 4.

Der Betreiber der Anlage ist verantwortlich, diese Anforderung umzusetzen und den Qualifikationsstand zu überprüfen. Die Absicherung der Qualifikation ist für die Delegation der Betreiberverantwortung eine unerlässliche Voraussetzung. Spätestens mit der Erstellung der Hygiene-Gefährdungsbeurteilung ist diese Überprüfung erforderlich, bei der Sachverständigenüberprüfung ist die Überprüfung der Qualifikationen ebenfalls wesentlicher Bestandteil.

Praxisbeispiel A: EGF EnergieGesellschaft Frankenberg mbH, Frankenberg:

In diesem Bereich war die Umsetzung sehr konsequent und neben den tatsächlichen betreuenden Technikern an der Anlage hat sich zusätzlich der Geschäftsführer der EGF der Tagesschulung unterzogen. Dies war für alle Beteiligten ein Gewinn, da die Notwendigkeit der betreuenden Maßnahmen und der erforderlichen Kosten für die Absicherung der Hygiene im Betrieb durch den Kompetenzgewinn über die Schulung klar wurde.

Derzeit bietet der VDI mit der VDI-MT 2047 Blatt 4 eine entsprechende Qualifizierungsmöglichkeit deren Inhalt und Standard abgesichert ist, wenn der Schulungsanbieter diese über eine VDI-Schulungspartnerschaft durchführt. Mit inzwischen über 40 Schulungspartnern können so flächendeckend Qualifizierungen angeboten werden, um den hohen Bedarf an Schulungen decken zu können. Der Vorteil der Schulungen über die Schulungspartner ist, dass die Inhalte der Schulungen überprüft werden und die Schulungspartner ebenso kontrolliert werden, sodass die Qualität dieser Schulungen sichergestellt ist. Aufgrund der Corona-Situation werden inzwischen auch viele Online-Schulungen angeboten.

Wie in der Einleitung bereits klargestellt, werden die Teilnehmer zu einer hygienisch fachkundigen Person qualifiziert, die dadurch an den in ihrem Verantwortungsbereich liegenden Anlagen entsprechend sensibel agieren. Durch weiterführenden fachlichen Austausch und regelmäßiges Wiederholen der Qualifikation bleibt die Sensibilität erhalten und wird weiter vertieft. Damit tragen die Schulungen zur Betriebssicherheit bei und hygienische Probleme können frühzeitig erkannt und gelöst werden.

Der VDI empfiehlt als Intervall für Auffrischungen maximal 5 Jahre oder nach Neuerscheinen der Richtlinie. Für die meisten Personen, die mit Aufgaben rund um die Instandhaltung und Hygiene an Verdunstungskühlanlagen betraut wurden, ist das Thema zum Zeitpunkt der ersten (und ggf.) einzigen Schulung Neuland gewesen und eine Auffrischung nach 3 bis 5 Jahren sicherlich sinnvoll und zu empfehlen. Auch Fachkonferenzen oder Informationsveranstaltungen zum Thema Legionellen in Verdunstungskühlanlagen können zur Auffrischung und Vertiefung hilfreich sein, sollten jedoch die (Wiederholungs-)Schulung nicht vollständig ersetzen.

Die hygienisch geschulte Person wird in der 42. BImSchV zweimal erwähnt, bei der Hygiene-Gefährdungsbeurteilung und beim Ausfüllen der Checkliste Anlage 2.

Eine nach VDI 2047 geschulte Person kann eine Fachkraft für Arbeitssicherheit bei der Erstellung der Hygiene-Gefährdungsbeurteilung unterstützen, wobei zur Gewährleistung der Unabhängigkeit und Unbefangenheit eine Person außerhalb des Betriebs zu bevorzugen ist.

In der Praxis stellt sich die Frage nach der erforderlichen Qualifikation und wie und ob eine nach VDI 2047 geschulte Person das erworbene Wissen an weitere Personen ausreichend weitervermitteln kann. Die Delegation von Betreiberverantwortung auf Mitarbeiter ist mit der Dokumentation bei Unterweisung wichtig, einfacher fällt der Nachweis der Qualifikation, besonders im Schadensfall vor Gericht, mit einer Urkunde des VDI.

Ein akkreditierter Probenehmer muss die Qualifikation der Probenehmerschulung für Trinkwasser sowie eine Schulung gemäß VDI-MT 2047 Blatt 4 nachweisen, da er sowohl über Kenntnisse zum Thema Probenahme für mikrobiologische Untersuchungen als auch über die Anlagentechnik und die Bedingungen in Verdunstungskühlanlagen verfügen muss. Die UBA-Empfehlung definiert in Anlage 3 Anforderungen an die Probenehmerschulung für Verdunstungskühlanlagen, Kühltürme und Nassabscheider für die mikrobiologische Laboruntersuchung nach 42. BImSchV, die die Doppelschulung ersetzt. Bisher wird eine solche Schulung nur von wenigen Anbietern bereitgestellt.

Im Bereich der VDI 6022 und VDI 6023 besteht nicht nur ein einziges Qualifikationsniveau. Hier werden unterschiedliche Kategorien (A, B und C) der Qualifikation angeboten und auf unterschiedliche Zielgruppen ausgerichtet. So wurde der Bereich der Planung, Montage und Inbetriebnahme (neue VDI 6023 Blatt 1, die bald erscheinen wird) von dem Bereich des Betriebes (bereits vorliegende VDI 6023 Blatt 3) fachlich separiert.

Über die VDI 6023 Blatt 2 werden konkrete Vorgaben zu den Inhalten von Gefährdungsanalysen im Trinkwasser gemacht und eine Qualifikationsmöglichkeit für Sachverständige geschaffen, um diese Gefährdungsanalysen durchzuführen. Leider gibt es derartige Definitionen bisher in der VDI 2047 nicht.

Seit 2014 wird der Betrieb von Nassabscheidern in der eigenständigen Richtlinie VDI 3679 geregelt. Der Betrieb von Nassabscheidern ist, ähnlich wie der Betrieb von Rückkühlwerken, mit einem grundsätzlichen Legionellenrisiko verbunden. Das Schulungsangebot der VDI 2047 bietet grundsätzlich auch für Nassabscheider eine Basis, jedoch sind hier viele spezifische Dinge zu berücksichtigen, die in der Schulungsreihe der VDI 2047 nicht konkret behandelt werden. Daher wurden erste eigenständige Schulungen zur VDI 3679 in Anlehnung an den Umfang der VDI 2047, jedoch mit technisch spezifischen Inhalten für Nassabscheider erarbeitet und bereits (auf Grund der Corona-Pandemie bisher nur) vereinzelt durchgeführt. Im Juni 2021 ist mit der VDI-MT 3679 Blatt 5 daraus resultierend eine weitere Hygiene-Schulungsrichtlinie im Weißdruck erschienen. Demnach stehen seit Juni 2021 nun vier VDI-MT-Richtlinien zur Hygienequalifikation zur Verfügung.

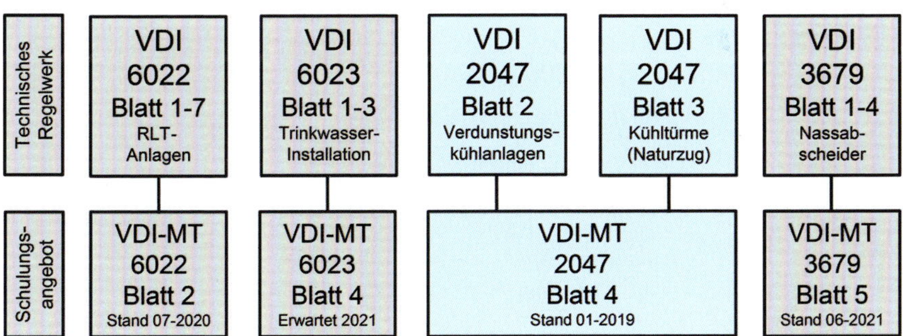

Bild 67: Schulungsangebote zu den VDI-Hygienerichtlinien

11 Anhang

Der vorliegende Anhang zum Kommentar zur Richtlinienreihe VDI 2047 führt Beispiele wichtiger Dokumente im Zusammenhang mit einer Verdunstungskühlanlage auf. Der Leser findet praxisnahe Beispiele für eine Hygiene-Gefährdungsbeurteilung, einen Instandhaltungsplan, Maßnahmenpläne, Betriebsanweisungen sowie ein Betriebstagebuch, welches den Anforderungen der 42. BImSchV entspricht.

11.1 Hygiene-Gefährdungsbeurteilung

Die vorliegende Hygiene-Gefährdungsbeurteilung wurde nach der ersten Erstellung 2019 stetig aktualisiert. Der Betreiber hat die empfohlenen Maßnahmen überwiegend umgesetzt. Dadurch erkennt z. B. der Sachverständige oder die Behörde im Rahmen der § 14 Überprüfung eine kontinuierliche Verbesserung.

Gefährdungsbeurteilung nach 42. BImSchV, § 3 (4) sowie Hygiene-Gefährdungsbeurteilung nach VDI 2047 Blatt 2, 9.2

GBU-Nummer:	1234-56789
Aktualisierte Bereiche:	A (siehe Seite xy) B (siehe Seite xy)
Anlagen-ID:	1234-5678
Objekt:	Musterobjekt (anonymisiert)
Geokoordinaten:	Breite: 50° 2' 5.0'' Länge: 10° 2' 50.0''
Art der Anlage:	Verdunstungskühlanlage
Auftraggeber/Ansprechpartner:	Herr Mustermann
Betreiber:	Betreiber
Auftragnehmer:	Auftragnehmer
Bearbeiter:	Bearbeiter
Prüfer:	Prüfer
Datum des Vor-Ort-Termins:	19.02.2019
Berichtsdatum:	Revision 0: 18.03.2019 Revision 1: 14.03.2020 Revision 2: 07.05.2020 Revision 3: 21.06.2021
Teilnehmer:	Herr Muster (Betreiber) Herr Mustermann (Wasseraufbereiter) Frau Erstellerin (Ing-Büro xyz)

Hinweis: Die Gefährdungsbeurteilung bezieht sich auf das Kühlsystem zum Zeitpunkt der Begehung. Änderungen am System oder an der Betriebsweise erfordern eine Überprüfung und ggf. Anpassung der empfohlenen Maßnahmen.

11.1.1 Einleitung

Verdunstungskühlanlagen können unter bestimmten Bedingungen legionellenhaltige Wassertröpfchen (Aerosole) auswerfen, die beim Einatmen bei Menschen zu schweren Lungenentzündungen, sogar mit Todesfolge, führen können. In Deutschland wurden in jüngster Vergangenheit mehrere größere Legionellen-Ausbrüche dokumentiert, bei denen Verdunstungskühlanlagen als Hauptinfektionsquellen identifiziert wurden.

Die Zweiundvierzigste Verordnung zur Durchführung des Bundes-Immissionsschutzgesetztes (Verordnung über Verdunstungskühlanlagen, Kühltürme und Nassabscheider – 42. BImSchV) soll mit gesetzlich bindenden Anforderungen an die Errichtung, die Beschaffenheit und den Betrieb dazu beitragen, dass Verunreinigungen durch Mikroorganismen, insbesondere Legionellen, nach dem Stand der Technik vermieden werden (§ 3 (1)).

Die VDI 2047 Blatt 2 spezifiziert die Anforderungen an den hygienisch einwandfreien Betrieb von Verdunstungskühlanlagen weiter.

11.1.2 Aufgabenstellung und Aufbau

Ziel der vorliegenden Gefährdungsbeurteilung ist es, hygienisch kritische Punkte im wasserführenden Kühlkreislaufsystem aufzuzeigen und bei Bedarf Empfehlungen und Maßnahmen zur Verbesserung der hygienischen Situation zu erstellen. Hauptkriterium dabei ist die Einhaltung der Anforderungen der 42. BImSchV und der VDI 2047 Blatt 2 an einen hygienegerechten Betrieb von Verdunstungskühlanlagen.

Die vorliegende (Hygiene-)Gefährdungsbeurteilung umfasst die Schritte Risikoanalyse und Risikobewertung. Sie gliedert sich in eine Beschreibung des Ist-Zustandes, eine Bewertung des Ist-Zustandes nach den Kriterien der 42. BImSchV und der VDI 2047 Blatt 2 inkl. Risikobewertung sowie Empfehlungen und Maßnahmen zur Optimierung des Betriebs.

Als Basis der Gefährdungsbeurteilung dient die Vor-Ort-Begehung vom 19.02.2019 sowie die vom Auftraggeber zur Verfügung gestellten Unterlagen und persönlichen Informationen. Verwendete Literatur- und Internetquellen sind in Kapitel 8 der Anlage aufgelistet.

Für den Überblick dient eine tabellarische Zusammenfassung in Kapitel 3 mit farblicher Darstellung der einzelnen Bereiche. Kapitel 4 beschreibt den IST-Zustand. Die Bewertungsgrundlagen sowie die detaillierte Zusammenstellung der Bewertung mit vorgeschlagenen Maßnahmen finden Sie in Kapitel 5. In Kapitel 6 finden Sie eine Bilddokumentation zu den wesentlichen Bereichen der Anlage. Am Ende der Gefährdungsbeurteilung (Kapitel 7) finden Sie Beispiele für einen Instandhaltungsplan, Maßnahmenpläne, eine Betriebsanweisung nach BioStoffV sowie die Erläuterung von Fachbegriffen.

11.1.3 Zusammenfassende Risikobewertung

Das Ergebnis der vorliegenden Gefährdungsbeurteilung finden Sie auf dieser Seite in komprimierter und übersichtlicher Form. Das Ziel ist, Ihnen anhand dieser Übersicht aufzuzeigen, in welchen Bereichen ein eventueller Handlungsbedarf besteht und wo Sie Prioritäten setzen sollten. Die Grundlage des Bewertungsschemas sowie eine detaillierte Aufstellung auch mit vorgeschlagenen Maßnahmen finden Sie in Kapitel 5.

Bereich	Note	Risiko (von – bis)		
Bautechnische/betriebliche Aspekte	1,0			
Optische Inspektion	1,0			
Wasseraufbereitung und Wasserbehandlung	1,0			
Anlagenüberwachung	1,5			
Inspektion, Wartung, Reinigung	1,4			
Betriebsinterne Kontrollen	1,0			
Mikrobiologisches Labor	1,1			
Qualifikation Personal	1,0			
Aushänge und PSA	1,5			
Gesamtergebnis:	**1,2**			

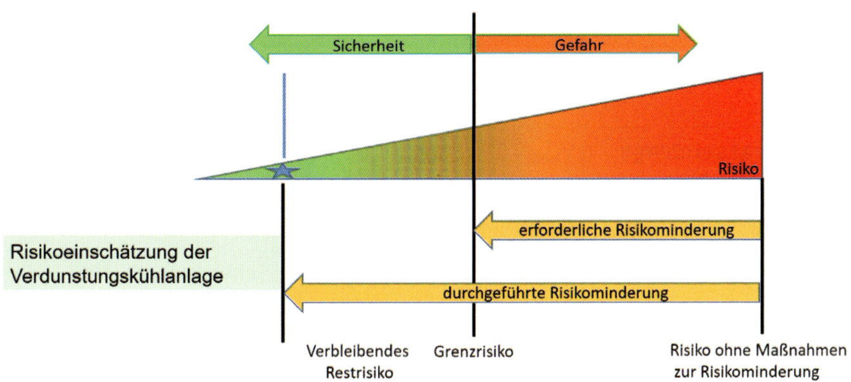

Bild A1: Gesamt-Risikobewertung

11.1.4 Beschreibung der Verdunstungskühlanlage

In den folgenden Unterkapiteln erfolgt eine Beschreibung des IST-Zustandes der Anlage.

11.1.4.1 Technische Daten zur Verdunstungskühlanlage

Tabelle A1: Technische Daten zur Verdunstungskühlanlage

Datum der erstmaligen Inbetriebnahme:	20.10.2006
Typ:	2 × Axima, EWK 680/09
Bauart:	Verbund von 2 Einkreisrieselkühlern mit Wabeneinbauten
Systemwasser-volumen:	10 m^3
Kühlleistung:	2 x 670 kW, gesamt 1.340 kW
Kühlturmpumpen:	2 x KSB ETABLOC GN050-125/752 84 m^3/h bei 20 m WS
Umlaufwassermenge (Auslegung):	2 × 96m^3/h, gesamt 192m^3/h
Auslegungs-temperaturen	T_{VL}: 32 °C/T_{RL}: 26 °C/T_{FK}: 21 °C
Luftmenge:	20 m^3/s
Verdunstungswasser-menge:	$V_{Verd} = 2 \times 0{,}99 = 1{,}98\ m^3/h$
Absalzwassermenge: (EZ = 1,5 | 2,5)	$V_{Abs} = 2 \times 1{,}98 = 3{,}96$ | $2 \times 0{,}66 = 1{,}32\ m^3/h$
Sprühwasserverluste:	Nicht bekannt
Eingesetzte Werkstoffe im Kühlkreislauf-system:	Edelstahl, Messing, Kupfer, Schwarzstahl, PVC
Verbraucher:	2 × Plattenwärmetauscher (Winter-betrieb) 2 × Kältemaschinen (Sommerbetrieb)

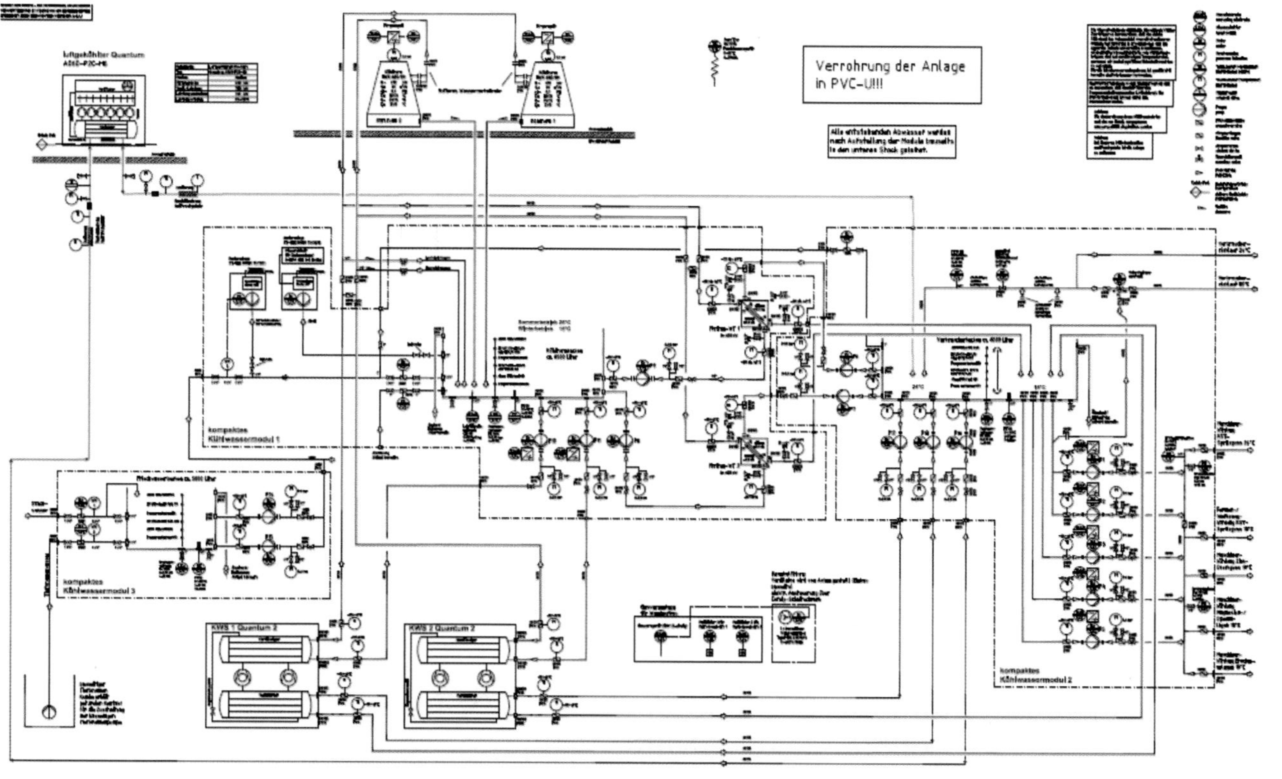

Bild A2: Anlagenschema VKA mit Verbrauchern (Stand: 2011)

11.1.4.2 Standort der Verdunstungskühlanlage

Die Verdunstungskühlanlage befindet sich auf dem Dach der Produktionshalle der Firma A im Industriegebiet der Stadt B. Wohngebiete mit Kindergärten und Schulen sind ab einer Entfernung von unter einem Kilometer in nordöstlicher Richtung gelegen. Besonders sensible Einrichtungen wie Altenheime sind in nordöstlicher Richtung ab einer Entfernung von 1,6 Kilometern vorzufinden. Das nächstgelegene Krankenhaus ist in ca. 1,4 Kilometern in nordöstlicher Richtung vorhanden. In einem Abstand von 300 Metern verläuft eine Bahnlinie mit Personenverkehr. Der zugehörige Bahnhof befindet sich in 800 Metern Entfernung nordöstlich. Das Firmengelände ist von Feldern und Bäumen umgeben, von denen saisonal eine erhöhte Pollenbelastung ausgehen kann. Zudem befindet sich in direkter Umgebung ein Getreidesilo, welches mit den Emissionen die Verdunstungskühlanlage beeinflussen kann.

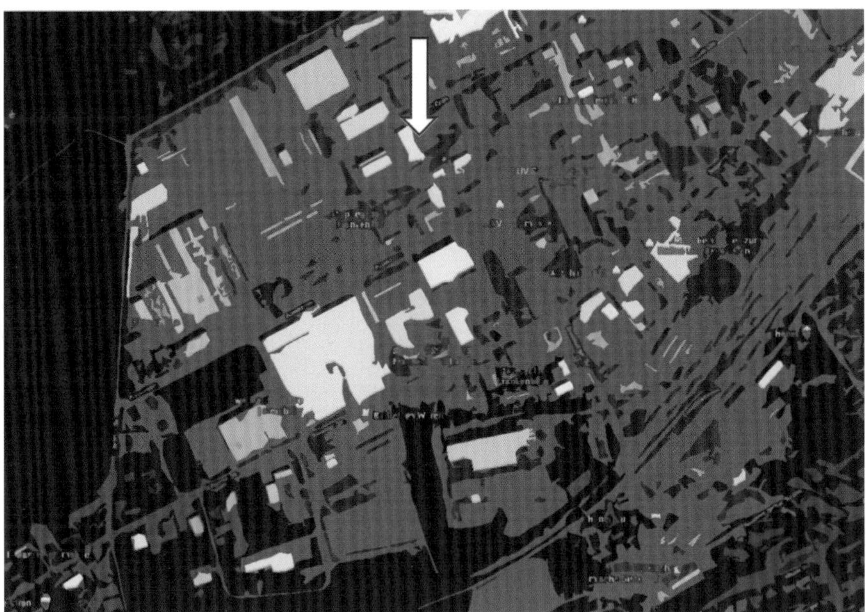

Bild A3: Luftbild Standort Verdunstungskühlanlage

Die beiden nachfolgenden Bilder zeigen die umliegenden Krankenhäuser und Altenheime im Umkreis von 10 Kilometern.

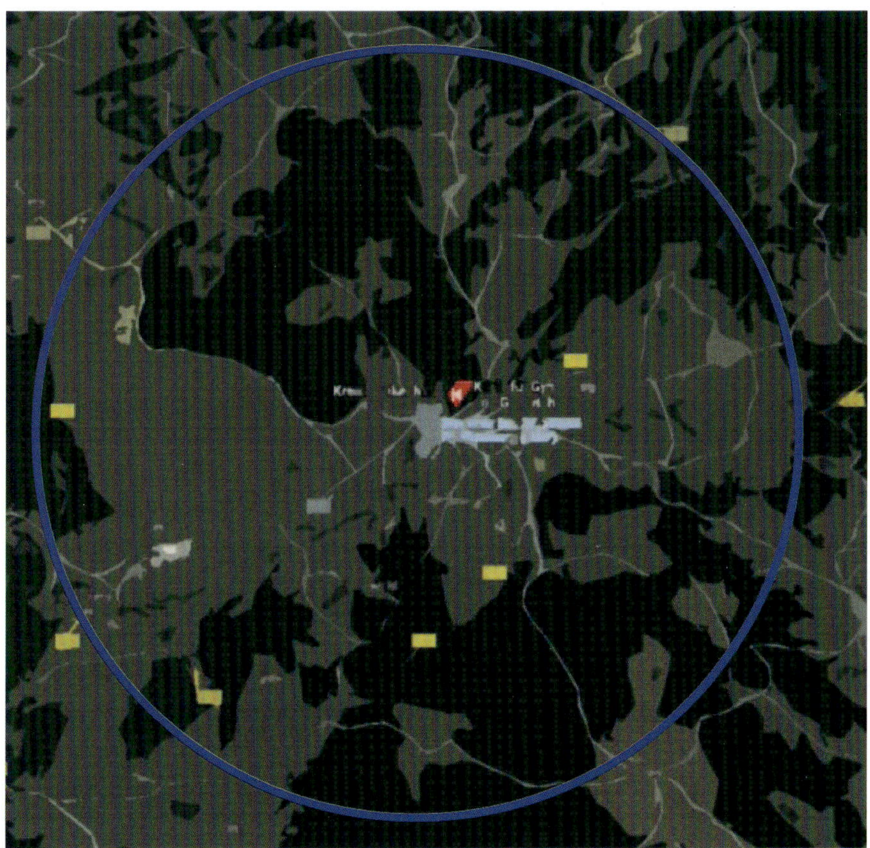

Bild A4: Krankenhäuser im Umkreis von 10 km (Quelle: https://maps.google.de)

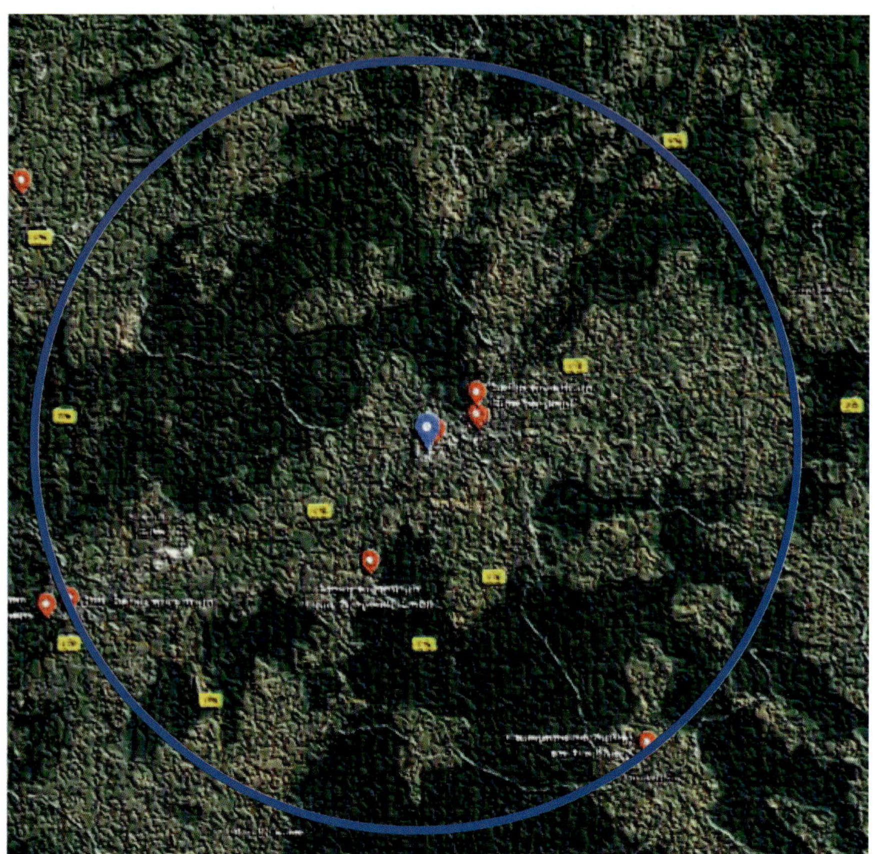

Bild A5: Altenheime im Umkreis von 10 km (Quelle: https://maps.google.de)

Im folgenden Bild A6 ist die Windrichtung- und Stärkenverteilung von der Wetterstation Windigists dargestellt. Diese ist ca. 3 Kilometer nördlich von der Firma A gelegen. Hauptsächlich ist die Windrichtung von Südwesten gegeben. Somit zieht die meiste Luft in die nordöstliche Richtung, wo die am Nahe gelegensten Einrichtungen zu finden sind. Aufgrund diesen Begebenheiten ist der Standort als kritisch einzustufen.

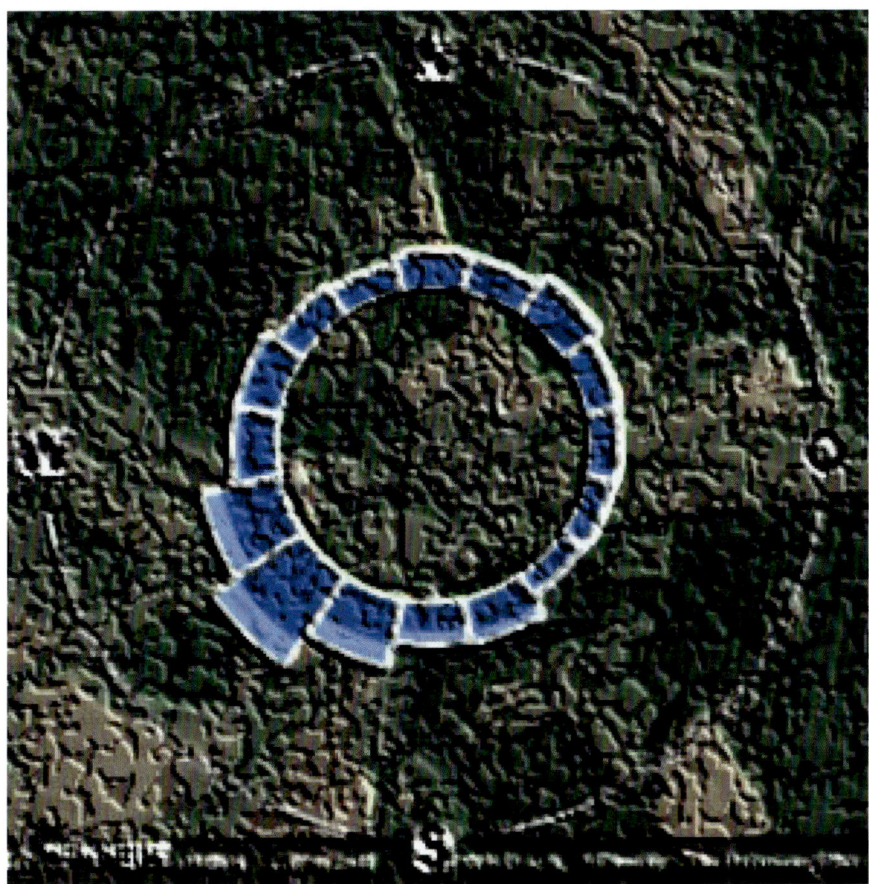

Bild A6: Windrichtung- und Stärkenverteilung (Quelle: https://www.windfinder.com)

11.1.4.3 Wasseraufbereitung und Wasserbehandlung

Als Zusatzwasser wird Verschnittwasser aus Trinkwasser und Brunnenwasser verwendet. Über eine vorhandene Umkehrosmoseanlage wird auch ein geringer Anteil an Permeat zugesetzt. Die nachfolgende Tabelle stellt die Wasserqualität von Zusatz- und Nutzwassers dar und gibt entsprechende Sollwerte vor.

Tabelle A2: Wasserqualität (Stand: 22.02.2021 Messprotokoll Schweitzer-Chemie GmbH)

Parameter	Einheit	Zusatzwasser		Nutzwasser	
		Ist	Soll	Ist	Soll
pH-Wert		7,8	7–8,5	8,6	8,5–9
Leitfähigkeit	mS/m bei 25 °C	56	< 100	118	< 150
Gesamthärte	°dH	12	< 15	27	12–25
Karbonathärte	°dH	7	< 12	13	< 20
Chlorid	g/m^3	72	< 100	171	< 150

11.1.4.3.1 Wasseraufbereitung vom Rohwasser zum Zusatzwasser

Als Rohwasser wird ein Mischwasser aus Brunnenwasser und dem städtischen Trinkwasser verwendet. Je nach Verfügbarkeit und Qualität des Brunnenwassers variiert das Mischungsverhältnis. Um Stagnationen zu vermeiden, beträgt der Trinkwasseranteil aber immer mindestens 10 %, er kann aber auch deutlich höher sein. Das Trinkwasser wird über einen Feinfilter, Typ Honeywell DN 25, 105–135 µm, und einen Rohrtrenner direkt in den Frischwassertank eingespeist (s. Bild 9). Das Brunnenwasser wird ohne weitere Aufbereitung in den Frischwassertank geleitet.

Eine zur Prozesswassererzeugung vorhandene Wasseraufbereitung findet mittels einer Enthärtung (Typ WA ED 120) und einer Umkehrosmose (Typ UO 250 WS) statt. Hier wird bei ausreichender Kapazität und wenig anderweitiger Abnahme von Permeat (Tankniveau des Permeatbehälters über 90 %) ein kleiner Teil des Zusatzwassers über ein gedrosseltes Ventil in den offenen Kühlkreis gegeben, um den Betrieb der UO-Anlage möglichst hoch auszulasten und den Betrieb der Technik möglichst hoch zu halten.

Da die Nachspeiseleitung des Vorlagetanks durch erwärmte Bereiche geführt wird, sichert der Dauerbetrieb der UO-Anlage eine zu starke Erwärmung des Trinkwassers ab. Ein Teilstrang der erwärmten Nachspeiseleitung ist mittels Kemper-Spülarmatur zusätzlich vor längerer Stagnation abgesichert (siehe Bild 11).

11.1.4.3.2 Wasserbehandlung

Als Härtestabilisator und Korrosionsinhibitor wird ein Produkt auf Basis von organischen Inhaltsstoffen (ST-DOS K-213) eingesetzt, das einen anodischen und kathodischen Korrosionsschutz auf metallischen Oberflächen aufbaut, welches Kalk, Metalloxide und Schwebteilchen dispergiert und Härteablagerungen bis zu einer Karbonathärte von 20 °dH verhindert. Das Produkt wird mengenproportional über einen Kontaktwasserzähler (Qn = 6, D = 2,5) in die Zusatzwasserleitung zudosiert und sollte eine Konzentration von 50–150 g/m³ im Systemwasser haben. Die Dosierung erfolgt aus einer Dosierstation ST-TEC DOSIN 75/1001 mit 75 Liter Vorratsbehälter und Sicherheitsauffangwanne.

Zusätzlich werden einmal pro Monat 0,5 kg ST-DOS K-312 manuell in das Kühlwasserbecken dosiert. ST-DOS K-312 ist ein Korrosionsschutzmittel speziell für Kupfer auf Basis von organischen Inhaltsstoffen.

Der Kühlkreislauf verfügt über eine in die Steuerung der Verdunstungskühlanlage integrierte leitfähigkeitsgesteuerte Absalzanlage (Fabrikat Axima) mit konduktiver Messsonde. Der Absalzwert ist auf 110 mS/m eingestellt. Das System wird mit ca. 1,5- bis 2,5-facher Eindickung gefahren, je nachdem, wie viel Permeat enthalten ist.

Zur Kontrolle der mikrobiellen Vermehrung wird ein oxidatives Biozid (ST-DOS B-589) eingesetzt, welches in Wasser Chlordioxid bildet. Die Dosierung erfolgt zeitgesteuert (ST-TEC DUO SG) und bedarfsgerecht mit Messung des Überschusses an freiem Chlor über eine ST-TEC Krypton Touch DES. Die Freigabezeiten für die Dosierung sind täglich von 07:00 bis 08:10 und von 17:00 bis 18:10. Dabei regelt der Überschuss an freiem Chlor (zeitverzögert) die Dosiermenge. Es ist ein maximaler Chlorüberschuss von 0,8 g/m³ vorgegeben. Zum Zeitpunkt der Begehung lag der Überschuss an freiem Chlor zwischen 0,01 und 0,02 g/m³.

Einmal pro Woche, jeweils montags, werden 0,5 kg ST-DOS B-590 manuell in das Kühlwasserbecken dosiert. ST-DOS B-590 ist ein Produkt auf Basis von Orangenterpen zur Ablösung von auf Oberflächen haftendem Biofilm im Kreislaufwassersystem.

Beide Impfstellen befinden sich in der Bypassleitung hinter der Krypton Touch und der Leitfähigkeitssonde. Ebenfalls in dieser Bypassleitung befindet sich eine Korrosions- und Biofilmmessstrecke sowie die Probenahmestelle für das Nutzwasser. Zur Ausschleusung von Partikeln sowie abgestorbener Mikrobiologie dient ein Sandfilter mit aktiviertem Filtermaterial (AFM). Der Sandfilter verfügt über eine Umwälzleistung von 11 m³/h und wird täglich um 06:00 Uhr automatisch rückgespült.

11.1.5 Risikobewertung und Maßnahmen

11.1.5.1 Risikomatrix nach Nohl

Die **Risikomatrix nach Nohl** ist eine gängige Methode, um bei Gefährdungsbeurteilungen eine nachvollziehbare und bewertbare Einschätzung der Gefahren zu erhalten. Sie stammt aus dem Bereich des Arbeitsschutzes, wird aber häufig auch für Hygiene-Gefährdungsbeurteilungen herangezogen. Hierbei ist das zu betrachtende Hauptrisiko die Vermehrung und Ausbreitung von Legionellen. Dabei wird in Ampelfarben, grün, gelb, rot, ggf. erweitert um eine 4. Farbe orange, das Risiko in einer 2-dimensionalen Matrix mit der möglichen Schwere des Schadens bezogen auf die Eintrittswahrscheinlichkeit dargestellt.

Tabelle A4: Risikomatrix nach Nohl

		Schadensschwere (S)			
		1	**2**	**3**	**4**
Wahrscheinlichkeit (W)		**Leichte Verletzung oder Erkrankung**	**Mittelschwere Verletzung oder Erkrankung**	**Schwere Verletzung oder Erkrankung**	**Möglicher Tod, Katastrophe**
1	Sehr gering	1	2	3	4
2	Gering	2	3	4	5
3	Mittel	3	4	5	6
4	Hoch	4	5	6	7

Dabei sind die Einzelrisiken nach Farben bzw. Zahlen wie folgt zu werten:

Tabelle A5: Risikoeinschätzung und Gefahrenabwehr

Risikogruppe	Risiko	Maßnahmen
1 bis 2	gering	Risiko nur theoretisch bzw. wenig wahrscheinlich; organisatorische und personenbezogene Maßnahmen möglich
3 bis 4	mittel	Risiko ist wahrscheinlich; Maßnahmen mit normaler Schutzwirkung notwendig; Umsetzung z. B. innerhalb 1 Jahres
5 bis 6	hoch	Risiko ist hoch; Maßnahmen mit erhöhter Schutzwirkung notwendig; Umsetzung z. B. innerhalb 1 Monats; Gefahrenabwehr zum Personenschutz unverzüglich erforderlich
7	Sehr hoch	Risiko ist sehr hoch; Maßnahmen mit erhöhter Schutzwirkung notwendig; Umsetzung ist unverzüglich erforderlich; Gefahrenabwehr zum Personenschutz unverzüglich

11.1.5.2 Übersicht Risikobewertung

Abk.: BE: Betreiber, WB: Wasserbehandler, ER: Ersteller

Bereich	IST-Zustand	SOLL-Zustand	Risiko	Maßnahme	Risikobewertung	Wer
Bautechnische/betriebliche Aspekte	Die Verdunstungskühlanlage ist im Wesentlichen so errichtet, dass Verunreinigungen durch Mikroorganismen vermieden werden.	42. BImSchV, § 3 (1): Anlagen sind so zu errichten, dass Verunreinigungen des Nutzwassers durch Mikroorganismen nach dem Stand der Technik vermieden werden.	Mikrobielle Vermehrung, Korrosion, Ablagerungen; keine Kenntnis über die mikrobiologische Belastung des Nutzwassers, ggf. Verbreitung von Legionellen und Gefährdung (bis hin zum Tod) von Dritten (besonders kritischer Standort!)	Siehe jeweilige Unterpunkte	1	
Werkstoffe	Die verwendeten Werkstoffe sind für die eingesetzten Betriebsmittel inkl. Reinigungs- und Desinfektionsmittel geeignet. Zur Kontrolle wird eine Korrosionsmessstrecke eingesetzt.	42. BImSchV, § 3 (2), 1: Die eingesetzten Werkstoffe müssen für die Wasserqualität und die einzusetzenden Betriebsstoffe, einschließlich Desinfektions- und Reinigungsmittel, geeignet sein.	Korrosion → erhöhte mikrobielle Vermehrung	Keine	1	

Bereich	IST-Zustand	SOLL-Zustand	Risiko	Maß-nahme	Risiko-bewertung	Wer
Minimierung von Tropfenauswurf	Die Tropfenabscheider machen einen technisch guten Eindruck; die Funktion ist gegeben.	42. BImSchV, § 3 (2), 2.: Tropfenauswurf muss durch geeignete Tropfenabscheider oder gleichwertige Maßnahmen effektiv minimiert werden.	Austrag von legionellenhaltigen Aerosolen	Keine	1	
Totzonen	Keine nennenswerten Stagnationsbereiche vorhanden; im Zusatz- und Nutzwasserkreislauf wurden bauliche und betriebliche Maßnahmen ergriffen, um Stagnation zu verhindern.	42. BImSchV, § 3 (2), 3: Totzonen, in denen das Wasser während des bestimmungsgemäßen Betriebs stagniert, müssen möglichst vermieden werden.	Mikrobielle Vermehrung in stagnierenden Bereichen möglich	Keine	1	
Entleerungsmöglichkeit	Die Verdunstungskühler sind vollständig in das Nutzwasserbecken entleerbar. Das Nutzwasserbecken verfügt ebenfalls über eine Entleerungsmöglichkeit.	42. BImSchV, § 3 (2), 4: Wasserführende Bauteile sollen möglichst vollständig entleert werden können.	Mikrobielle Vermehrung durch stagnierendes Wasser in nicht entleerbaren Bereichen	Keine	1	

Bereich	IST-Zustand	SOLL-Zustand	Risiko	Maß-nahme	Risiko-bewertung	Wer
Biozid-dosier-möglich-keit	Es wird ein oxidatives Biozid (ST-DOS B-589), welches in Wasser Chlordioxid bildet, 2-mal täglich um 07:00 und um 17:00 dosiert; es erfolgt eine Vorabsalzung und eine Absalzsperre von 120 Minuten. Einmal wöchentlich (montags) wird ein Biodispergator (ST-DOS B-590) manuell in das Kühlwasserbecken dosiert.	42. BImSchV, § 3 (2), 5: Biozide müssen dem Nutzwasser dosiert zugesetzt werden können.	Mikrobielle Vermehrung bei falscher oder nicht ausreichender Bioziddosierung Nicht ausreichende Desinfektionswirkung	Keine	1	
Probe-nahme-stellen	Es existieren thermisch und/oder chemisch desinfizierbare Probenahmestellen für Rohwasser (Brunnen-, Trinkwasser bzw. Permeat), Zusatzwasser und Nutzwasser. Diese sind eindeutig und dauerhaft gekennzeichnet.	42. BImSchV, § 3 (2) 6 + 7: Vorkehrungen für regelm. Überprüfung relevanter chemischer, physikalischer oder mikrobiologischer Parameter sowie für die mikrobiologische Probenahme VDI 2047-2, 9.3.2.1: auch für Roh- und Zusatzwasser UBA-Empfehlung 06/2017, C.2: Probenahmestellen müssen dauerhaft und eindeutig gekennzeichnet sein	Nicht eindeutige Zuordnung und Reproduzierbarkeit der Probenahme	Keine	1	

Bereich	IST-Zustand	SOLL-Zustand	Risiko	Maßnahme	Risiko-bewertung	Wer
Instand-haltung	Alle Anlagenteile sind gut erreichbar; es existieren Revisionsöffnungen an den relevanten Stellen. Zur gefahrfreien Begutachtung wurden die Notausschalter für die Ventilatoren aus dem Abluftkamin auf die Außenseite verlegt. Auf Höhe der Düsen wurde ein dauerhaftes Podest mit Absturzsicherung nachgerüstet, um die Anlagenteile auf dieser Ebene gut inspizieren zu können.	42. BImSchV, § 3 (2), 8: Vorkehrungen für die Durchführung regelmäßiger Inspektionen	Nicht-Erkennen von Belägen oder Beschädigungen	Keine	1	
optische Inspektion Wasser-aufbereitung/ Wasser-behandlung	Der Feinfilter ist frei von Ablagerungen. Minimale Reste alter Ablagerungen im Kühlwasserbecken oberhalb der ständigen Wasserlinie. Ansonsten ist der Zustand der Wasseraufbereitung und -behandlung einwandfrei.	VDI 2047 Blatt 2, Kap. 8.7.1.1: Aufbereitung des Rohwassers	Härteausfällungen und Korrosion → Ablagerungen → Mikrobiologische Vermehrung	Regelmäßige Inspektion, bei Bedarf Reinigung und Desinfektion des Kühlwasserbeckens	1	

Bereich	IST-Zustand	SOLL-Zustand	Risiko	Maßnahme	Risikobewertung	Wer
Wanne	Die Wanne der VKA ist frei von Ablagerungen.	VDI 2047-2, 9.3.3: Ablagerungen an Oberflächen von wasserführenden Systemen sollen vermieden werden.	Mikrobielle Vermehrung an Oberflächen, in Ablagerungen oder Sedimenten	Regelmäßige Inspektion, bei Bedarf Entfernen von Ablagerungen; Reinigung unter Benutzung geeigneter Reinigungschemikalien	1	
Schalldämpfer	Der Bereich der Schalldämpfer wurde 2020 gereinigt.	VDI 2047-2, 9.3.3: Ablagerungen an Oberflächen (von wasserführenden Systemen) sollen vermieden werden.	Mikrobielle Vermehrung möglich; jedoch hier von untergeordneter Bedeutung, da es sich nicht um wasserführende Bereiche handelt	Regelmäßige Inspektion, bei Bedarf Entfernen von Ablagerungen; Reinigung unter Benutzung geeigneter Reinigungschemikalien	1	
Waben	Die Waben sind frei von Ablagerungen.	VDI 2047-2, 9.3.3: Ablagerungen an Oberflächen von wasserführenden Systemen sollen vermieden werden.	Mikrobielle Vermehrung möglich; reduzierte Wärmeableitung	Regelmäßige Inspektion, bei Bedarf Entfernen von Ablagerungen; Reinigung unter Benutzung geeigneter Reinigungschemikalien	1	

Bereich	IST-Zustand	SOLL-Zustand	Risiko	Maßnahme	Risikobewertung	Wer
Düsen/Düsenstock	Keine Ablagerungen an den Düsen oder am Düsenstock vorhanden. Sprühkegel ist gleichmäßig.	VDI 2047-2, 9.3.3: Ablagerungen an Oberflächen von wasserführenden Systemen sollen vermieden werden.	Mikrobielle Vermehrung möglich, ungleichmäßige Besprühung und dadurch reduzierte Wärmeableitung	Regelmäßige Inspektion, bei Bedarf Entfernen von Ablagerungen; Reinigung unter Benutzung geeigneter Reinigungschemikalien	1	
Tropfenabscheider	Die Tropfenabscheider sind frei von Ablagerungen.	VDI 2047-2, 9.3.3: Ablagerungen an Oberflächen von wasserführenden Systemen sollen vermieden werden. 42. BImSchV, § 3 (2), 2: Tropfenauswurf muss durch geeignete Tropfenabscheider oder gleichwertige Maßnahmen effektiv minimiert werden.	Mikrobielle Vermehrung möglich Austrag von evtl. legionellenhaltigen Aerosolen in die Umgebung → Gesundheitsrisiko für Dritte	Regelmäßige Inspektion, bei Bedarf Entfernen von Ablagerungen; Reinigung unter Benutzung geeigneter Reinigungschemikalien	1	
Wasseraufbereitung und -behandlung Sandfilter	Sandfilter zum Entfernen abgestorbener Mikrobiologie und sonstiger Schwebstoffe vorhanden	VDI 2047-2, 8.7.1.2: Behandlung des Nutzwassers z. B. durch Filtration; eine feine Filtration sollte umgesetzt werden, wenn diese hydraulisch realisierbar ist.	Mikrobielle Vermehrung bei entsprechendem Nährstoffangebot	Regelmäßige Inspektion, bei Bedarf Desinfektion	1	

Bereich	IST-Zustand	SOLL-Zustand	Risiko	Maßnahme	Risiko-bewertung	Wer
Absalz-anlage	Die Absalzung und Biozidsteuerung erfolgen über die GLT. Der Absalzwert liegt bei 110 mS/m.	42. BImSchV, § 3 (2), 6: Kontrolle chemischer, ... Parameter	Kontrolle der Eindickung Ungeregelter Nutzwasseraustausch	Keine	1	
Dosier-technik	Mengen-proportionale Dosierung von ST-DOS K-213 Zeit- und bedarfsgesteuerte Dosierung von ST-DOS B-589	42. BImSchV § 3 (3): Anlagen dürfen nur mit Betriebsstoffen betrieben werden, die mit den in der Anlage vorhandenen Werkstoffen verträglich sind.	Risiko von Korrosion oder Härteablagerungen sowie mikrobiellem Wachstum	Keine	1	
Anlagen-überwachung und Dokumentation Betriebs-tagebuch	Das Betriebstagebuch wird in elektronischer Form geführt; es kann jederzeit in Klarschrift vorgelegt werden und enthält neben den Angaben nach Anlage 4 auch alle betriebsinternen Untersuchungen sowie mikrobiologische Laboruntersuchungen.	42. BImSchV, § 12 (1–3): Das Betriebstagebuch muss mind. die Angaben gem. Anlage 4 Teil 1 enthalten; muss jederzeit in Klarschrift vorgelegt werden können und ist fünf Jahre aufzubewahren.	Nicht-Erkennen von Mängeln und gesundheitlichen Risiken, fehlender Nachweis bei Kontrollen durch Behörden bzw. bei Überprüfung nach § 14	Keine	1	

Bereich	IST-Zustand	SOLL-Zustand	Risiko	Maßnahme	Risiko-bewertung	Wer
Informations-pflichten § 10	Bisher wurden keine Maßnahmenwertüberschreitungen gemeldet, da es keine gab.	42. BImSchV, § 10: Wird bei einer Laboruntersuchung eine Überschreitung der in Anlage 1 genannten Maßnahmenwerte festgestellt, hat der Betreiber die zuständigen Behörden 1. unverzüglich gem. Anlage 3 Teil 1 zu informieren und 2. innerhalb einer Frist von vier Wochen gem. Anlage 3 Teil 2 zu informieren.	Beim Auftreten gehäufter regionaler Legionellenfälle kann die Quelle nicht schnell genug identifiziert werden (wenn Information nicht erfolgt ist).	Bei Bedarf Informationspflicht gem. § 10 und Anlage 3 bei Maßnahmenwertüberschreitungen befolgen	Entfällt	BE
Anzeige-pflicht § 13	Die Anlange wurde am 20.10.2006 in Betrieb genommen. Anlage wurde am 04.09.2018 über KaVKA gemeldet und damit etwas verspätet nach dem 19.08.2018.	42.BImSchV, § 13 (2): Der Betreiber einer Bestandsanlage hat diese spätestens einen Monat nach dem 19.07.2018 der zuständigen Behörde anzuzeigen.	Beim Auftreten gehäufter regionaler Legionellenfälle kann die Quelle nicht schnell genug identifiziert werden (wenn Anzeige nicht erfolgt ist).	Keine	1	

Bereich	IST-Zustand	SOLL-Zustand	Risiko	Maßnahme	Risiko-bewertung	Wer
§ 14 Überprüfung	Anlage wurde am 16. 03. 2020 verspätet vom ö.b.u.v. Sachverständigen Dipl.-Ing. Muster gem. § 14 überprüft und ein ordnungsgemäßer Betrieb wurde festgestellt.	42. BImSchV, § 14: Überprüfung der Anlagen alle 5 Jahre durch ö.b.u.v. Sachverständigen oder akkreditierte Inspektionsstelle Typ A; für diese Anlage erste Überprüfung bis zum 19. 08. 2019.	Ein nicht ordnungsgemäßer Betrieb der VKA wird ggf. nicht festgestellt.	Nächste §-14-Überprüfung bis 16. 03. 2025 durchführen	1	
Anlagenschema	Es existiert ein Fließschema der Verdunstungskühlanlage inkl. der Verbraucher (Stand 2011). Die Wasseraufbereitung und -behandlung sind jedoch nicht dargestellt.	VDI 2047-2 9.2: vollständige Dokumentation der VKA inkl. Anlagenschema	Nicht-Erkennen evtl. Problembereiche	Aktualisieren bzw. Neuerstellen des Anlagenschemas	3	BE
Inspektion, Wartung, Reinigung Betriebsinterne Inspektionen	Inspektionen der Wasseraufbereitung erfolgen wöchentlich; die Verdunstungskühlanlage inkl. Einbauten wird alle 3 Monate überprüft und im Betriebstagebuch dokumentiert.	VDI 2047-2, 9.3: regelmäßige Inspektionen z. B. monatlich bzw. 3 monatliche gem. Checkliste Tabelle 1 (orientierend)	Nicht-Erkennen von hygienisch bedenklichen Zuständen; Entstehung von mikrobiologischen oder mineralischen Ablagerungen	Keine	1	

Bereich	IST-Zustand	SOLL-Zustand	Risiko	Maßnahme	Risiko-bewertung	Wer
Wartung	Die Wasseraufbereitung wird 2 × pro Jahr durch eine Fachfirma (Schweitzer Chemie) gewartet, der Verdunstungskühler einmal pro Jahr ebenfalls durch eigenes Personal.	DIN EN 13306: Regelmäßige Wartung und Instandhaltung von Anlagen	Eingeschränkte Betriebssicherheit und Anlagenverfügbarkeit bei mangelnder Wartung	Keine	1	
Reinigung	Die Reinigung der Verdunstungskühler wird min. 1 × pro Jahr in der Weihnachtswoche durchgeführt; teilweise auch über Ostern. Dies ist im Betriebstagebuch dokumentiert.	42. BImSchV, Anlage 2 zu § 3 (6): Reinigung vor Inbetriebnahme/Wiederinbetriebnahme	Mikrobielle Vermehrung bei Nicht-Erkennen vorhandener Ablagerungen oder Vorhandensein von Biofilm	Keine	1	
Maßnahmenpläne Prüf-/ Maßnahmenwertüberschreitung	Es existieren Maßnahmenpläne für Prüf- und Maßnahmenwertüberschreitungen mit Angabe von organisatorischen Maßnahmen und Desinfektionsmaßnahmen. Es erfolgt eine Dokumentation im Betriebstagebuch.	Maßnahmenpläne auf Basis der Gefährdungsbeurteilung sowie § 6 + § 9 + § 10 der 42. BImSchV und VDI 2047-2, Tab. 3 + 4	Verzögerte Reaktion im Falle eines positiven Legionellenbefundes und dadurch erhöhtes Gesundheitsrisiko	Keine	1	

Bereich	IST-Zustand	SOLL-Zustand	Risiko	Maßnahme	Risiko-bewertung	Wer
Maßnahmenplan Wiederinbetriebnahme	Es existiert kein Maßnahmenplan für Wiederinbetriebnahme/das jährliche Wiederanfahren.	Maßnahmenpläne auf Basis der Gefährdungsbeurteilung und § 3 (4) und Prüfschritte gem. § 3 (6) + (7) sowie Anlage 2.	Eintrag von mikrobiologisch belastetem Wasser bei Wiederinbetriebnahme bzw. Wiederanfahren nach Trockenlegung oder Unterbrechung des Nutzwasserkreislaufs für mehr als eine Woche	Erstellen eines Maßnahmenplanes für das Wiederanfahren/die Wiederinbetriebnahme	3	BE
Betriebsinterne Kontrollen chemische Parameter	LF-Messung online über Absalzanlage und 1 × wöchentlich mit Handmessgerät 1 × wöchentlich: pH-Wert, Chloride, Karbonathärte, freies Chlor und Konzentration des Konditionierungsmittels ST-DOS K-213	42. BImSchV § 4 (2): mind. zweiwöchentliche Überprüfungen chemischer, physikalischer oder mikrobio-logischer Kenngrößen des Nutzwassers; VDI 2047-2, 8.7.1: kontinuierliche Leitfähigkeitsmessung 8.7.1.2: die Konzentrationen [der Wasserbehandlungschemikalien] sollen überwacht werden. 9.3.3: Prozess und anlagespezifische Parameter müssen nach Abschnitt 8.7.1 bestimmt werden.	Nicht-Erkennen einer zu hohen oder zu niedrigen Eindickung z. B. durch einen Defekt an der Absalzanlage; Nicht-Erkennen von Härtedurchbrüchen oder sonstigen Abweichungen vom Soll-Zustand	Keine	1	

Bereich	IST-Zustand	SOLL-Zustand	Risiko	Maßnahme	Risiko-bewertung	Wer
Mikrobio-logische Parameter	14-tägig Dip-Slides konform VDI 2047-2	VDI 2047-2, 9.3.2.2: 14-tägige Kontrolle der Allgemeinen Koloniezahl mittels Dip-Slides bei 30 ± 2 °C über 44 ± 4 Stunden	Nicht-Erkennen von Mängeln und mikrobiologischer Belastung → Gesundheitsrisiko	Keine	1	
Mikrobio-logische Labor-unter-suchungen 3-monat-liche Unter-suchung	Alle 3 Monate mikrobio-logische Untersuchung des Nutzwassers auf All-gemeine Koloniezahl und Legionellen	42. BImSchV, § 4 (2)+(3): mind. alle 3 Monate Bestimmung der Para-meter Allgemeine Kolo-niezahl und Legionellen	Nicht-Erkennen von hygienischen Män-geln und mikro-bieller Vermehrung → Gesundheits-risiko	Keine	1	
zusätz-liche Unter-suchung bei PW/MW-Über-schreitun-gen	Bei der PW1-Über-schreitung vom 17. 12. 2019 erfolgte keine unverzügliche zusätzliche Laborunter-suchung. Bei der zweiten PW1-Überschreibung vom 17. 12. 2020 wurde diese bereits einen Tag nach Kenntnisnahme durch-geführt und ergab eine Legionellenkonzentra-tion von 65 KBE/100ml.	42. BImSchV, § 6 unver-zügliche zusätzliche Laboruntersuchung bei PW- bzw. MW-Über-schreitung	Nicht-Erkennen von hygienischen Mängeln und mikrobieller Vermehrung → Gesundheitsrisiko	Fristen beachten	2	BE

Bereich	IST-Zustand	SOLL-Zustand	Risiko	Maßnahme	Risiko-bewertung	Wer
Referenzwert	Referenzwert wurde durch Medianbildung von 6 aufeinanderfolgenden Untersuchungen nach DIN EN ISO 6222 bestimmt. Er liegt für 22 °C bei 206 KBE/ml und für 36 °C bei 141 KBE/ml. Diese sind im Betriebstagebuch dokumentiert.	42. BImSchV, § 4 (1): Nach IBN ist der Referenzwert des Nutzwassers aus mind. 6 aufeinanderfolgenden Laboruntersuchungen auf den Parameter Allgemeine Koloniezahl zu bestimmen. Sofern noch keine 6 aufeinanderfolgende Untersuchungen vorliegen, ist als Referenzwert die bei der Erstuntersuchung nach § 3 Absatz 7 ermittelte Konzentration der allgemeinen Koloniezahl, jedoch nicht mehr als 10 000 KBE/ml heranzuziehen.	Nicht-Erkennen von hygienischen Mängeln, weil der Referenzwert („Normalzustand“) nicht bekannt ist.	Keine	1	
Pseudomonas aeruginosa	Alle 3 Monate mikrobiologische Untersuchung des Nutzwassers auf Pseudomonas aeruginosa.	42. BImSchV verlangt keine Bestimmung, die VDI 2047-2 empfiehlt in Kap. 9.3.2.1 die Untersuchung auf Pseudomonas aeruginosa als weiteren Parameter.	Nicht-Erkennen von hygienischen Mängeln, insbesondere der Bildung von Biofilm, in dem sich u. a. Legionellen einnisten können	Keine	1	

Bereich	IST-Zustand	SOLL-Zustand	Risiko	Maßnahme	Risiko-bewertung	Wer
Zusatz-wasser	Das Zusatz-wasser wird seit 2020 jedes Jahr, davor alle zwei Jahre unter-sucht. Dabei wer-den Brunnen-wasser, Umkehr-osmose und Stadtwasser separat beprobt.	42. BImSchV § 3 (5): Der Betreiber hat sicherzustellen, dass dem Nutzwasser zuge-setztes Zusatzwasser die in Anlage 1 genannten Prüf-werte 2 nicht überschreitet. Im Rahmen des Wiederanfahrens ist gem. Checkliste Anlage 2 die physikalisch/chemische und mikrobiologische Untersuchung des Zusatzwassers vor dem Befüllen vorgeschrieben.	Nachspeisung von verunreinigtem Zusatzwasser	Keine	1	
Akkreditie-rung	Das Labor ist von der Deutschen Akkreditierungs-stelle (DAkks) für die Matrix Kühl-wasser akkredi-tiert. Der Probe-nehmer ist namentlich genannt und in das QM-System eingebunden.	42. BImSchV § 3 (8): Der Betreiber hat die Laborunter-suchungen […] von einem akkre-ditierten Prüflaboratorium durchführen zu lassen. Die Probenahme und die Unter-suchung zur Bestimmung der Legionellen sind nach genormten Verfahren, unter Berücksichtigung gegebenen-falls vorliegender Empfehlungen des Umweltbundesamtes, durchzuführen.	Verfälschung der Ergebnisse durch nicht akkreditierte Probenahme und Laboruntersuchung	Keine	1	

Bereich	IST-Zustand	SOLL-Zustand	Risiko	Maßnahme	Risiko-bewertung	Wer
Labor-bericht	Der Laborbericht ist inzwischen konform der aktuellen UBA-Empfehlung.	42 BImSchV § 3 (8): Der Betreiber hat dem Labor und dem Probenehmer den Zeitpunkt einer erfolgten Biozidzugabe sowie die Menge und die Art des Biozids mitzuteilen. Laborbericht muss konform der UBA-Empfehlung sein, bei der Probenahme ist zusätzlich DIN EN ISO 19458 zu beachten.	Verfälschung der Ergebnisse durch nicht akkreditierte Probenahme und Laboruntersuchung Verfälschung der Ergebnisse durch Biozidzugabe kann nicht ausgeschlos-sen werden.	Keine	1	
Nicht aus-wertbar wegen Begleit-flora	Es gab keine aus-schließlich nicht auswertbaren Ansätze.	UBA-Empfehlung 06/2017 Kap. F: Nachproben bei nicht auswertbaren Ansätzen: Ist […] keine der Ansätze auswertbar, muss zeitnah eine Nachprobe genommen werden.	Fehlende Kenntnis der Legionellen-konzentration wegen erhöhter Begleitflora	Zeitnahe Durch-führung von Nachproben im Bedarfsfall	Entfällt	BE
Quali-fikation und Schu-lung von Personal VDI 2047-2	Es sind 3 Mit-arbeiter (inkl. dem Geschäfts-führer) nach VDI 2047-2 geschult; VDI-Urkunden vom VDI-Schulungs-partner Schweitzer Che-mie liegen vor.	VDI 2047-2, Kap. 10: Alle an der Anlage tätigen und die für die Anlage verantwortlichen Mit-arbeiter müssen die Kenntnisse in Kühlturmhygiene nachweisen können.	Nicht-Erkennen eventueller hygie-nischer Risiken auf Grund fehlender Qualifikation	Keine	1	

Bereich	IST-Zustand	SOLL-Zustand	Risiko	Maßnahme	Risikobewertung	Wer
Arbeitsschutz Gefährdungsbeurteilung nach ArbSchG	Es ist keine Gefährdungsbeurteilung nach ArbSchG vorhanden.	ArbSchG, § 5: Der Arbeitgeber hat durch eine Beurteilung der für die Beschäftigten mit ihrer Arbeit verbundenen Gefährdung zu ermitteln, welche Maßnahmen des Arbeitsschutzes erforderlich sind.	Gesundheitliches Risiko für Beschäftigte z. B. durch Stolpern, Abstürzen, Einquetschen, Stromschlag, bewegliche Teile, ...	Erstellen einer Gefährdungsbeurteilung nach ArbSchG	3	BE
Betriebsanweisung GefStoffV	Es sind Betriebsanweisungen gem. GefStoffV für die eingesetzten Wasserbehandlungschemikalien (Biozid + Inhibitor) ausgehängt.	GefStoffV, § 14: Der Arbeitgeber hat sicherzustellen, dass den Beschäftigten eine schriftliche Betriebsanweisung, die der Gefährdungsbeurteilung nach § 6 Rechnung trägt, in einer für die Beschäftigen verständlichen Form und Sprache zugänglich gemacht wird.	Gesundheitliches Risiko für Beschäftigte z. B. durch Biozid oder Inhibitor	Keine	1	
Betriebsanweisung BioStoffV	Es ist eine Betriebsanweisung für Biostoffe vorhanden.	BioStoffV § 14 (1): Der Arbeitgeber hat auf der Grundlage der Gefährdungsbeurteilung nach § 4 vor Aufnahme der Tätigkeit eine schriftliche Betriebsanweisung arbeitsbereichs- und biostoffbezogen zu erstellen. Die Betriebsanweisung ist den Beschäftigten zur Verfügung zu stellen. Sie muss in einer für die Beschäftigten verständlichen Form und Sprache verfasst sein und insbesondere folgende Informationen enthalten: s. § 14 (1) Punkte 1–4	Gesundheitliches Risiko für Beschäftigte z. B. durch Pseudomonaden oder Legionellen in der VKA	Keine	1	

Bereich	IST-Zustand	SOLL-Zustand	Risiko	Maßnahme	Risiko-bewertung	Wer
PSA	Im Technikraum befindet sich ein Erste-Hilfe-Schrank mit PSA (Schürze, Einmalhandschuhe, Augenspülflasche); FFP3-Masken sind im Büro und werden bei Inspektionen der VKAs verwendet.	GefStoffV, § 7 (4): Der Arbeitgeber hat Gefährdungen der Gesundheit und der Sicherheit der Beschäftigten bei Tätigkeiten mit Gefahrstoffen auszuschließen. Ist dies nicht möglich, hat er sie auf ein Minimum zu reduzieren. [...] Sofern eine Gefährdung nicht durch Maßnahmen nach den Nummern 1 und 2 verhütet werden kann, Anwendung von individuellen Schutzmaßnahmen, die auch die Bereitstellung und Verwendung von persönlicher Schutzausrüstung umfassen.	Gesundheitliches Risiko für Beschäftigte z. B. durch Biozid, aber auch durch Pseudomonaden oder Legionellen an der VKA	Bereitstellung der geeigneten PSA; Überprüfen der MHD; Einweisung evtl. neuer Mitarbeiter und Fremdpersonal	1	

11.1.5.3 Abschließende Bewertung

Das Gesamtrisiko liegt rechnerisch im Bereich „sehr gut“. Es ergibt sich ein Mittelwert von 1,2.

Die beiden folgenden Bilder finden sich bereits zu Beginn in Kapitel 3.

Bereich	Note	Risiko (von – bis)		
Bautechnische/betriebliche Aspekte	1,0			
Optische Inspektion	1,0			
Wasseraufbereitung und Wasserbehandlung	1,0			
Anlagenüberwachung	1,5			
Inspektion, Wartung, Reinigung	1,4			
Betriebsinterne Kontrollen	1,0			
Mikrobiologisches Labor	1,1			
Qualifikation Personal	1,0			
Aushänge und PSA	1,5			
Gesamtergebnis:	**1,2**			

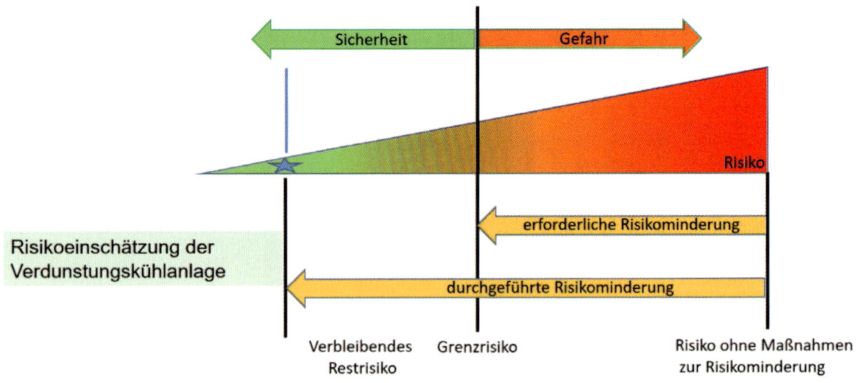

11.1.6 Bilddokumentation

Bild A7: Ansicht Verdunstungskühlanlage mit neuem Podest

Bild A8: Geänderte Notausschalter an Außenseite der Verdunstungskühler

Bild A9: Frischwasserbecken mit Zulauf Brunnen- und Stadtwasser

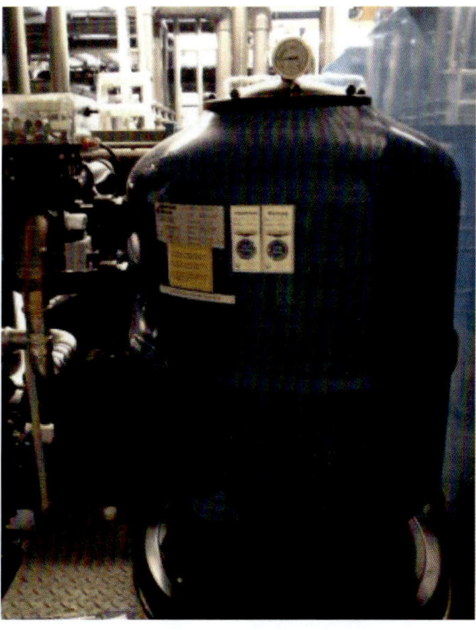
Bild A10: Sandfilter

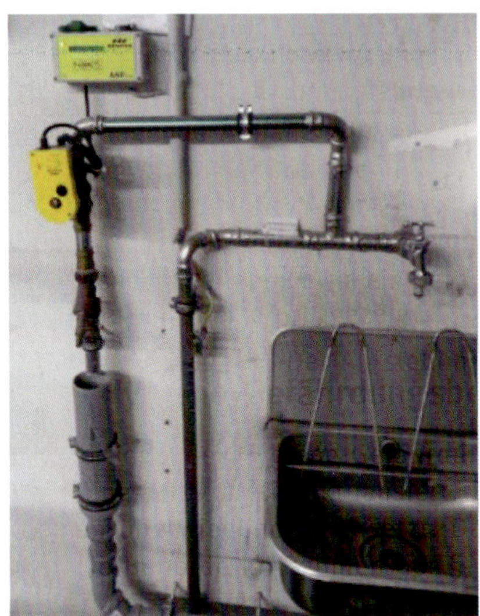

Bild A11: Probenahmestelle Trinkwasser; Rückspülautomatik zur Stagnationsvermeidung im Zusatzwasser

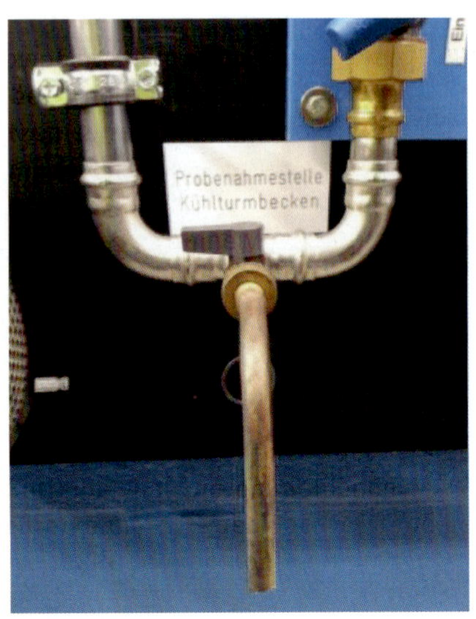

Bild A12: Abflammbare Probenahmestelle Nutzwasser

Bild A13: Rückansicht Plattenwärmeüberträger mit geänderter Rohrleitungsführung

Bild A14: Neue Rohrleitungsführung zur Stagnationsvermeidung hinter PWT

Bild A15: Korrosions- und Biofilmmessstrecke

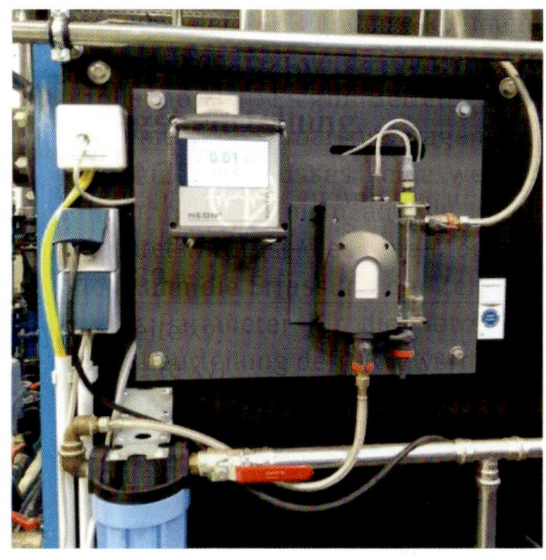

Bild A16: Bedarfsgerechte Bioziddosierung

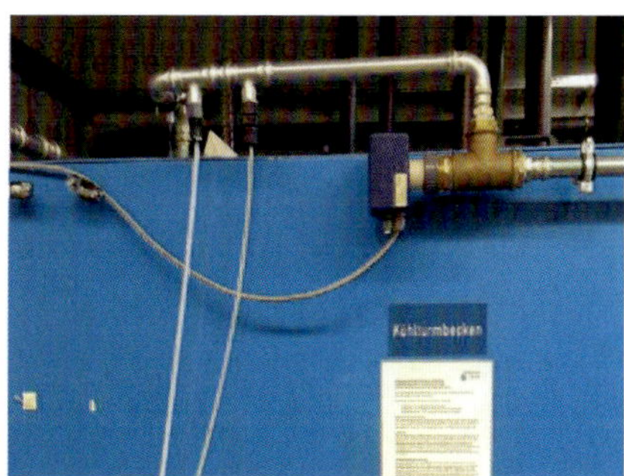

Bild A17: Impfstellen und Leitfähigkeitssonde

Bild A18: Ansicht Verdunstungskühlanlage mit neuem Podest

Bild A19: Waben von unten

Bild A20: Sprühdüsen und Sprühbild

11.1.7 Fachbegriffe

Im Folgenden werden Fachbegriffe, die Sie im Text finden, erläutert. Als Grundlage wurde hierzu die frei verfügbare Enzyklopädie Wikipedia verwendet. Es wird auf die Begriffsbestimmungen z. B. der 42. BImSchV § 2, sowie den Begriffen, insbesondere in der VDI 2047 Blatt 1, verwiesen, die über den Beuth Verlag bezogen werden kann.

Absalzung	Unter Absalzung versteht man die Ausschleusung von Kreislaufwasser z. B. aus Verdunstungskühlanlagen mit dem Ziel, den Salzgehalt des Wassers und damit Korrosion und Ablagerungen zu verringern.
Aerosol	Ein Aerosol ist ein heterogenes Gemisch (Dispersion) aus festen oder flüssigen Schwebeteilchen in einem Gas, z. B. feinste Wassertröpfchen in Luft.
Allgemeine Koloniezahl	Die Allgemeine Koloniezahl oder Gesamtkeimzahl ist ein Summenparameter zur Beurteilung der hygienischen Qualität des Wassers, angegeben in der Einheit KBE/ml (= Kolonie Bildende Einheiten/ml). Sie steht in keinem direkten Zusammenhang zur Legionellenbelastung.
Biofilm	Biofilme bestehen aus einer Schleimschicht (Film), in der Mikroorganismen (z. B. Bakterien, Algen, Pilze, Protozoen) eingebettet sind. Sie werden im Alltag oft als glitschig-weich sich anfühlende, wasserhaltende Schleimschicht oder Belag wahrgenommen.

Eindickung/ Eindickungszahl
Die Eindickungszahl ist eine dimensionslose Größe, die das Verhältnis zwischen dem zulässigen Salzgehalt des Wassers im Prozess (Nutzwasser) und dem Salzgehalt des nachgeführten Wassers (Zusatzwasser) beschreibt.

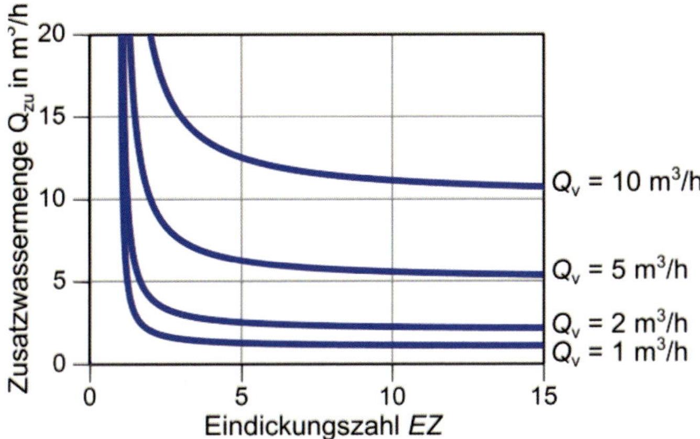

Benötigtes Zusatzwasser in Abhängigkeit von der Eindickungszahl bei verschiedenen Verdunstungsmengen

Koloniebildende Einheit (KBE)
Eine **koloniebildende Einheit** (**KBE** oder **KbE**, englisch *colony forming unit*, **CFU**) ist eine Größe, die bei der Quantifizierung von Mikroorganismen eine Rolle spielt, und zwar wenn die Lebendzellzahl von Mikroorganismen in einem Material auf kulturellem Weg bestimmt wird.

Legionellen

Legionellen (*Legionella*) sind eine Gattung stäbchenförmiger Bakterien aus der Familie der *Legionellaceae*. Sie sind im Wasser lebende gramnegative und nicht sporenbildende Bakterien, die durch eine oder mehrere polare oder subpolare Flagellen (Geißeln) beweglich sind. Legionellen sind als potenziell humanpathogen anzusehen. Zurzeit kennt man mehr als 48 Arten und 70 Serogruppen. Die für Erkrankungen des Menschen bedeutsamste Art ist *Legionella pneumophila* (Anteil von etwa 70 % bis 90 %, je nach Region), sie ist Erreger der Legionellose oder Legionärskrankheit.

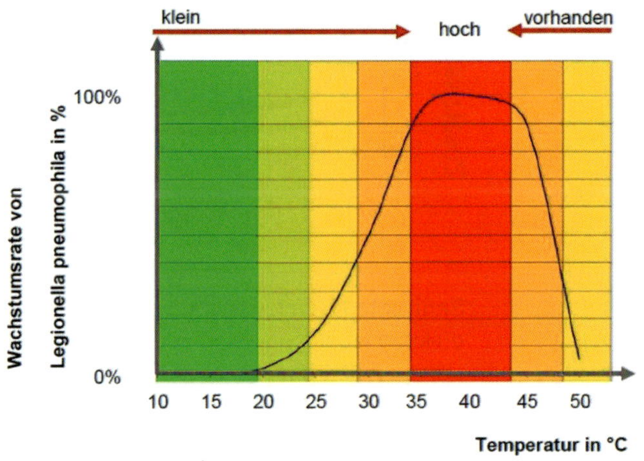

Risiko des Legionellenwachstums in Abhängigkeit von der Temperatur; Quelle: Exner

Nutzwasser

Das Wasser, das in einer Verdunstungskühlanlage oder einem Kühlturm zum Zweck der Wärmeabfuhr eingesetzt wird und dabei im Kontakt mit der Atmosphäre steht (Kühlwasser); s. 42. BImSchV§ 2, Nr. 9a

Pseudomonas aeruginosa	*Pseudomonas aeruginosa* (von lat. aerugo Grünspan) ist ein gramnegatives, oxidasepositives Stäbchenbakterium der Gattung *Pseudomonas*. Es wurde im Jahr 1900 von Walter Migula entdeckt. Die Namensgebung bezieht sich dabei auf die blaugrüne Färbung des Eiters bei eitrigen Infektionskrankheiten. *P. aeruginosa* ist ein wichtiger Krankenhauskeim, der gegen mehrere Antibiotika resistent ist.
Zusatzwasser	Das Wasser, das dem Nutzwasser zugesetzt wird, insbesondere zum Ausgleich von Verdunstungsverlusten oder zur Begrenzung der Eindickung; s. 42. BImSchV, § 2, Nr. 13

11.1.8 Literatur und Quellen

[1] AbwV: Verordnung über Anforderungen an das Einleiten von Abwasser in Gewässer; https://www.gesetze-im-internet.de/abwv/

[2] ArbSchG: Gesetz über die Durchführung von Maßnahmen des Arbeitsschutzes zur Verbesserung der Sicherheit und des Gesundheitsschutzes der Beschäftigten bei der Arbeit; https://www.gesetze-im-internet.de/arbschg/

[3] BetrSichV: Verordnung über Sicherheit und Gesundheitsschutz bei der Verwendung von Arbeitsmitteln; https://www.gesetze-im-internet.de/betrsichv_2015/

[4] BImSchG: Gesetz zum Schutz vor schädlichen Umwelteinwirkungen durch Luftverunreinigungen, Geräusche, Erschütterungen und ähnliche Vorgänge; https://www.gesetze-im-internet.de/bimschg/

[5] 42. BImSchV: Zweiundvierzigste Verordnung zur Durchführung des Bundes-Immissionsschutzgesetzes (Verordnung über Verdunstungskühlanlagen, Kühltürme und Nassabscheider); https://www.gesetze-im-internet.de/bimschv_42/

[6] BioStoffV: Verordnung über Sicherheit und Gesundheitsschutz bei Tätigkeiten mit Biologischen Arbeitsstoffen; https://www.gesetze-im-internet.de/biostoffv_2013/

[7] DIN EN ISO 19458: Wasserbeschaffenheit – Probenahme für mikrobiologische Untersuchungen; Beuth-Verlag, Berlin. 12/2006

[8] GefStoffV: Verordnung zum Schutz vor Gefahrstoffen; https://www.gesetze-im-internet.de/gefstoffv_2010/

[9] IfSG: Gesetz zur Verhütung und Bekämpfung von Infektionskrankheiten beim Menschen; https://www.gesetze-im-internet.de/ifsg/

[10] Munk: Taschenlehrbuch Biologie – Mikrobiologie; Thieme-Verlag, Stuttgart, 2008 Römpp: Lexikon Chemie; 10. Aufl., Thieme-Verlag, Stuttgart. 1996–1999

[11] Sinder (et. al): Legionellenrisiken in Verdunstungskühlanlagen und Kühltürmen. Ursachen und Vermeidung. VDE-Verlag, Berlin. 2020

[12] Schnell: Kühlwasser – Verfahren und Systeme der Aufbereitung, Behandlung und Kühlung von Wasser zur industriellen Nutzung; 6. Aufl., Vulkan-Verlag, Essen. 2013

[13] UBA: Empfehlung des Umweltbundesamtes zur Probenahme und zum Nachweis von Legionellen in Verdunstungskühlanlagen, Kühltürmen und Nassabscheidern; Dessau. 06.03.2020 (https://www.umweltbundesamt.de/sites/default/files/medien/4031/dokumente/legionellen-empfehlung_2020_03_06_uba_format_0.pdf)

[14] VDI 2047-1: Rückkühlwerke – Begriffe zu Verdunstungs- und Trockenkühlanlagen und Durchlaufkühlsystemen; Beuth-Verlag, Berlin. Entwurf 11/2018

[15] VDI 2047-2: Rückkühlwerke – Sicherstellung des hygienegerechten Betriebs von Verdunstungskühlanlagen (VDI-Kühlturmregeln); Beuth-Verlag, Berlin. 01/2019

[16] VDI-MT 2047-4: Rückkühlwerke – Sicherstellung des hygienegerechten Betriebs von Verdunstungskühlanlagen (VDI-Kühlturmregeln) – Qualifikation von Personal zum Betreiben von Verdunstungskühlanlagen; Beuth-Verlag, Berlin. 01/2019

[17] VDI 4250-2: Bioaerosole und biologische Agenzien – Umweltmedizinische Bewertung von Bioaerosol-Immissionen – Risikobeurteilung von legionellenhaltigen Aerosolen; Beuth-Verlag, Berlin. 11/2015

[18] VDMA 24649: VDMA Einheitsblatt – Betriebsempfehlungen für Verdunstungskühlanlagen; Beuth-Verlag, Berlin. 01/2018

[19] VGB R455: Kühlwasserrichtlinie – Wasserbehandlung und Werkstoffeinsatz in Kühlsystemen; VGB PowerTech e.V., Essen. 01/2000

[20] WHG: Gesetz zur Ordnung des Wasserhaushalts; https://www.gesetze-im-internet.de/whg_2009/

11.1.9 Nachweise über die Qualifikationen

Da eine Hygiene-Gefährdungsbeurteilung immer unter Beteiligung einer hygienisch fachkundigen Person zu erstellen ist, empfiehlt es sich, die Urkunden des Erstellers und des Betreiberpersonals mit aufzuführen.

Bild A21: VDI-Urkunden des Betreiberpersonals (aus Datenschutzgründen unkenntlich gemacht)

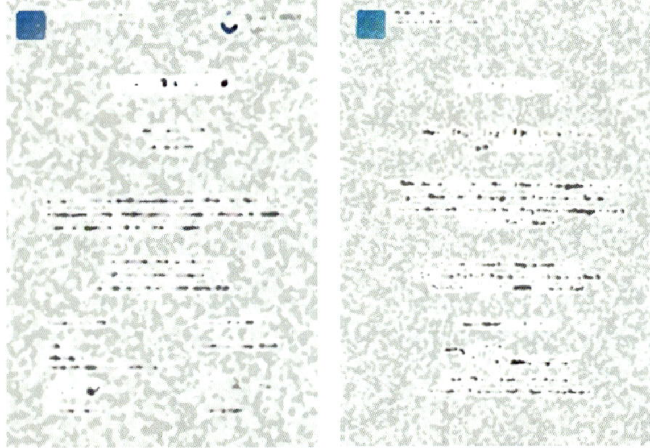

Bild A22: VDI-Urkunden Ersteller und Prüfer der Gefährdungsbeurteilung (aus Datenschutzgründen unkenntlich gemacht)

11.2 Instandhaltungsplan

Der vorliegende Instandhaltungsplan wurde auf Grundlage von Tabelle 1 der VDI 2047 Blatt 2 bzw. Blatt 3 erstellt und erweitert. Anstelle der dargestellten Häkchen (✓) könnten auch Bemerkungen stehen, wie z. B. „Sedimente in der Kühlturmtasse“, „mineralische Ablagerungen auf den Waben“, woraus sich dann zeitnah Maßnahmen, wie Reinigungen oder Instandsetzungen ergeben können.

Prüfung auf:	Bauteile/ Komponenten:	Maßnahmen(n):	Intervall:				
			14 Tage	1 Monat	3 Monate	6 Monate	12 Monate
Prozesspara-meter	Chemisch/physikalisch pH, LF, GH, KH, Cl, Fe Produktgehalt	Dokumentation, Sollwertvergleich und ggf. anpassen	✓				
	Mikrobiologisch (DipSlides)		✓				
	Sondenwertüberprüfung		✓				
	Zehrungsverlauf überprüfen		✓				
	GLT überprüfen		✓				
	Biofilmcoupon		✓				
	Korrosionscoupons				✓		
Laborpara-meter	Zusatzwasser Legionellen	Dokumentation, ggf. Maßnahmenplan und zusätzliche Labor-kontrolle					✓
	Nutzwasser Legionellen + Allg. Koloniezahl				✓		
Funktion	Mess- und Regelorgane	Anpassen/Instandsetzen		✓			
	Abflutung/Absalzung/ Abschlämmung			✓			
	Pumpen			✓			
	Filter			✓			

Prüfung auf:	Bauteile/Komponenten:	Maßnahmen(n):	Intervall:				
			14 Tage	1 Monat	3 Monate	6 Monate	12 Monate
Mineralische Ablagerungen Schmutz- und Schlammablagerungen Biofilm (biologische Ablagerungen)	Mess- und Regelorgane	Entfernen der Ablagerungen Weitergehende Untersuchungen, ggf. mikrobiologische Bestimmung		✓			
	Wärmeübertrager				✓		
	Filter				✓		
	Füllkörper				✓		
	Sprühdüsen				✓		
	Tropfenabscheider				✓		
	Rohrleitungen				✓		
	Kühlturmtasse				✓		
Wartung nach Herstellervorgabe	Wasseraufbereitung/ Wasserbehandlung	Anpassen/Instandsetzen			✓		
Wartung nach Herstellervorgabe	Weitere Komponenten	Anpassen/Instandsetzen				✓	
Beschädigung und Korrosion	Alle Komponenten	Instandsetzen					✓

11.3 Maßnahmenpläne

11.3.1 Maßnahmenplan Prüfwertüberschreitung

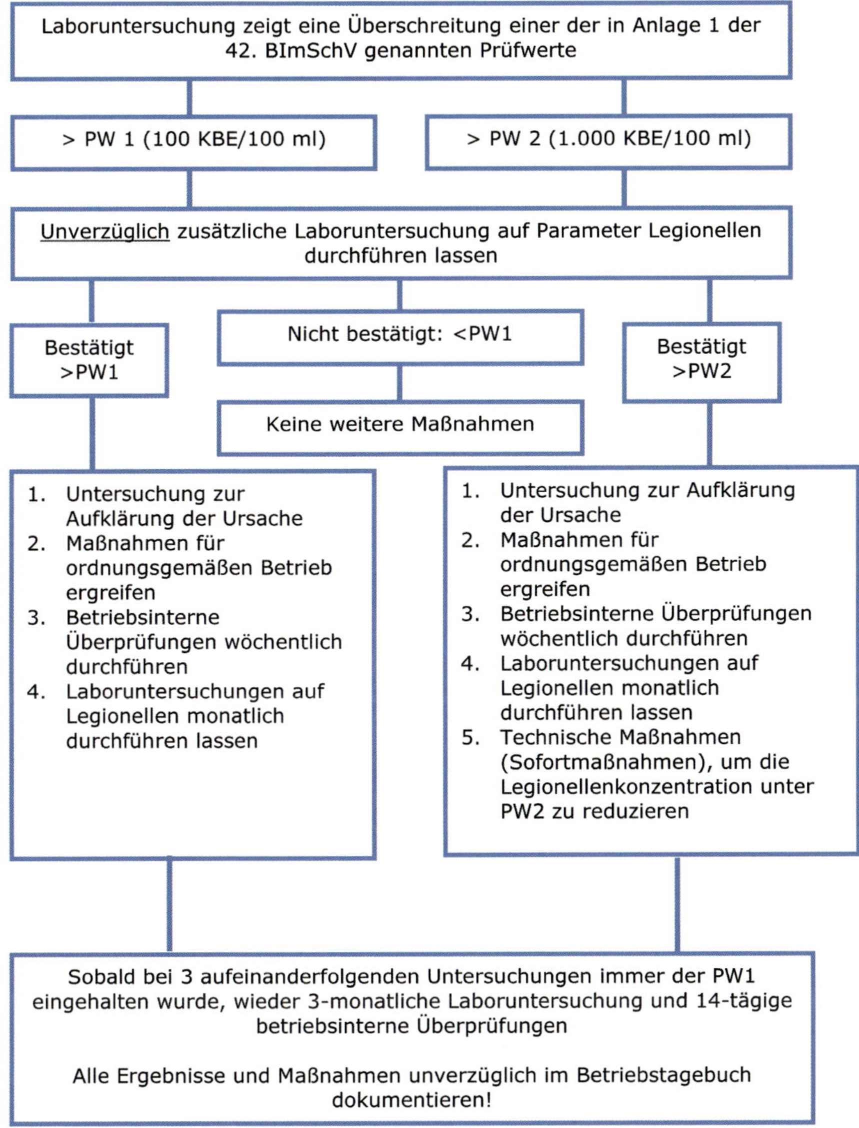

11.3.2 Maßnahmenplan Maßnahmenwertüberschreitung

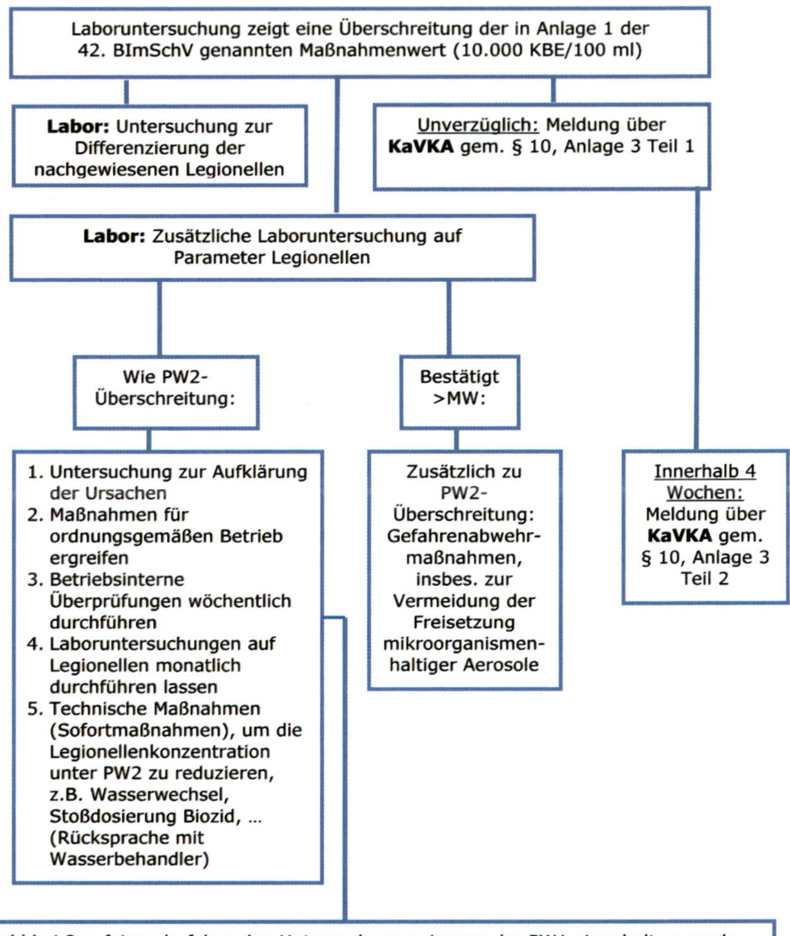

11.3.3 Anlagenspezifischer Maßnahmenplan

Desinfektionsmittel - Maßnahmenplan VKA
Stand 21.06.2021

Anpassen der Desinfektionsmittel-Maßnahmen an den Bedarf und Eintrag							
Einstufung der Belastung				zusätzliche Maßnahmen zur Behandlung (2 x täglich mit B-589)			
Belastung Einstufung	**Legionellen in KBE / 100 ml**	Koloniezahl in KBE/ml	Biofilm-belastung in g/m²	Anpassen des Überschusses bei Dosierung	Zeitdauer	weitere. Desinfektion mit ST-DOS B-589 mit 100 g/m³	organisatorisch
niedrig	**< 100**	<= 10.000	< 15	**0,3**	**30 Minuten**	-	-
erhöht	**101 - 1.000**	> 10.000	15 - 25	**0,5**	**30 Minuten**	-	Inspektion und Überprüfung der Wasserbehandlung sowie monatliche Labor-Kontrolle
hoch	**1.001 - 10.000**	> 100.000	25 - 35	**1**	**45 Minuten**	-	Inspektion und Überprüfung der Wasserbehandlung sowie monatliche Labor-Kontrolle
extrem hoch	**> 10.000**	> 1.000.000	> 35	**>> 2**	**120 Minuten**	**X * nach Anweisung TM Sofortmaßnahme**	Inspektion und Überprüfung der Wasserbehandlung sowie monatliche Labor-Kontrolle und Information an Behörde

11.4 Betriebsanweisungen

11.4.1 Nach BioStoffV

Betriebsanweisung
gem. BioStoffV, §12

Datum: 13.05.2021

1. ANWENDUNGSBEREICH

Biostoffe in Verdunstungskühlanlagen inkl. Bioaerosole
bei Wartungs- und Instandhaltungsarbeiten

2. GEFAHREN FÜR DEN MENSCHEN

- Kontakt mit Kühlwasser und Bioaerosolen
  - Wegen der hohen Luftströmung können insbesondere im Fortluftbereich des Verdunstungskühlers feinste Wassertröpfchen (Aerosole) auftreten, welche auch krankheitserregende Keime enthalten können. Über die Atemluft könnten diese in die Lunge geraten.
  - Ebenfalls ist die Aufnahme von krankheitserregenden Keimen über den Mund oder durch die Haut (z.B. bei Schnitt- oder Schürfverletzungen an den Händen) möglich.
  - Die größte Gefährdung geht dabei von Legionellen aus. Dabei wird zwischen der leichteren Verlaufsform, Pontiac Fieber, und der schweren Verlaufsform, Legionellose mit einer atypischen Lungenentzündung, unterschieden. Eine Legionelleninfektion erfolgt ausschließlich durch Einatmen des Erregers über Bioaerosole. Ein Hautkontakt mit legionellenhaltigem Wasser führt nicht zu einer Infektion.
  - Ein weiteres hohes Risiko stellen Bakterien der Gattung Pseudomonas aeruginosa dar. Pseudomonas aeruginosa führt unter Umständen zu schwer behandelbaren Wund- oder Augeninfektionen (hohe Antibiotikaresistenz des Erregers).
  - Mikroorganismen, vor allem Schimmelpilze können auch allergische und/oder toxische Reaktionen auslösen.

3. SCHUTZMASSNAHMEN UND VERHALTENSREGELN

- Zugangsbeschränkungen beachten – nur unterwiesenes Personal
- Während der Tätigkeiten nicht essen, trinken oder rauchen
- Hautkontakt mit Kühlwasser ausschließen oder auf ein Minimum beschränken. Nach jeder Tätigkeit Hände waschen und gemäß Desinfektionsplan desinfizieren.
- Augenschutz (dichtschließende Schutzbrille – da ggf. hoher Wasserdampfgehalt im Verdunstungskühler, gegen Anlaufen vorbehandeln)
- Atemschutz FFP3-Maske bei Arbeiten im direkten Fortluftbereich und bei Inspektions- und Reinigungsarbeiten, insbesondere bei Einsatz von Hochdruckreinigern
- Persönliche Schutzkleidung tragen (wasserabweisende Arbeitsbekleidung inkl. Sicherheitsschuhe nach EN ISO 20345-S2 und Schutzhandschuhe EN 374 2003 für den Schutz gegen Chemikalien und Mikroorganismen (G80 Nitril-Stulpenhandschuhe Stufe 3)

4. VERHALTEN IM GEFAHRFALL – ERSTE HILFE

- Nach Hautkontakt: Kühlwasser mit viel Wasser abwaschen.
- Nach Augenkontakt mit Kühlwasser: 5 min bei gespreizten Lidern unter fließendem Wasser mit Augendusche ausspülen. Augenarzt konsultieren.
- Nach Kleidungskontakt: Getränkte oder durch Biofilm stark verschmutzte Arbeitsbekleidung sofort wechseln und erst nach gründlicher Reinigung wieder benutzen.
- Verletzungen sind dem Verantwortlichen im Betrieb zu melden, in das Verbandbuch einzutragen. Bei Kühlwasserkontakt mit verletzter Haut ist ein Arzt aufzusuchen.
- Bei intensivem Kontakt (Verschlucken von Kühlwasser oder längerfristigem Einatmen von Fortluft, z.B. bei Arbeiten im direkten Fortluftbereich ohne FFP-3-Maske) bei vorhandener Kühlwasserbelastung mit Legionellen Arzt hinzuziehen (insbesondere bei Vorliegen des Subtyps *Legionella pneumophila Serogruppe 1).*

Wichtige Rufnummern:
Notruf / Feuerwehr: 112 Arzt: 116-117

ENTSORGUNG

Persönliche Schutzausrüstung zum einmaligen Gebrauch (Atemschutz FFP2/FFP3, Einweg-Overall Einweg-Schutzhandschuhe, etc.) in dicht schließenden Behältern entsorgen.

Bei Reinigungsarbeiten verwendete Gerätschaften nach Beendigung der Tätigkeit mit reichlich Wasser abspülen, ggf. desinfizieren.

Druckdatum: 02.09.2021 Unterschrift

11.4.2 Nach GefStoffV/TRGS 555

Schweitzer-Chemie GmbH
Benzstraße 12
71691 Freiberg / N.

Betriebsanweisung
gemäß TRGS 555

Datum
07.03.2019

Arbeitsbereich wechselnd
Arbeitsplatz wechselnd
Tätigkeit wechselnd

Gefahrstoffbezeichnung

ST-DOS B-589

Produkt enthält: Chlor-I-oxid, Natriumsalz, Natriumhydroxid, Chlor-III-oxid, Natriumsalz

Gefahren für Mensch und Umwelt

Kann gegenüber Metallen korrosiv sein.
Verursacht schwere Verätzungen der Haut und schwere Augenschäden.
Sehr giftig für Wasserorganismen mit langfristiger Wirkung.
Entwickelt bei Berührung mit Säure giftige Gase.

Schutzmaßnahmen und Verhaltensregeln

Auf sehr gute Be- und Entlüftung des Arbeitsplatzes achten.
Nicht rauchen, essen und trinken in Arbeits- und Lagerräumen. Auch keine Lebensmittel, Getränke oder Tabak aufbewahren.
Vorgeschriebene Schutzausrüstung: - Schutzkleidung oder Schürze - Schutzbrille oder Gesichtsschutz - dichte Schutzhandschuhe aus Gummi oder Kunststoff - Schutzstiefel beim Umgang mit größeren Mengen.
Jede Störung sofort dem Vorgesetzten melden. Reparaturen sachgerecht und mit Vorsicht durchführen. Rohrleitungen müssen vollständig entleert werden.
Keine größeren Vorräte am Arbeitsplatz lagern.
Beim Umfüllen Verdunsten und Verspritzen vermeiden.
Nur in saubere Gebinde umfüllen.
Zerbrechliche Gefäße mit der Substanz nur unter Verwendung eines Überbehälters (z.B. Plastikeimer mit Griff) transportieren.

Verhalten im Gefahrfall

Im Falle einer Brandbekämpfung betriebliche Anweisungen genau einhalten.
Kleine Brände mit CO2- oder Pulverlöscher bzw. mit Wassersprühstrahl löschen. Wenn möglich mit viel Wasser verdünnen.
Einatmen von Staub, Dämpfen oder Brandgasen vermeiden - Atemschutzgerät verwenden.
Bei Auftreten von Leckagen bzw. Auslaufen von Flüssigkeit sofort Vorgesetzten oder Betriebsleitung informieren.
Notruf: 112

Erste Hilfe

Betroffene Haut gründlich mit Wasser und Seife waschen. Bei großflächigen Hautbenetzungen sofort mit Notbrause spülen und benetzte Kleidung vorsichtig entfernen.
Nach Augenkontakt sofort mehrere Minuten mit Wasser spülen und Vorgesetzten verständigen. Nach betrieblicher Versorgung Augenarzt aufsuchen.
Nach Einatmen für Frischluft, Ruhe und Wärme sorgen. Gegebenenfalls Arzt verständigen.

Sachgerechte Entsorgung

Verschüttete Flüssigkeit mit Universalbinder aufsaugen und ebenso wie Abfälle in verschlossenen Gefäßen der zuständigen Stelle zur Entsorgung übergeben. Auch kleine Mengen nicht in den Ausguß leeren.

11.5 Betriebstagebuch

Der Betreiber einer Anlage im Anwendungsbereich der 42. BImSchV ist gem. § 12 zum Führen eines Betriebstagebuches verpflichtet. An das Betriebstagebuch werden bestimmte Anforderungen gestellt, vergleichbar dem Fahrzeugschein eines Autos. Eine Loseblattsammlung oder mehrere Papierordner mit verteilten Informationen, Rechnungen, Lieferscheinen etc. ist definitiv kein solches Betriebstagebuch! Manche Firmen führen als Betriebstagebuch professionelle Softwarelösungen für Instandhaltungsarbeiten. Diese sind sicherlich hilfreich für die Organisation der regelmäßigen Arbeiten. Leider erfüllen viele solcher Softwarelösungen nicht die Anforderungen eines Betriebstagebuches im Sinne der 42. BImSchV. Derzeit gibt es Entwicklungen verschiedener Hersteller, eine vollständige Lösung, die den Anforderungen der 42. BImSchV gerecht wird, zu erstellen.

42. BImSchV:

§ 12 Betriebstagebuch

(1) Der Betreiber einer Anlage hat zur Überprüfung des ordnungsgemäßen Anlagenbetriebs ein Betriebstagebuch zu führen, in das unverzüglich mindestens die Informationen gemäß Anlage 4 Teil 1 einzustellen sind.

(2) Das Betriebstagebuch kann durch Speicherung der Angaben gemäß Absatz 1 mittels elektronischer Datenverarbeitung geführt werden. Das Betriebstagebuch muss jederzeit einsehbar sein und in Klarschrift vorgelegt werden können.

(3) Der Betreiber hat die in das Betriebstagebuch eingestellten Angaben der zuständigen Behörde sowie im Rahmen der Überprüfung den gemäß § 14 Beauftragten jederzeit in Klarschrift auf Verlangen vorzulegen. Der Betreiber hat das Betriebstagebuch samt Anlagen jeweils beginnend mit dem Datum der Einstellung des letzten Eintrags fünf Jahre aufzubewahren.

Die Mindestinformationen gem. Anlage 4 gliedern sich in einen in der Regel unveränderten Teil (Punkte 1–5) sowie einen Teil, der mehr oder weniger häufig aktualisiert werden muss.

42. BImSchV:

Anlage 4, Teil 1, Inhalt des Betriebstagebuchs nach § 12:

1. Anlage-ID
2. Angaben zum Standort der Anlage (Geokoordinaten und Adresse des Anlagenstandorts)
3. Angaben zum Betreiber der Anlage (Name, Adresse, Ansprechpartner)
4. Art der Anlage
   a) Verdunstungskühlanlage
   b) Nassabscheider
   c) Kühlturm
5. Datum der erstmaligen Inbetriebnahme
6. Änderungen an der Anlage mit Angaben zur Art der Änderung, Zeitpunkt des Änderungsbeginns und der Wiederinbetriebnahme
7. Datum der Stilllegung
8. Angaben zum Betriebszustand der Anlage mit Datum der Zustandsänderungen, insbesondere Betrieb unter Last, Betrieb ohne Last mit aktiviertem Nutzwasserkreislauf, Betriebsunterbrechung mit gefülltem Nutzwasserkreislauf, Entleerung und Wiederbefüllung des Nutzwasserkreislaufs
9. Überschreitungen der in Anlage 1 genannten Prüfwerte
   a) Wurden Überschreitungen im Berichtszeitraum festgestellt? „Ja/Nein“
   b) Welcher Prüfwert (PW) wurde überschritten? „PW1/PW2“
   c) Wurden Maßnahmen ergriffen? „Ja/Nein“, falls ja, Angaben zu den ergriffenen Maßnahmen
   d) Welche Legionellenkonzentration wurde nach Abschluss der Maßnahmen nach § 6 Absatz 3 Nummer 2 oder § 8 Absatz 2 Nummer 3 erreicht? „< PW1/< PW2“
10. Überschreitungen der in Anlage 1 genannten Maßnahmenwerte
   a) Wurden Überschreitungen im Berichtszeitraum festgestellt? „Ja/Nein“
   b) Angaben zu den ergriffenen Maßnahmen
   c) Welche Legionellenkonzentration wurde nach Abschluss der Maßnahmen nach § 9 Absatz 1 und 2 erreicht? „< PW1/< PW2“

11. Angaben zur Biozidzugabe (Zeitpunkt, Menge und Art des Biozids)
12. sonstige Nachweise gemäß dieser Verordnung
13. Überprüfung nach § 14
    a) Datum der letzten Überprüfung nach Absatz 1
    b) überprüfende Stelle (Name, Adresse, Ansprechpartner) nach Absatz 2

Neben den im Anhang 4 aufgeführten Punkten sind weitere Ereignisse bzw. Dokumente im Betriebstagebuch zu dokumentieren. Hierzu empfiehlt es sich, die 42. BImSchV gezielt nach dem Begriff „Betriebstagebuch" zu durchsuchen.

Auf den folgenden Seiten findet der Leser ein beispielhaft ausgefülltes Betriebstagebuch, welches alle geforderten Inhalte enthält und beispielsweise im Bereich der betriebsinternen Untersuchungen und Laboruntersuchungen sehr übersichtlich ist. Dadurch lassen sich Veränderungen schnell erkennen. Außerdem kann es jederzeit in Klarschrift gedruckt oder z. B. als PDF verschickt werden, z. B. für die § 14 Überprüfung oder auf Verlangen der Behörde.

Betriebstagebuch gemäß 42. BImSchV

1. Allgemeine Angaben

Anlagendaten

Anlagen-ID	1234-56789	
Standort	Firma A, Dach Halle 57	
Geokoordinaten	Breite 50°2'5.0"N Länge 10°2'50.0"E	
Straße, Hausnummer	Hauptstraße	123
PLZ, Ort	12345	Musterort

Betreiber der Anlage

Name	Betreiber Firma A	
Straße, Hausnummer	Hauptstraße	123
PLZ, Ort	12345	Musterort
Ansprechpartner (Name)	Herr Mustermann	

Betriebstagebuch gemäß 42. BImSchV

2. Technische Daten und Daten zum Betrieb

SCHWEITZER CHEMIE

Art der Anlage

Verdunstungskühlanlage X Nassabscheider Kühlturm

Erstmalige Inbetriebnahme 01.09.2008

Änderungen der Anlage

Art der Änderung	Zeitpunkt des Änderungsbeginns	Wieder-inbetriebnahme
bedarfsgerechte Biozidddosierung	01.04.2018	
Sandfilter	01.06.2019	

Stillegung, Datum

Betriebszustand der Anlage

Art des Betriebszustands	Dauer	
	von	bis
Betrieb unter Last mit aktiviertem Nutzwasserkreislauf	27.12.2019	27.12.2020
Anlage entleert, gereinigt und wiederbefüllt	28.12.2020	30.12.2020
Betrieb unter Last mit aktiviertem Nutzwasserkreislauf	30.12.2020	

Biozíddosierung

Produkt	Dosierzeitpunkt	Dosiermenge (g/m³)	zusätzliche Stoßdosierung	
			Zeitpunkt	Dosiermenge (g/m³)
ST-DOS B-589	06:30 - 07:30 / 16:30 - 17:30	Sollwert nach Dosiereinstellung		
ab 29.04.2019 ST-DOS B-589	06:30 - 07:30 / 17:30 - 18:30	Sollwert nach Dosiereinstellung		

Betriebstagebuch gemäß 42. BImSchV

SCHWEITZER CHEMIE

3. Wieder- / Inbetriebnahme

zu Pkt. 1 Checkliste Anlage 2

Reinigung der Anlage (Entfernen von Verunreinigungen, Ablagerungen, Rückständen)

Reinigungsmaßnahme	Datum	Erfolg der Maßnahme
Reinigung der VKA´s	26.02.2020	
Reinigung der VKA´s und des Kühlwasserbeckens	19.-20.05.202	

zu Pkt. 2 und 8 Checkliste Anlage 2

Zusatzwasserqualität

angestrebte Eindickungszahl 2

Parameter	Einheit	Zusatzwasser	Nutzwasser	
			IST berechnet	SOLL*
Leitfähigkeit	mS/m	56	112	<150
pH		7,8		8,5-9
Gesamthärte	°d	12	24	12-25
Karbonathärte	°d	7	14	<20
Chlorid	g/m³	72	144	<150
Sulfat	g/m³		0	
Legionella spp.	KBE/100 ml	<5		<1.000

* Herstellervorgaben (abgesehen vom Parameter Legionella spp.)

genauere Angaben zur mikrobiologischen Qualität des Zusatzwassers siehe **4. Laboruntersuchungen**

zu Pkt. 3 Checkliste Anlage 2

Datum Analysenergebnis Zusatzwasser 08.03.2021
Datum Inbetriebnahme Anlage 09.03.2021

zu Pkt. 4 Checkliste Anlage 2

Inbetriebnahme Wasseraufbereitung 01.04.2018
Dokumentation zur Wasseraufbereitung (Ort) EDV LW y:\Technik\Kühlkreislauf\Wasseraufbereitung

Inbetriebnahme Wasserbehandlung 01.04.2018
Dokumentation zur Wasserbehandlung (Ort) EDV LW y:\Technik\Kühlkreislauf\Wasseraufbereitung

zu Pkt. 5 Checkliste Anlage 2

Übereinstimmung der Ausführung mit der Anlagenplanung

Abweichung	Korrektur	
	Maßnahme	Datum
keine		

Anforderungen gemäß § 3 Abs. 2 bis 4 der 42. BImSchV

Anforderung	erfüllt		Maßnahme
	ja	nein	
eingesetzte Werkstoffe sind für die Wasserqualität und die einzusetzenden Betriebsstoffe geeignet	x		
Tropfenauswurf wird durch geeignete Tropfenabscheider oder gleichwertige Maßnahmen effektiv minimiert	x		
Totzonen wurden vermieden	x		Bereich Zusatzwasser mit automatischer Spülarmatur ausgestattet, Bereich hinter Wärmetauscher Rohrleitungsführung optimiert, so dass ständige Durchströmung
wasserführende Bauteile sind möglichst vollständig entleerbar	x		
Biozide können dem Nutzwasser dosiert zugegeben werden	x		
Vorkehrungen f. d. regelm. Überprüfung relevanter chemischer, physikalischer oder mikrobiologischer Parameter vorhanden	x		
Vorkehrungen für die regelmäßige Probenahme für mikrobiologische Untersuchungen vorhanden	x		
Vorkehrungen für die Durchführung regelmäßiger Instandhaltungen vorhanden	x		
Gefährdungsbeurteilung erstellt	x		

Dokumentation der Gefährdungsbeurteilung (Ort)	EDV LW y:\Technik\Kühlkreislauf\Doku

zu Pkt. 6 Checkliste Anlage 2

Anlagendokumentation (Ort)	EDV LW y:\Technik\Kühlkreislauf\Doku

zu Pkt. 7 Checkliste Anlage 2

Einweisung des Bedienpersonals in den (geänderten) Betrieb der Anlage

Unterweisung durch	unterwiesene Person	Datum
Unterweiser	Mitarbeiter A	14.04.2015
Unterweiser	Mitarbeiter B	14.04.2015

unterschriebene Checkliste Inbetriebnahme dokumentiert (Ort)	EDV LW y:\Technik\Kühlkreislauf\Doku

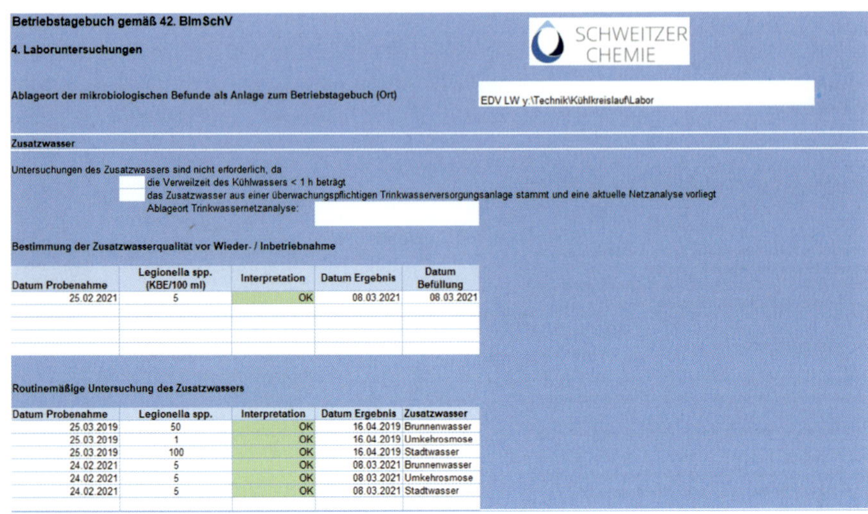

Betriebstagebuch gemäß 42. BImSchV

4. Laboruntersuchungen

SCHWEITZER CHEMIE

Ablageort der mikrobiologischen Befunde als Anlage zum Betriebstagebuch (Ort) EDV LW y:\Technik\Kühlkreislauf\Labor

Zusatzwasser

Untersuchungen des Zusatzwassers sind nicht erforderlich, da

☐ die Verweilzeit des Kühlwassers < 1 h beträgt

☐ das Zusatzwasser aus einer überwachungspflichtigen Trinkwasserversorgungsanlage stammt und eine aktuelle Netzanalyse vorliegt

Ablageort Trinkwassernetzanalyse:

Bestimmung der Zusatzwasserqualität vor Wieder- / Inbetriebnahme

Datum Probenahme	Legionella spp. (KBE/100 ml)	Interpretation	Datum Ergebnis	Datum Befüllung
25.02.2021	5	OK	08.03.2021	08.03.2021

Routinemäßige Untersuchung des Zusatzwassers

Datum Probenahme	Legionella spp.	Interpretation	Datum Ergebnis	Zusatzwasser
25.03.2019	50	OK	16.04.2019	Brunnenwasser
25.03.2019	1	OK	16.04.2019	Umkehrosmose
25.03.2019	100	OK	16.04.2019	Stadtwasser
24.02.2021	5	OK	08.03.2021	Brunnenwasser
24.02.2021	5	OK	08.03.2021	Umkehrosmose
24.02.2021	5	OK	08.03.2021	Stadtwasser

Bestimmung des Referenzwerts (allgemeine Koloniezahl)

Art der Bestimmung des Referenzwerts

x Bestimmung aus mindestens 6 aufeinanderfolgenden Laboruntersuchungen,
bis dahin gilt der Wert der Erstuntersuchung als Referenzwert, jedoch nicht mehr als 10.000 KBE/ml

☐ Referenzwert wurde bereits erstellt

☐ Anlage ist bestimmungsgemäß an nicht mehr als 90 aufeinanderfolgenden Tagen in Betrieb,
es gilt der Wert der Erstuntersuchung, jedoch nicht mehr als 10.000 KBE/ml

☐ auf Bestimmung des Referenzwerts wird verzichtet,
es gilt der Wert der Erstuntersuchung, jedoch nicht mehr als 10.000 KBE/ml

Referenzwert 20/22 °C	**206**	KBE/ml	relevante Werte grau hinterlegt
Referenzwert 36 °C	**141**	KBE/ml	relevante Werte grau hinterlegt

diese Referenzwerte sind

☐ vorübergehend (die endgültigen Referenzwerte werden derzeit ermittelt)

☐ festgelegt (Erstuntersuchung, jedoch nicht größer als 10.000 KBE/ml)

x rechnerisch als Median aus 6 Untersuchungen ermittelt.

Untersuchungen des Nutzwassers

Erstuntersuchung

Datum Probenahme	Legionella spp. (KBE/100 ml)	Interpretation	allg. Koloniezahl 20/22 °C (KBE/ml)	allg. Koloniezahl 36 °C (KBE/ml)	Datum Ergebnis
16.09.2017	5	OK	20	200	30.07.2017

Regelmäßige Laboruntersuchungen

Probenahme veranlasst am	Datum Probenahme	Legionella spp. (KBE/100 ml)	Interpretation	allg. Koloniezahl 20/22 °C (KBE/ml)	Interpretation	allg. Koloniezahl 36 °C (KBE/ml)	Interpretation	Datum Ergebnis	Maßnahmen erforderlich
	22.01.2018	5	OK	22	OK	330	OK	20.02.2018	nein
	23.04.2018	5	OK	7.400	OK	2.760	OK	14.05.2018	nein
	01.08.2018	5	OK	10	OK	12	OK	30.08.2018	nein
	23.11.2018	0	OK	35	OK	6	OK	19.12.2018	nein
	25.03.2019	0	OK	108	OK	89	OK	17.04.2019	nein
	24.06.2019	0	OK	304	OK	252	OK	02.08.2019	nein
	23.09.2019	0	OK	10.800	OK	6.800	OK	26.09.2019	nein
	17.12.2019	1.000	>PW1	452	OK	192	OK	17.01.2020	nein
	25.03.2020	0	OK	1.552	OK	4.960	OK	27.04.2020	nein
	15.06.2020	0	OK	780	OK	416	OK	14.07.2020	nein
	07.09.2020	15	OK	1.640	OK	0	OK	17.09.2020	nein
	07.12.2020	130	>PW1	113	OK	26	OK	16.12.2020	nein
	24.02.2021	15	OK	1.168	OK	490	OK	08.03.2021	nein

Zusätzliche Bestimmung der Legionellenkonzentration bei Überschreitungen

Grund der zusätzlichen Untersuchung Ergebnis vom	Datum zusätzliche Probenahme	Legionella spp. (KBE/100 ml)	Interpretation	Datum Ergebnis	Maßnahmen erforderlich
17.01.2020	18.01.2020	5	OK	30.01.2020	nein
16.12.2020	17.12.2020	65	OK	29.12.2020	nein

Betriebstagebuch gemäß 42. BImSchV

5. Betriebsinterne Untersuchungen

Datum *(Sollwerte)*	Leitfähigkeit Anzeige µS/cm *(< 1600)*	Leitfähigkeit Wasser µS/cm *(< 1600)*	Dosiereinstellung K-213 (n=1:1) Hub in %	Produktgehalt K-213 g/m³ *(120 - 150)*	n	Keimbelastung in KBE/ml *(< 10.000)*	Karbonathärte in °d *(< 20)*	Chemieeinsatz	Bemerkungen	WMZ-Stand in m³	Chlorid in mg/l	PH-Wert	Sollwert Krypton mg/l
04.01.2021	1105	1130	50	165	100 / 10	n.B.	18	0,5 Kg B-590	Sollwert Krypton angepasst	97940	120	8,7	0,25
11.01.2021	1093	1106	50	137	100 / 10	n.B.	15	0,5 Kg K-312	25 Kg K-213 nachgefüllt	98054	110	8,7	0,25
18.01.2021	1106	1128	50	137	100 / 10	n.B.	16	0,5 Kg B-590		98174	120	8,8	0,25
25.01.2021	1116	1112	50	137	100 / 10	n.B.	15	0,5 Kg B-590		98305	120	8,7	0,25
02.02.2021	1140	1179	50	165	100 / 10	< 10²	10	0,5 Kg B-590	ltnis Nachspeisewasser ang	98494	190	8,7	0,25
08.02.2021	1120	1169	50	137	100 / 10	< 10²	13	0,5 Kg K-312	25 Kg K-213 nachgefüllt	98647	150	8,7	0,25
15.02.2021	1109	1125	50	137	100 / 10	< 10²	12	0,5 Kg B-590	25 Kg B-589 nachgefüllt	98807	140	8,7	0,25
22.02.2021	1110	1120	50	137	100 / 10	n.B.	12	0,5 Kg B-590		98980	150	8,7	0,25
01.03.2021	1105	1140	50	137	100 / 10	< 10²	12	0,5 Kg B-590	25 Kg K-213 nachgefüllt	99114	120	8,8	0,25
08.03.2021	1119	1170	50	137	100 / 10	n.B.	13	0,5 Kg K-312	Sollwert Krypton angepasst	99272	120	8,8	0,3
12.03.2021									25 Kg B-589 nachgefüllt	99362			

Betriebstagebuch gemäß 42. BImSchV

SCHWEITZER CHEMIE

6. Ursachen für Überschreitungen und ergriffene Maßnahmen

Überschreitung vom (Datum)	Art der Überschreitung*	ermittelte Ursachen	ergriffene Maßnahmen			Legionella spp. (KBE/100 ml) nach Abschluss der Maßnahme
			Art der Maßnahme	Beginn	Ende	
(25.03.2019)	100KBE Legionelle	Erwärmung Zusatzwasser Stadtwasser	Verdopplung Spülzeiten autom. Spülung EZ	24.04.2019		

* >PW1, >PW2, >MW, Anstieg allg. Koloniezahl Faktor ≥100

Betriebstagebuch gemäß 42. BImSchV

7. Betriebsstörungen

SCHWEITZER CHEMIE

Datum	Art der Störung	Ursache	Wiederherstellung des ordnungsgemäßen Betriebs	
			Maßnahme	Datum

Betriebstagebuch gemäß 42. BImSchV

8. Dokumentenhistorie

SCHWEITZER CHEMIE

Stand	Durchgeführt	Dokument	Änderungen
Rev. 0	27.11.2017	Wasserseitiger Hygienebericht	Erstversion
Rev. 0	12.12.2018	Maßnahmenplan PW-/MW-Überschreitung	Erstversion
Rev. 0	18.03.2019	Hygiene-Gefährdungsbeurteilung	Erstversion
Rev. 1	14.03.2020	Hygiene-Gefährdungsbeurteilung	Stagnationsbereiche rückgebaut
Rev. 2	07.05.2020	Hygiene-Gefährdungsbeurteilung	Qualifikation VDI-MT 2047-4
Rev. 3	21.06.2021	Hygiene-Gefährdungsbeurteilung	Podest an Inspektionsöffnung, Rep-Schalter
Rev. 0	21.06.2021	Instandhaltungsplan	auf Basis Tabelle 1, anlagenspezifisch erstellt
Rev. 1	21.06.2021	Maßnahmenplan PW-/MW-Überschreitung	Berücksichtigung Serotypisierung

Betriebstagebuch gemäß 42. BImSchV

9. Überprüfungen der Anlage

SCHWEITZER CHEMIE

Überprüfung		Sachverständiger / überprüfende Stelle
Beauftragt	Durchgeführt	(Name, Adresse, Ansprechpartner)
19.08.2019	16.03.2020	Dipl.-Ing. Herr Sachverständiger, Musterstraße 50, 12345 Musterstadt